事理图谱

概念与技术

丁效　刘挺　秦兵　编

電子工業出版社
Publishing House of Electronics Industry
北京·BEIJING

内 容 简 介

知识图谱已在多个领域深耕多年，然而，现有的典型知识图谱主要以实体及其属性和关系为研究核心，缺乏对事理逻辑这一重要人类知识的刻画。为了弥补这一不足，事理图谱应运而生，它能够揭示事件的演化规律和发展逻辑，刻画和记录人类的行为活动。事理图谱是较为典型的多学科交叉领域，涉及知识工程、自然语言处理、机器学习、图数据库等多个领域。

本书系统地介绍了事理图谱涉及的概念和关键技术，如事理图谱概述、事理知识表示、事件抽取、事件模式的自动归纳、事件关系抽取、事件表示学习、事件泛化及事理归纳、事理知识存储和检索、基于事理图谱的认知推理与预测、基于事理图谱的问答与对话等。此外，本书还尝试将前沿的学术理论和实战结合，让读者在掌握实际应用能力的同时对前沿技术发展有所了解。

本书主要面向高年级本科生和研究生，可以作为知识图谱相关课程的教材，也可以作为对事理图谱感兴趣的读者的入门读物。

图书在版编目（CIP）数据

事理图谱：概念与技术 / 丁效，刘挺，秦兵编著. —北京：电子工业出版社，2024.9
ISBN 978-7-121-47153-7

Ⅰ. ①事… Ⅱ. ①丁… ②刘… ③秦… Ⅲ. ①知识信息处理 Ⅳ. ①TP391

中国国家版本馆 CIP 数据核字（2024）第 014176 号

责任编辑：李秀梅
印　　刷：三河市华成印务有限公司
装　　订：三河市华成印务有限公司
出版发行：电子工业出版社
　　　　　北京市海淀区万寿路 173 信箱　　　邮编：100036
开　　本：720×1000　1/16　印张：16.75　字数：375.2 千字
版　　次：2024 年 9 月第 1 版
印　　次：2024 年 9 月第 1 次印刷
定　　价：100.00 元

凡所购买电子工业出版社图书有缺损问题，请向购买书店调换。若书店售缺，请与本社发行部联系，联系及邮购电话：（010）88254888，88258888。

质量投诉请发邮件至 zlts@phei.com.cn，盗版侵权举报请发邮件至 dbqq@phei.com.cn。

本书咨询联系方式：faq@phei.com.cn。

推荐序 1

自然语言（即人类语言）是人区别于动物的根本标志，具有无穷语义组合性、高度歧义性和持续进化性，其语义全面而准确的理解是机器难以逾越的鸿沟，成为制约人工智能取得更大突破的主要瓶颈之一。

自然语言处理经历了两大研究范式的流变：早期是理性主义的小规模专家规则方法，20 世纪 90 年代切换到经验主义的大数据统计方法。2010 年，后者又开启了以深度学习为框架的一次大跃迁，可端到端地学习各种任务而无须特征工程。近些年来，以 BERT、GPT 为代表的、基于超大规模生语料库的预训练语言模型异军突起，尤其是 2022 年年底 ChatGPT 横空出世，使几乎所有自然语言处理任务的性能都得到了显著提升，在若干公开数据集上达到或超过了人类水平。其突出特点是诉诸“蛮力”，大语言模型、大数据和大计算三位一体，无所不用其极以求更高性能（如 GPT-3 有 1750 亿庞大参数）。不少学者对这种大工程式的研究路线倍感困惑，也有学者注意到了其后可能隐藏着深刻的科学问题，如 2019 年哈佛大学与 OpenAI 联合发表论文指出，在模型复杂度与性能的关系上，深度学习存在“深度双下降”现象，超越了机器学习领域“过大模型会产生过拟合”的思维定式。

上述研究路线尽管威力强大，但并不能根本性地克服目前这一代深度学习方法可解释性不足、抗攻击能力不足、推理能力不足等固有缺陷。分析众多任务场景便能体察到这一点，如 AAAI 2020 最佳论文发现，预训练语言模型在指代消解这一通常需要利用较多常识才能解决的任务上，准确率虽已接近 90%，但当施以并不影响人的判断的扰动后，会下降 10%～30%。究其原因：预训练语言模型在深层次语义理解上与人类认知水平其实还相去较远。当前的大语言模型存在严重的幻觉问题，一个重要原因是对世界知识的匮乏。我们认为，大语言模型时代知识、特别是大规模结构化知识仍然能够发挥重要作用。诚如图灵奖获得者、深度学习领军人物 LeCun、Bengio 和 Hinton 在 2015 年《自然》上的文章所言，“融合表示学习与复杂知识推理是人工智能进步的阶梯。”2019 年，Bengio 也强调：“机器智能必须有目的地获取并利用知识”，揭示了知识在人工智能发展中的不可或缺性。

富知识在未来自然语言处理研究中的位置举足轻重。知识图谱是最常用的表示和存储世界知识的方式，但是现有的知识图谱主要关注实体和概念的静态的属性关系，而对动态的动作、行为、状态关系很少描写，存在知识构成上的体系性缺失问题，如 IBM 研究者曾指出，Watson 中的问答问题只有不到 2%可从 DBpedia、Freebase 等知识库中直接匹配得到。在此背景下，哈尔滨工业大学本书作者团队提出了事理图谱的概念，有效弥补了知识图谱在事件相关动态知识方面的体系性缺失。事理图谱是一个事理逻辑知识库，描述了事件之间的演化规律和模式。结构上，事理图谱是一个有向有环图，节点代表事件，有向边代表事件之间的顺承、因果、条件和上下位等逻辑关系。事理图谱在体系架构及科学问题上均与传统的知识图谱有较大差异，一经提出即令学术界和产业界为之眼前一亮，其研发迅速引起了较为广泛的关注。

经过五六年的技术发展和沉淀，哈工大团队完成了本书的撰写工作。本书是第一本系统性地介绍事理图谱的概念、事理图谱的构建、存储、组织、管理和应用的学术专著，既可以作为有志于从事知识图谱和事理图谱相关研究工作的研究生教材，又可以作为相关业内人士的进阶读物。有理由相信，在大语言模型时代，本书仍然会让读者开卷有益，掩卷覃思。

孙茂松

清华大学长聘教授，清华大学人工智能研究院常务副院长

推荐序 2

经过几年的勤奋耕耘和潜心打磨，由丁效、刘挺、秦兵三位专家合著的《事理图谱：概念与技术》一书终于和大家见面了。

在人工智能领域几乎成为大语言模型一统天下的时刻，读到这本面向事理图谱的学术专著，倍感欣慰和钦佩。欣慰的是，作者对事理图谱价值的持续挖掘有了一个阶段性的总结，使我们得以通过系统化的论述和接地气的实例了解到事理图谱的广阔应用场景。钦佩的是，当下出现了一些针对知识图谱特别是事理图谱的不公正声音，作者顶着这些压力，执着坚持事理图谱方向的学术研究和应用探索，向我们完美诠释了什么叫学术定力。

在人工智能的发展史上，知识图谱是符号学派坚持下来并能发扬光大的为数不多的研究方向之一，而事理图谱则是在引入了事件和事件相互作用之后知识图谱的新形态，是可以动起来的知识图谱。事件具有时空延展性、实体关联性、可执行性和动态演化性，比一般知识图谱有更强的应用背景，也面临着更严峻的技术挑战。在自然界和人类社会中，事件驱动的演化机制每日每时都在发挥着作用。无论情报分析领域、认知作战领域、金融领域、医疗领域还是实体经济领域，都大量用到事件的表示、抽取、查询、跟踪、演化和推理。大语言模型问世以来，少部分事件推理能够在大语言模型上做到，但更专业的事件处理工作仍然要靠事理图谱完成。建设好、使用好事理图谱，仍然是人工智能应用中非常重要的一项工作。在理论上，关于事件实例的工作数不胜数，但关于事件本体的研究则只是凤毛麟角。继续从理论上探讨事件驱动计算机制的本质，从可编程本体的角度深入认识事理图谱，我们还任重道远。在这样的大背景下，这本书的面世，是广大人工智能学习者、研究者、应用者的福音。

通过这本书，读者可以从理论高度认识和把握事理图谱，可以了解围绕事理图谱的一系列基本任务及其实现的途径，也可以知晓事理图谱在一些典型的应用场景中是怎样被使用的。衷心希望受到这本书启发的读者会把事理图谱的学术研究推向一个新的境界和高度，同时能在更广的应用场景中彰显事理图谱的价值。

大语言模型并不能取代事理图谱。反过来，能与大语言模型更好地对接的事理图谱，可以在合适的应用场景中产生倍增的智能效果。大语言模型可以为事理图谱提供更加人性化的访问入口，可以助力事件抽取和本体构建；事理图谱也可以为大语言模型提供可靠的事件知识库和外挂思维链插件。我相信，随着人工智能的持续发展，大语言模型和事理图谱之间相互支撑的生态会在更多的应用场景中落地，并取得彼此单独工作难以取代的合力效果。

白硕

恒生电子股份有限公司首席科学家，研究院院长

前　　言

人类迈入人工智能时代，技术的发展使得机器可以从大数据中提取信息，将其串联成知识，学习模仿人类的智慧，从而可以应用到各行各业，辅助人类处理知识业务型工作。知识图谱作为认知智能的核心技术已在金融、电商、医疗等各个领域深耕细作多年，逐渐显现出巨大的应用价值。随着深度学习的兴起，人工智能迎来了新的发展高潮。人工智能的一个发展瓶颈在于，如何让机器掌握人类知识。例如，人类都知道兔子有四条腿而鸡有两条腿，但是机器却很难获取到这样的常识知识，因此机器自动解答“鸡兔同笼”等类型的数学问题仍然十分困难。人类能够轻易理解“吃过饭”后就“不饿”这样的事理常识知识，而让机器理解并掌握大量这样的知识是一件极其困难的事情，但这是通往强人工智能的必由之路。在众多类型的人类知识中，事理逻辑是一种非常重要且普遍存在的知识。

人工智能的很多应用都依赖于对事理逻辑知识的深刻理解。在通用领域，以隐式消费意图识别为例，只有让机器知道“结婚”事件伴随着后续一系列消费事件，例如“买房子”、“买汽车”和“去旅行”，才能使其在观察到“结婚”事件的时候，准确地识别出用户潜在的隐式消费意图，进而向目标用户做出精准的产品推荐。而在特定领域，如金融领域，股市一般伴随着短期内随机事件产生的小波动，以及长期内重大事件驱动的大波动。例如，近来随着人工智能迎来发展高潮，以及我国将人工智能列为国家发展战略，人工智能企业的股价迎来了一波大涨。事件驱动的股市预测悄然兴起。从金融文本中挖掘“粮食减产”导致“农产品价格上涨”，再导致“通货膨胀”，进而导致“股市下跌”这样的远距离事件依赖，对于事件驱动的股市涨跌预测非常有价值。事理逻辑知识的挖掘与知识库构建迫在眉睫，这将极大地推动多项人工智能应用的发展。

事件是人类社会的核心特征之一，人们的社会活动往往是由事件驱动的。事件之间在时间维度上相继发生的演化规律和模式是一种十分有价值的知识，挖掘这种事理逻辑知识对认识人类行为和社会发展变化规律非常有意义。然而，当前无论是知识图谱还是语义网络等知识库，其核心研究对象——主体都不是事件。尽管传统知识图谱在现代搜索引擎（例如 Google、Bing、Baidu 等商业搜索引擎）中得到了广泛应用，但是其聚焦于实体和实体之间的关系，缺乏对事理逻辑知识的挖掘。事理逻辑知识，包括事件之间的顺承、因果、条件和上下位等关系，对于人工智能领域的多种任务都具有非常巨大的价值。为了揭示事件的演化规律和发展模式，本书提出了事理图谱的概念，旨在将文本中对事件及其关系的描述抽取并抽象出来，构建一个有向图形式的事理知识库。

2016 年 7 月，哈尔滨工业大学（以下简称“哈工大”）社会计算与信息检索研究中心（HIT-SCIR）开始启动事理图谱的研究工作。2017 年 10 月，研究中心在中国计算机大会上正式提出事理图谱的概念；2018 年 9 月推出中文金融领域事理图谱 1.0 版本；2019 年 7 月在哈工大举办首届事理图谱研讨会并发布中文金融领域事理图谱 2.0 版本。2021 年 12 月，在中国计算机大会上举办了第二届事理图谱研讨会，并发布了通用域事理图谱 1.0 版本（事理永动机，可以实时获取数据并自动更新事理图谱中的知识）。2022 年 3 月，“事理图谱”作为专业术语由中国计算机学会发布。经过近 8 年的发展，事理图谱的概念逐渐被学术界和产业界所接受并认可，事理图谱的第一篇论文 *Deep Learning for Stock Prediction* 已被引用 900 余次，并且被多位国内外知名学者引用。基于事理知识迁移进行认知推理的论文 *Story Ending Prediction by Transferable BERT* 被 OpenAI 实验室 GPT-3 论文 *Language Models are Few-Shot Learners* 引用并对比，在故事结尾预测认知推理任务上的准确率比我们提出的模型低 4.1%！

在 GPT-3.5 时代以前，可以说以知识图谱和事理图谱为代表的知识库在自然语言处理任务中发挥了重要作用，尤其在推理任务上可以提供可解释性的推理证据，在问答或人机对话任务上可以提供丰富的背景知识和对话逻辑。然而，随着以 ChatGPT 为代表的大语言模型横空出世，在自然语言处理任务中是否还有必要使用知识图谱成了热门话题。从最开始的知识无用论到现在，越来越多的学者聚焦于如何利用知识改变大语言模型的幻觉问题，以及知识增强的常识知识问题、可解释性推理问题等。

因此，本书系统性地梳理了事理图谱的相关研究内容：事理图谱概述、事理知识表示、事件抽取、事件模式自动归纳、事件关系抽取、事件表示学习、事件泛化及事理归纳、事理知识存储和检索、基于事理图谱的认知推理、基于事理图谱的应用。事理区别于事件最大的特点在于，事理是对事件的归纳和泛化，具体的事件每天都在发生，而能够积累成知识的是事件的演化规律和模式，这被我们称为“事理”。通过本书的介绍，读者能够对事理图谱有一个系统全面的了解。同时，本书也在最后两章试图去回答大语言模型时代事理图谱还有什么用，以及如何使用事理图谱。当然，这项工作还在不断的探索之中，后续的研究成果会不断地更新并补充进来。

本书主要面向高年级本科生和研究生，可以作为知识图谱相关课程的教材，也可以作为对事理图谱感兴趣的读者的入门读物。在撰写本书的过程中，作者尽量平衡学生的知识储备水平与内容完备性之间的关系。在内容选择上，尽量系统性地介绍事理图谱的相关概念。有志于从事事理图谱研究的读者，可以进一步拓展阅读事理图谱相关领域的论文。由于事理图谱涉及很多机器学习、自然语言处理的相关知识，因此建议读者在阅读本书前系统地学习机器学习、深度学习、自然语言处理的相关课程。

本书的写作过程得到了众多专家和同学的大力支持与帮助。特别感谢李忠阳博士、石继豪博士、吴婷婷博士、杜理博士、蔡碧波博士、熊凯博士、高靖龙博士等为本书的撰写提供帮助。尽管从本书的提纲结构讨论开始，我们就保持着最严肃认真的态度，但越是临近本书付梓之际，我们越是惶恐不安。事理图谱是一个新兴研究方向，很多内容还需要进一步探索挖掘，研究内容纷繁复杂，受限于认知水平和所从事的研究工作的局限性，我们对其中一些任务和工作的细节理解可能存在偏差，也恳请专家、读者批评指正，你们的意见对我们非常重要。

最后，衷心地感谢一直在支持、关注并投入事理图谱相关研究工作的同人，是大家的持续攻关才使得事理图谱能够成为一个研究方向，本书才能够成体系地梳理相关研究内容及研究成果。感谢我的家人给予我他们所能做到的一切，对我的工作提供支持与帮助；是他们承担了几乎全部的家务，才使我能够专注于科研及书稿撰写工作，感谢我的两个孩子丁彦兮、丁泽熙，他们总能够在我疲惫时给予我纯真的微笑，使我重新充满力量，继续带领学生去探索更多的未知领域，感谢家人的默默付出！

丁效

目　　录

1

第 1 章 事理图谱概述

事件是刻画人类活动与客观世界变化的核心概念之一。人们的社会活动往往是由事件驱动的，而这些事件之间又可能存在复杂而微妙的关系。因此，理解事件本身，以及描述事件之间在时间、空间上相继发生的演化规律和模式的事理逻辑知识，对于认识人类行为和社会发展变化规律具有重要意义。这些知识也将在诸如推荐系统、对话系统、情报分析等人工智能领域的应用中发挥重要作用。然而，现有的典型知识图谱主要以实体及其属性和关系为研究核心，缺乏对事理逻辑这一重要人类知识的刻画。为了弥补这一不足，事理图谱应运而生。本质上，事理图谱是一个事理逻辑知识库，描述了事件之间的演化规律和模式。因此，事理图谱可以对上述多种人工智能应用起到重要的支撑作用。作为本书首章，本章将对事理图谱的基本概念、形式、研究意义，以及相关技术、质量评估和应用价值等加以介绍。

1.1 事理图谱的基本概念

1.1.1 事理图谱的定义

事理图谱（Eventic Graph，EG）[1]是一个描述事件之间演化规律和模式的事理逻辑知识

1 在本书中，我们将“事理”译作Eventics。这一译法类比了“语义”的翻译Semantics。由语义网（Semantic Network）类比出事理图谱的翻译Eventic Graph。

库。从结构上看，事理图谱是一个有向图，其中节点代表事件，有向边代表事件之间的顺承、因果、条件、蕴含和上下位等逻辑关系。从形式上看，事理图谱可描述为 $E=(V,R)$，其中 V 是顶点集合，$V_i \in V$ 表示的是一个事件或者事理（泛化后的事件）；R 是边的集合，$R_{ij} \in R$表示事件之间的顺承、因果、条件等逻辑关系。

1.1.2 事理图谱中事件的定义和表示

理论上，事理图谱中的事件是具有一定抽象程度的泛化事件，具体可以表示为抽象的、语义完备的谓词短语或句子，或可变长度的、结构化的（包括主体、事件词、客体）多元组，元组中必须至少包含一个事件词，标志事件的发生，例如，“跑步”。而事件的主体和客体都可以在不同的应用场景下被省略，例如，“（元首，出访）”省略了事件的客体，“（购买，机票）”省略了事件的主体。一般情况下，事件的抽象或泛化程度与该事件发生的场景紧密关联在一起，如果脱离了具体的场景，一个单独的事件可能因过度抽象而难以理解。例如，在具体的场景下，“吃火锅”“看电影”“去机场”“地震”是合理的事件表达；“做事情”“吃”等事件由于过度抽象，属于不合理或不完整的事件表达。

1.1.3 事理图谱中的事件关系类型

如表 1-1 所示，在事理图谱所描述的事件之间的逻辑关系方面，根据对大规模文本数据的统计，现实世界中有 5 种逻辑关系所占比重较大，也是事理图谱中主要关注的逻辑关系，包括事件之间的顺承关系、因果关系、条件关系、蕴含关系和上下位关系。

表 1-1 事理图谱中事件关系的分类

关系	事件对
顺承关系	取电影票 → 看电影
因果关系	醉酒驾驶 → 车祸
条件关系	买票的人多 → 电影好看
蕴含关系	小孩触摸草坪上的飞机 → 小孩在草坪上
上下位关系	观看电影 → 观看《让子弹飞》

（1）顺承关系是指两个事件在时间上相继发生的偏序关系。TimeML 共定义了 14 种顺承关系[1]，重点考虑了前序事件与后序事件在不同时间维度上的交叠问题。事理图谱中的顺承关系相对来讲比较简单，只需要保证前序事件 a 在后序事件 b 之前发生即可，不用考虑哪个事件先结束。事实上，只要事件 a 的起始时间点早于事件 b 的起始时间点，那么它们之间

有可能形成顺承关系，而它们的结束时间点的相对关系可以是任意的。两个前后顺承的事件之间存在一个 0～1 的转移概率，表示从一个事件按顺承关系演化到下一个事件的置信度。

把从一个事件转移到另一个事件的概率设为 P_1，反之把从该事件不转移到另一个事件的概率设为 P_2，那么 $P_1+P_2=1$。即一个事件发生和不发生的概率之和为 1。假设从一个事件 a 出发，可以转移到的事件有 n 种可能，那么理论上，相对应的 n 个转移概率之和不为 1，除非这 n 个事件两两互斥，例如，“门铃响”事件可以同时转移到“应答”和“走向门”两个事件，两个事件并不互斥，因此其转移概率之和并不为 1。

（2）因果关系是指两个事件之间，前一事件（原因）的发生导致后一事件（结果）的发生。因果关系满足原因事件在前、结果事件在后的时间上的偏序关系，因此在一定意义上，可以认为因果关系是顺承关系的子集。因果事件对之间存在一个 0～1 的因果强度值，表示该因果关系成立的置信度。

因果关系除一因一果外，还存在一因多果、多因一果、多因多果的情况。一因多果说明从同一个原因事件可以同时转移到多个非互斥的结果事件，因此多个结果事件的因果强度之和不为 1。多因一果说明一个结果可以由多个原因导致。多因多果则说明原因事件和结果事件之间存在非常复杂的交叉关系。

从文本数据中构建事理图谱往往不能观察到所有的原因事件或者前提条件，大部分只能挖掘到一个因果事件对，该原因事件既不是充分条件也不是必要条件。因此，为了后续实际应用的方便，事理图谱为该条因果打上一个 0～1 的因果强度值，表示在只观察到该原因事件的情况下，该结果事件发生的可能性。

（3）条件关系是指前一个事件是后一个事件发生的条件。条件关系属于思想中命题的某种逻辑关系，因果关系属于对客观事实的某种认识。条件关系可以理解为“理由”，是前提与结论或论据与论点的内在联系，是关于逻辑的；而因果关系则可以理解为“原因”，是关于事实的，本质上讲“原因≠理由”。举例来说，“如果买票的人多，那么电影好看”这一条件关系是成立的，而“因为买票的人多，所以电影好看”这一因果关系是不成立的。

（4）蕴含关系是指一个事件在某种意义上暗含了另外一个事件。需要注意的是，蕴含关系是有方向的，即蕴含关系不是对称的。例如，事件“一个女孩在一群人身边拉小提琴”蕴含了事件“一个女孩在拉小提琴”，而第二个事件却没有蕴含第一个事件，因为第二个事件推理不出“在一群人身边”。

（5）上下位关系：事件之间的上下位关系有两种，分别是名词性上下位关系和动词性上下位关系。例如，事件“食品价格上涨”与“蔬菜价格上涨”互为名词性上下位关系；事件“杀害”与“刺杀”互为动词性上下位关系。需要注意的是，上下位关系一般是确定性的知识，因此无须类比顺承关系或者因果关系，通常给上下位关系赋值一个 0～1 的常数来表示其置信度。

1.1.4 事理图谱中的事件属性

事理图谱除了关注事件之间的逻辑关系，还关注事件自身的属性。事件属性是指附加到事件上的所有细节，这些细节有助于我们理解事件的上下文。例如，事件属性包括用来描述事件发生的程度、持续时间等，针对不同的应用场景，可以定义不同的事件属性。在进行推理时，事件属性起到非常重要的作用，例如，从金融文本中可以抽取到“货币超发”会导致“汇率贬值”，“汇率贬值”又会导致“货币紧缩”；而实际上“货币持续超发”才会导致“汇率贬值”，而“汇率大幅贬值”才会导致“货币紧缩”。这里面“持续”和“大幅”作为事件的属性，可以影响事件未来的走势。此外，“股票下跌/上涨”的百分比也是事件的重要属性，股票上涨 0.1%和上涨 10%对未来事件的影响是有非常明显的区别的。

1.1.5 事理图谱的形成过程

通过执行如下 4 种操作可以形成庞大、复杂，且具有丰富逻辑关系的事理图谱。

（1）前向演化：按照时间发生顺序和 4 种逻辑关系向前演化（未来事件预测，由因导果）。

（2）反向演化：按照时间发生顺序和 4 种逻辑关系反向演化（历史事件预测，执果溯因）。

（3）向下分裂：选择某个事件节点作为场景事件，将其进行分裂，得到更加具体、精确的局部子事件或动作事理图谱。

（4）向上抽象：将某些同类事件进行合并，得到一个更加抽象的上层事件。

事理图谱更加注重事件的向上抽象，进而总结事件的演化规律和模式。事理图谱中的叶子节点是一个个具体的事件实例，但是由于每天发生的事件不计其数，事理图谱无法穷举所有的事件实例。然而，事理图谱中的上层节点却在试图总结抽象出全部的事件演化逻辑常识，进而辅助机器做出更加智能的预测和决策。

图 1-1、图 1-2 和图 1-3 分别展示了 3 种场景下，不同图结构的典型局部事件演化的事

理图谱。这种常识性事件的演化规律往往隐藏在人们的日常行为模式中，或者用户生成的文本数据中，而没有显式地以知识库的形式被存储起来。事理图谱旨在将文本中对事件及其逻辑关系的描述抽取并抽象出来，构建成一个有向图形式的事理逻辑知识库，作为对人类行为与事件发展变化规律的直接刻画。事理图谱可以同时存储多种类型的事理逻辑关系，包括顺承、因果、条件、蕴含和上下位等。

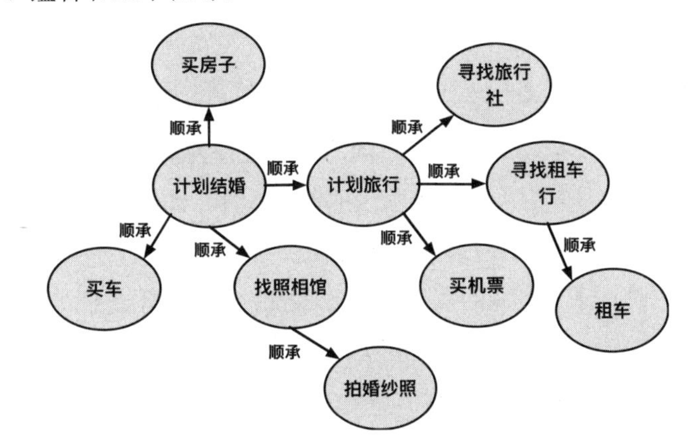

图 1-1　“结婚”场景下的树状顺承关系事理图谱

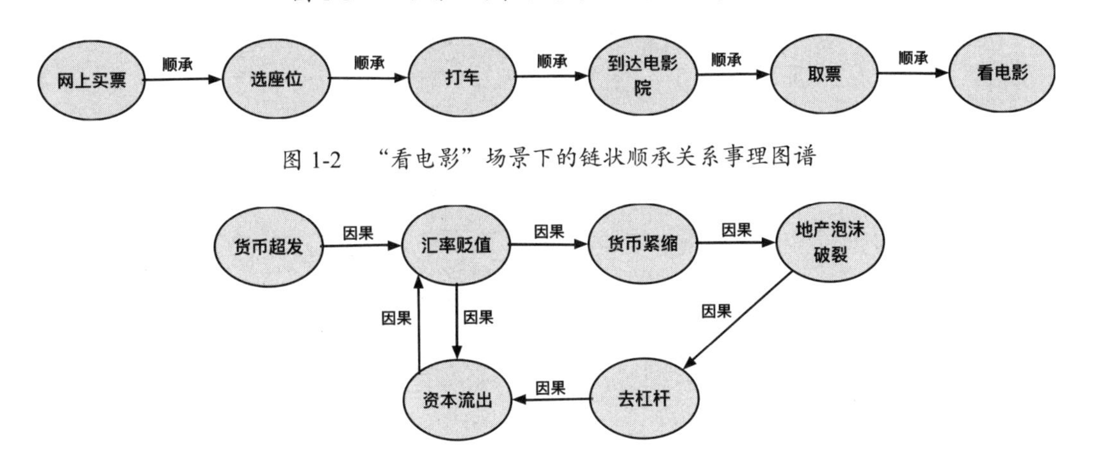

图 1-2　“看电影”场景下的链状顺承关系事理图谱

图 1-3　金融领域的环状因果关系事理图谱

1.2　事理图谱与知识图谱的区别与联系

如表 1-2 所示，事理图谱与知识图谱的区别与联系体现在研究对象、组织形式、主要知识形式、知识的确定性、知识状态和回答问题等方面。

表 1-2　事理图谱与知识图谱的区别与联系

	事理图谱	**知识图谱**
研究对象	事件及事件间的逻辑关系	体词性实体及实体间的关系
组织形式	有向图	有向图
主要知识形式	事理逻辑关系及概率转移信息	实体属性和关系
知识的确定性	事件间的演化关系多数是不确定的	多数实体关系是确定的
知识状态	动态	静态
回答问题	为什么、怎么做	是什么

（1）研究对象：事理图谱以事件及事件间的逻辑关系为核心研究对象。其中，如 1.1 节所述，事理图谱中的事件是具有一定抽象程度的泛化事件，具体可以表示为抽象的、语义完备的谓词短语或句子，或可变长度的、结构化的（主体，事件词，客体）多元组，元组中必须至少包含一个事件词，标志事件的发生。而事件间的逻辑关系包括了顺承、因果、条件、蕴含和上下位等。而知识图谱主要以体词性实体及实体间的关系作为核心研究对象，实体的属性及实体间的关系种类往往成千上万。

（2）组织形式：事理图谱和知识图谱都是以有向图的组织形式存在的。事理图谱中的每一条有向边代表的都是两个事件之间的顺承、因果、条件、蕴含或者上下位等关系，例如在因果关系中，有向边从原因指向结果；在顺承关系中，有向边从先序事件指向后序事件。知识图谱中的每一条有向边代表的是实体的属性或者实体间的关系等，例如“位于”关系可以从“哈尔滨市”指向“黑龙江省”。

（3）主要知识形式和知识的确定性：事理图谱的主要知识形式是事理逻辑关系及概率转移信息，有向边上标注的概率信息说明事理图谱是一种事件间相继发生可能性的刻画，而不是确定性关系，因为事件的演化是非常复杂的，例如在因果关系中就存在多因一果和一因多果的现象。而知识图谱的主要知识形式是实体属性和关系，知识图谱以客观真实性为目标，某一条属性或关系要么成立，要么不成立，例如“深圳市”位于“广东省”是客观存在的事实，是确定的。

（4）知识状态：事理图谱的知识状态是动态的，事理图谱中存储的事理知识是现实动态知识中的逻辑知识，建模的是事件的动态发展规律和模式，而不是某一固定节点的事件集合，不仅包含了事件的“现在”，还包括了事件的“过去”和“未来”。而知识图谱的知识状态是静态的，因为知识图谱大多建模的是实体间的关系及实体的属性，描述的是实体之间固有的关系和固有属性，并不依赖于其他外部条件，并且一般不会随着时间的变化而改变，例如

“哈尔滨市”位于“黑龙江省”描述的就是“哈尔滨市”与“黑龙江省”的固有关系。

（5）回答问题：事理图谱主要回答的问题是“为什么”和“怎么做”，能够挖掘某一事件的深层次原因或者深远的影响，是对未知事件的推测和已知事件的溯源，例如为什么“拉肚子”，事理图谱能够给出的回答为“食用了不卫生的食品”。而知识图谱主要回答的问题是“是什么”，相当于一个“字典”，揭示的是某一实体客观存在的属性及与其他实体的关系，例如用“香蕉”在知识图谱中进行检索，可以很容易知道“香蕉”是一种“水果”。

1.3　事理图谱的研究意义

随着深度学习的兴起，人工智能迎来了新的发展高潮。虽然神经网络使得机器拥有了强大的表示能力，但是目前人工智能的发展仍面临一个关键挑战——如何让机器掌握常识知识。常识知识在人们日常的推理中起到了非常重要的作用，例如，人类能轻易从“松开绑着气球的绳子”推理得到“气球飞走了”这样的事实，里面蕴含的常识知识是“气球被氢气充满”，而让机器理解并掌握大量这样的常识是一件极其困难的事情。在众多类型的人类知识中，事理逻辑包括事件之间的顺承、因果、条件、蕴含和上下位等关系，是一种非常重要且普遍存在的常识知识，如果机器能掌握这些事理逻辑知识，那么就可能推动人工智能向认知智能转变。

许多人工智能应用都依赖于对事理逻辑知识的深刻理解。在通用领域，以隐式消费意图推理为例，只有让机器知道“结婚”事件伴随着后续一系列消费事件，例如“买房子”、“买汽车”和“去旅行”等，才能在观察到“结婚”事件的时候，准确地推理出用户潜在的隐式消费意图，进而向目标用户做出精准的产品推荐。以隐式情感分析为例，只有让机器掌握“考试不及格”会引起“情绪低落”这样的事理常识知识，才能从显式事件中挖掘出用户背后的隐式情感。以对话系统为例，现有的对话生成系统大多从大规模对话语料中以最大似然估计进行训练，针对人类对话中复杂多变的语义和语境，这样得到的对话系统并没有真正理解对话上下文的前因后果，而只是对训练语料中特定的问答模式有记忆，只有让机器理解了“吃过饭”之后“人不饿了”、“看电影”之前要“先买票”这样的常识事理，对话系统才能根据不同的问答语境，做出更加智能的回复。而在特定领域，如金融领域，股市一般伴随着短期内随机事件产生的小波动，以及长期内重大事件驱动的大波动。例如，近年来随着人工智能迎来发展高潮，以及我国将人工智能列为国家发展战略，一些人工智能企业的股价迎来了一波大涨。事件驱动的股市预测悄然兴起，从金融文本中挖掘出“粮食减产”导致“农产品价格上涨”，再导致“通货膨胀”，进而导致“股市下跌”这样的远距离事件依赖，对于事件驱动的股市涨跌预测非常有价值。事理逻辑知识的挖掘与知识库构建迫在眉睫，这将极大地推动人工智能技术的发展与应用。

构建事理图谱的研究意义可以归结为以下 4 方面。

（1）构建事理图谱可以弥补传统知识图谱未能储存事理常识知识的不足。

（2）事理图谱中储存的知识可以使机器获得事理常识，在一定程度上推动“使机器获得常识”这一重大研究的进展。

（3）事理图谱在多项人工智能应用中极具潜力，具有巨大的应用价值。

（4）基于文本的事理图谱构建是充分利用海量文本数据，并自动从中挖掘事件知识宝藏、构建知识库的有力探索。

以上研究意义使得事理图谱在多项人工智能应用中极具潜力，大规模开放域和特定领域事理图谱将和传统知识图谱一样，具有非常巨大的应用价值。

1.4 国内外典型的事件相关知识库构建项目

虽然目前学术界的研究重点仍然在以实体及其关系为核心的知识图谱上，但是，近年来，越来越多的工作开始将注意力转移到以事件及其关系为中心的知识库上来。有许多学者研究了英文上以事件常识为中心的知识库[2-6]，这些工作都跟事理图谱有很多相似之处。

得益于互联网技术的发展，人们可以轻松地从 CNN 之类的新闻门户网站中获得大量事件的新闻报道。但是由于信息过载的问题，人们难以从大量不同新闻报道中认识事件发展的全貌，话题检测与跟踪技术能够将事件组织成某个主题内的分层结构，但是它无法呈现事件之间的复杂演化关系。人们通常更有兴趣了解主题中不同事件的发展方式。识别开始事件、中间事件和结束事件，以及这些事件的演变关系对事件预测和风险预警等应用是非常有帮助的。2009 年，Yang 等人在文献[2]中提出通过构建事件演化图来更好地展示话题下子事件的发展，以便人们有效地浏览和获取信息，并提出利用事件时间戳、事件内容相似度、时间邻近度和文档分布邻近度来对重大事件中子事件之间的演化关系进行建模。

GLAVAŠ 等人在 2015 年的文献[7]中提出事件图的概念，用于组织文本中与事件相关的信息。事件图中的节点表示某个特定事件的提及，而边表示事件提及之间的时序和共指关系。

他们提出了一个端到端的三级管道系统，该系统执行锚点抽取、参数抽取和关系抽取（时间关系抽取和事件共指关系解析），从文本中自动构建事件图。他们还构建了一个大型报纸语料库 EvExtra，标注了事件提及和事件图信息，可用于训练和评估模型。此外，他们对基于自动和手动构造的事件图之间的张量积提出了两种度量标准，用于评估构造的事件图的整体质量。

Tandon 等人[3]认为，人类活动知识是一种非常有价值的知识，例如"向某人求婚"。对于计算机来说，如果能够理解该活动涉及两个成年人，通常发生在某个浪漫的地方，还涉及花朵或珠宝，并且可能伴随着接吻，对于很多自然语言处理任务是非常有价值的。Tandon 等人在 2015 年的文献[3]中提出从电影脚本和叙事文本中自动挖掘人类行为活动语义的活动框架。如图 1-4 所示，该框架（Knowlywood）能够捕获人类活动的参与者及其典型的时空上下文信息。最终的知识库包含数 10 万个活动框架，这些活动框架是从大约 200 万个电影、电视剧和小说的场景中提取的。基于大量的抽样和统计显著性检验的人类手工评估结果显示，这些活动框架及其属性值的准确度至少为 80%，并在电影场景搜索任务中证明了这些人类活动知识的有效性。

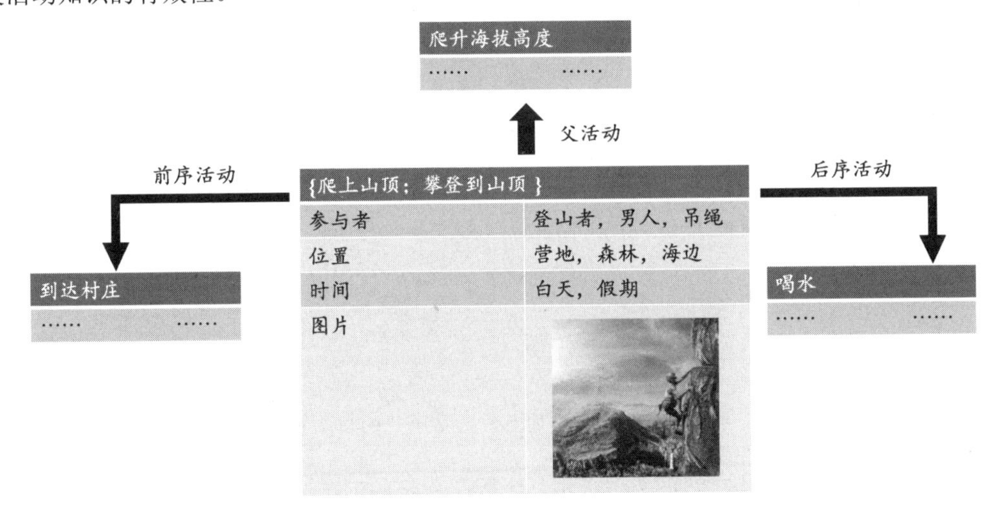

图 1-4　活动框架示例[3]

Rospocher 等人在 2016 年的文献[1]中探索了将大规模新闻文本中的新闻事件组织成跨文档的事件知识图谱的方法。新闻通过对事件的报道来描述世界的动态变化。通过使用最新的自然语言处理和语义网技术，他们从新闻文本中构建了以事件为中心的知识图谱（ECKG）。ECKG 捕获了数 10 万个与实体相关的长期发展和历史变化事件，作为对传统知识图谱中的静态百科全书信息的补充。他们描述了以事件为中心的表示形式，从新闻中提取事件信息的难点、开源工具包，以及从 4 种不同的新闻语料库中构建的 ECKG 图谱，并评估了事件三元组抽取方法的准确性。然而，他们的工作关注具体发生的特定事件事实，而不是可用于指导未来的事件演化规律。

Liu 等人在 2017 年的文献[8]中提出了一种从新闻事件文本中在线自动构建事件森林（Story Forest）的系统。为了满足实际工业应用的要求，该系统能够准确、快速地从海量的长文本文档流中提取事件，这些文本通常包含多样的主题及高度冗余的信息；并且为了确保一致的用户体验，该系统以在线方式发展事件故事的结构。Story Forest 能够在线自动将流式文档聚类为事件，并将相关事件关联到正在生长的树结构中，以形成连续发展的故事脉络。基于 60GB 的现实世界中文新闻数据的评估表明，Story Forest 具有出色的性能，可以准确地识别事件，并将新闻文本组织成一个对人类读者有吸引力的逻辑结构，如图 1-5 所示。

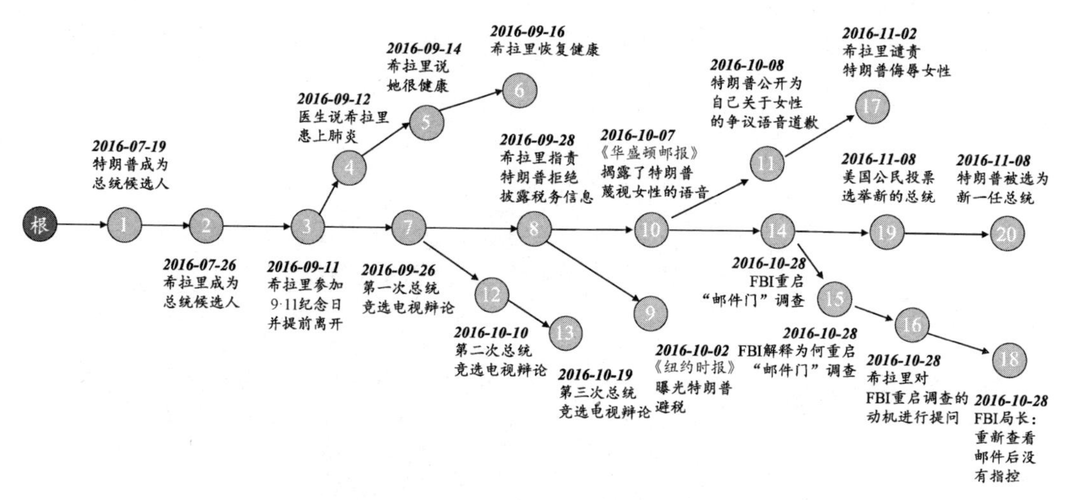

图 1-5　2016 年美国总统选举事件的树结构[8]

Zhao 等人在 2017 年的文献[9]中采用基于因果模板的方法来抽取因果事件对，然后使用 WordNet[10]和 VerbNet[11]将这些事件进行泛化，进而构建一个抽象因果关系网络，如图 1-6 所示。这与本书中事理图谱的概念非常相似。他们还设计了一个双重因果转换模型，可以将该因果关系网络嵌入连续的向量空间中，并将学习到的因果向量表示应用于事件预测、事件聚类和股市波动预测等任务中。实验结果表明，抽象因果关系网络能够有效发现特定因果事件背后的一般性因果规律。

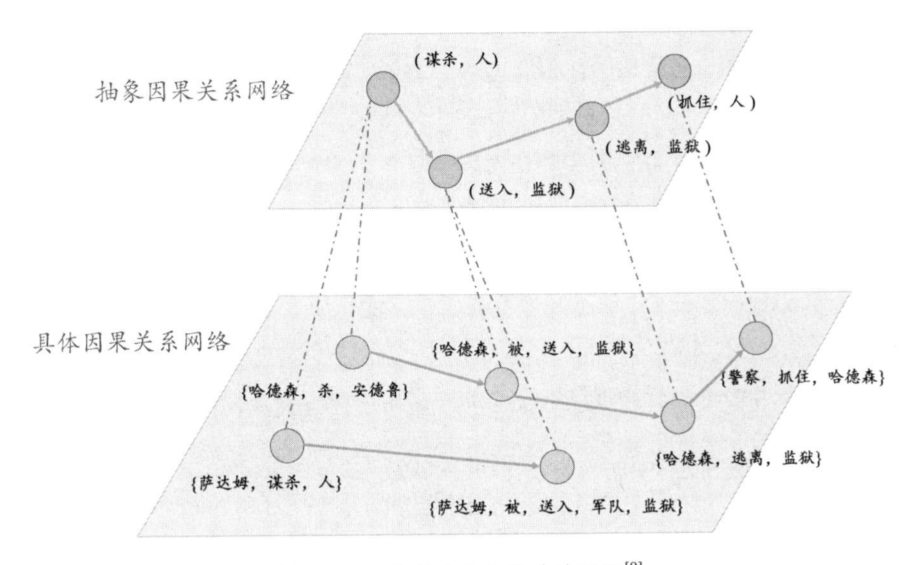

图 1-6　一个层次化因果关系网络[9]

下层的节点和边表示具体因果关系网络，上层的节点和边表示抽象因果关系网络

Gottschalk 等人在 2018 年的文献[12]中提出了 EventKG。它是一个多语言的以事件时序关系为中心的知识图谱。EventKG 包含了 69 万个当代和历史事件，以及从几个大型知识图谱和半结构化资源中抽取的 230 万个时序关系。

Rashkin 等人在 2018 年的文献[5]中研究了一个新的常识推理任务（Event2Mind）：给定一个简短的自由形式文本描述的事件（X drinks coffee in the morning），系统能够对可能的意图（X wants to stay awake）和事件参与者的反应（X feels alert）进行推理。为了开展研究，他们众包构建了一个新的语料库，其包含 25000 个事件短语，涵盖各种日常事件和情况。实验结果表明，神经网络编码器-解码器模型可以成功学习到全新输入事件的参与者可能的意图和反应。

Sap 等人在 2019 年的文献[6]中进一步扩展了文献[5]的工作，并构建了一个包含 877KB 文本形式的日常常识推理知识库，被称为 ATOMIC。ATOMIC 包含 9 种 If-Then 关系组织的事件常识推理知识。例如，“if X pays Y a compliment, then Y will likely return the compliment”。最后，他们使用 ATOMIC 中描述的丰富的事件推理知识训练神经网络生成模型，用于对未来新事件进行推理。

Zhang 等人在 2020 年的文献[4]中从大规模无结构化文本中构建了一个英文事件知识库，被称为 ASER，主要包含有关活动、状态、事件的知识和关系，如图 1-7 所示。ASER 是一个大规模的事件知识库，它是从包含超过 110 亿个单词的非结构化文本数据中提取的，其中包含 15 个属于五个不同类别的关系类型、1.94 亿个事件节点及 6400 万条边。人工评估和在下游对话生成和常识推理任务上的实验证明了 ASER 的质量和有效性。Heindorf 等人在 2020 年的文献[13]中指出，因果知识是促进人工智能发展的关键要素之一。但是，现今很少有知识库包含大量的因果知识。为了解决这一问题，他们构建了 CauseNet——一个主要包含概念之间因果关系的大规模知识库。通过利用不同的半结构化和非结构化的 Web 资源，CauseNet 收集了超过 1100 万个因果关系，高精度版本的 CauseNet 的精度约为 83%。并且通过实验，证明了其可帮助提升因果问答任务的效果，并有望用于因果推理、多跳问题回答等任务。

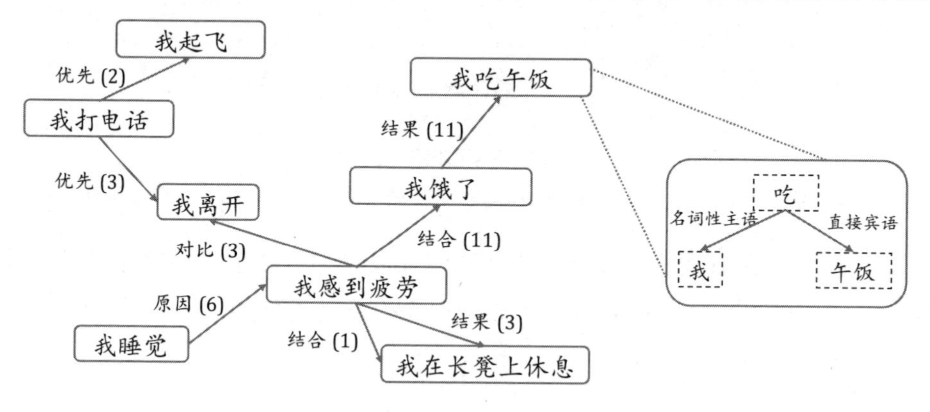

图 1-7　ASER 示例[4]

事件之间用加权有向边连接，每一个事件都是一个依存图

为了帮助揭示多媒体信息中的复杂事件演化关系，2019 年初，美国国防研究计划局（DARPA）提出了基于 Schemas 的知识导向人工智能推理（Knowledge-directed Artificial Intelligence Reasoning Over Schemas，KAIROS）研究项目。KAIROS 旨在创建基于图的 AI 建模能力，以便对复杂的现实世界事件进行因果和时序关系推理，从而预测其未来演化方向，并生成对这些事件的干预性操作。如图 1-8 所示，该项目将开发一个两阶段的半自动化系统，识别和绘制看似无关事件或数据之间的关联性，期望能够帮助建模"蝴蝶效应"，即事件在时空维度上的远距离影响。

近几年来，多元及多模态知识也越来越受到学术界和工业界重视，文本、图像、语言等信息能够相互对照和补充，提供更丰富且更准确的知识。为此，Ma 等人在 2022 年的文献[14]中自动化地从文本和图像中构建了一个大规模的事件知识图谱 MMEKG。MMEKG 中不同模态的实体或者事件是相互补充和消歧的，如图 1-9 所示。为了抽取大量且高质量的多模态知知识，Ma 等人开发了一套高效率且高质量的多模态信息抽取流程，用于从海量的图像和文本中抽取事件及实体知识，最终 MMEKG 包括了超过 8600 万个具体事件、99 万个抽象（概念）事件及 9300 万条边，其中边的类型有 644 种（如时序、共现等）。人工评价也显示自动构建的 MMEKG 有着较高的质量。

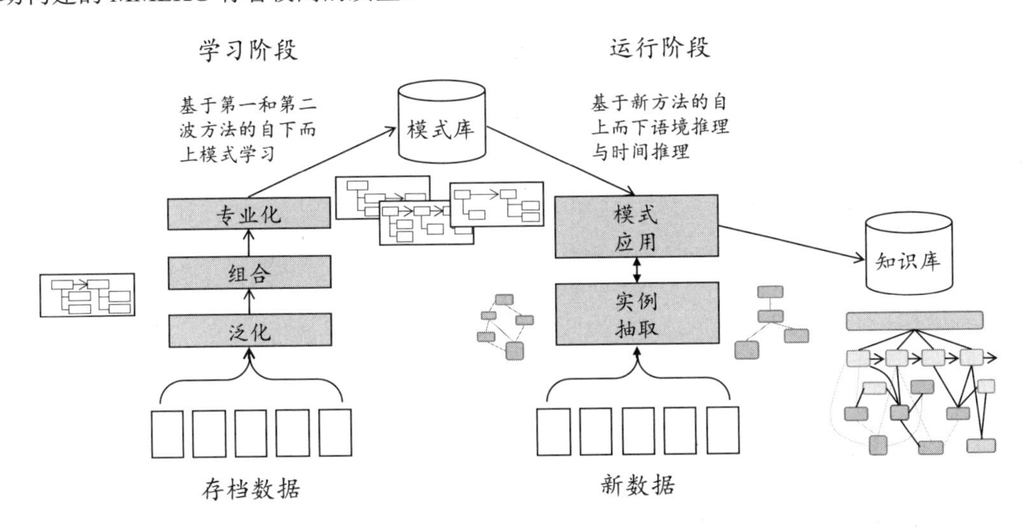

图 1-8　KAIROS 项目的两阶段处理框架

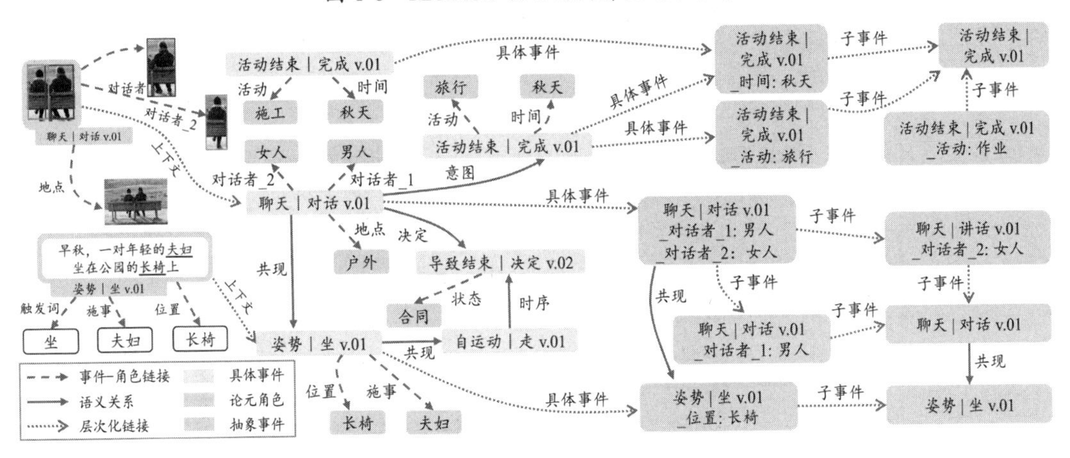

图 1-9　MMEKG[12]示意图

除上述英文研究外，也有部分中文的工作使用了事理图谱的概念，以事件为中心的知识库统计如表 1-3 所示。这些工作包括基于事理图谱的多维特征网络舆情事件可视化摘要生成研究[15]、基于事理图谱的政策影响分析方法及实证研究[16]、面向金融领域的事理图谱构建关键技术研究[17]，以及基于事理图谱的消费意图识别及预测关键技术研究[18]等。

表 1-3　以事件为中心的知识库统计

知识库	语种	领域	规模	构建方式	数据来源	研发机构	研发年份
Knowlywood	英文	通用	数10万个活动框架	自动	电影、电视剧、小说	马克斯·普朗克计算机科学研究所	2015
ECKG	英文	通用	数十万个实体相关的历史变化信息	自动	新闻文本	FBK、阿姆斯特丹自由大学、巴斯克大学	2016
Story Forest	中文	通用	在线系统，未报告规模	自动	新闻文本	阿尔伯塔大学、腾讯公司	2017
EventKG	多语言	通用	69万个事件节点，230万个时序关系	自动	其他知识图谱：Wikidata、DBpedia、YAGO、Wikipedia等	汉诺威莱布尼兹大学	2018
Event2Mind	英文	限定	2.5万个事件节点及其意图和情感标注	自动抽取事件+众包得到情感和意图	事件短语来自其他多个数据集：ROC Story、Spinn3r等	华盛顿大学、AI2	2018
ATOMIC	英文	限定	30万个事件节点，87.8万个事件关系	自动抽取+人类众包撰写	2.4万个种子事件短语来自多个其他数据集（同Event2Mind）	华盛顿大学、AI2	2019
ASER	英文	通用	1.94亿个事件节点，6400万个关系	自动	多种来源的纯文本：Wikipedia、电子书、用户发帖	香港科技大学	2020
CauseNet	英文	通用	1200多万个概念，1100多万个因果关系	自动	互联网文本	帕德博恩大学、慕尼黑工业大学、莱比锡大学	2020
CausalBank	英文	通用	3.14亿句子级因果对	自动	互联网文本	哈尔滨工业大学SCIR和约翰斯·霍普金斯大学CLSP	2020
MMEKG	英文	通用	8600多万个具体事件，99万个抽象事件，9300万条边	自动	多种来源的文本、图像数据：C4 News、Wikipedia等	南洋理工大学、天主教鲁汶大学、商汤、新加坡管理大学、北京大学	2022
事理图谱	中文	通用	400余万个事件节点	自动	新闻纯文本	哈尔滨工业大学SCIR	2019

1.5　事理图谱的相关技术

事理图谱是建模事件演化规律和模式的事理逻辑知识库，事理逻辑知识对于人工智能应用、决策系统、风险防控系统来说，都有着重大意义。本节将简要介绍事理图谱的相关技术，包括事理图谱的构建、事理图谱的表示学习。

1.5.1　事理图谱的构建

事理图谱的构建主要包含 3 个步骤：事件及事件关系抽取、事件表示及事件泛化和事件关系强度计算。

（1）事件及事件关系抽取：利用信息抽取技术，对非结构化文本中的事件及事件之间的关系进行抽取。事件及事件关系可以独立抽取，首先通过序列标注或者句法分析进行事件抽取，然后依赖于事件抽取的结果，进行事件关系抽取，这种做法一般会带来级联误差，并且很多事件并无其他事件与它有关，会导致事件关系的抽取难度加大。事件及事件关系也可以联合抽取，通过两套标签将某一事件关系的头事件和尾事件同时抽取出来，这种做法可以缓解独立抽取的问题，但是遇到一对多、多对一、多对多的情况会很难处理。

（2）事件表示及事件泛化：从文本中可以挖掘出具体事件间的因果关系，但具体事件往往是非常稀疏的，抽取出的两个因果对中包含完全相同事件的可能性非常小，因此很难将因果对连接成稠密的网络。另一方面，具体事件间的因果关系也较难用在预测和推理中，因为目标事件很可能没有在因果网络中出现过，这样就无法进行预测和推理。所以，需要对抽取出的具体事件进行抽象和泛化，从具体事件间的因果关系上升到抽象事件间的因果关系，从而发现更为一般的因果律。首先进行事件表示，将事件嵌入低维向量空间，根据相似度将事件聚类得到簇，然后将簇中的事件进行统一表示，得到泛化的事件。

（3）事件关系强度计算：由于事理图谱是一个稠密的图结构，一个事件可能与多个事件相连，例如因果关系，一个原因事件可能会导致多个可能的结果事件，只不过得到不同结果事件的概率也不同。故利用外部语料库或者神经网络模型，对每个事件关系的传导强度进行计算，并将事件关系强度赋予事理图谱中的事件关系边。

最后，在得到泛化事件及事件之间的关系强度后，根据泛化事件所对应的具体事件之间的事件关系，将泛化后的事件连接成事理图谱，其中节点代表事件，边代表事件之间的关系。

1.5.2 事理图谱的表示学习

随着时间的推移，会有越来越多新的事件涌现出来，即使进行了事件泛化，事理图谱的覆盖度也是有限的。另一方面，在进行事理图谱应用的时候，利用本文在大规模的事理图谱中检索相关的事理逻辑知识需要较大的时间开销，会导致推理效率下降。故进行事理图谱表示学习尤为重要，将事理图谱中的知识进行神经化，存储在神经网络的参数中，事件的匹配和检索均可通过神经网络的运算得到。事理图谱的表示学习可以通过生成模型来实现，搭配不同的模板可以实现对不同事件关系的学习。

拥有一个大规模的事理图谱后，如何利用好事理图谱中的事件及关系，显得至关重要。随着深度学习的发展，深度神经网络拥有强大的理解能力和表示能力，GNN[19]（Graph Neural Network）、GCN[20]（Graph Convolutional Network）、GAT[21]（Graph Attention Network）等图神经网络的出现，使得神经网络能够很好地建模图结构及图中的信息传递。GNN 通过对节点的邻居节点的信息进行聚合，将邻居节点的信息传递到中心节点；GCN 将卷积引入到图结构中，使得邻居节点的信息根据边的权重按照不同的比例传递到中心节点，但是 GCN 比较依赖邻接矩阵构建的精度；GAT 将注意力机制引入图神经网络，通过后向传播，对边的权重进行优化和更新，使得邻居节点的信息以一个更好的权重传递到中心节点。由于图神经网络的特点，通过图神经网络的堆叠，一个节点可以与任意跳之外的节点进行交互，获得多跳的邻居节点信息。使用图神经网络对图节点的信息进行交互、更新和补充，最后将整个图中的节点信息聚合，对图进行表示学习，得到事理知识的稠密表示，最终应用到相关的任务中。

1.6 事理图谱的质量评估

1.6.1 人工评估

大多数自动构建的大型知识库都会采用随机抽样加人工检查的方式，来对知识库中知识的准确率和召回率进行评估。基于海量文本数据构建的大规模事理图谱也采用基于人工的评估方式。该方法虽然不能对每一条知识都进行检查，但是通过随机抽样的人工评估，可以对图谱的整体质量有一个估计。

1.6.2　自动评估

基于远程监督进行自动评估：现有的部分大型知识图谱（如 ConceptNet 和 Concept Graph）虽然以实体为核心，但是也保存了小部分的事件和事件关系。因此，可以将自动构建的事理图谱中的知识与这些知识图谱中已有的事理关系进行比较，得到一个大致的质量评估结果。

基于上层应用进行自动评估：某些事件驱动的上层应用显著依赖于事理逻辑知识，比如意图识别、对话生成等任务。因此可以将自动构建的事理图谱直接应用于这些上层应用，看能否提升其性能。如果这些上层应用的性能提升显著，则可以间接说明该自动构建的事理图谱质量较高。

此外，自动评估还可与人工评估相结合。例如，从初步构建的事理图谱中采样少部分节点和边，利用人工标注评估其质量，随后利用人工标注数据训练模型，并利用该模型对事理图谱中所有的边和节点的质量加以自动评估。此类少量人工评估与基于模型的自动评估方法在评估大规模自动构建知识库的质量时，可能发挥重要作用。

1.7　事理图谱的应用价值

由于事理图谱拥有多种形式的、海量的事理知识，揭示了事件的演化规律和模式，将事理图谱作为一个外部知识库，它能够为机器提供推理时所缺失的常识知识，增强机器推理的性能。如图 1-10 所示，在事理图谱中丰富的事理知识的支撑下，机器能够捕获与问题相关的外部知识，并支持机器执行消费意图挖掘、对话系统、事件预测、常识推理、问答系统及辅助决策系统等任务，这些任务大致可以分为 3 类：文本推理、对话系统和情报分析系统。

图 1-10　事理知识增强的相关任务

（1）文本推理：文本推理是事件预测、常识推理、问答系统等一系列相关任务的统称。这类任务的主要目的是，在理解输入文本语义的基础上，完成相应的推理任务，如预测后续事件、回答相关问题等。文本内在语义与逻辑的复杂性使这类任务成为自然语言处理领域内具有挑战性的任务之一。值得注意的是，对于文本语义的充分理解需要建立在具有充足的常识知识的基础之上。其中，尤为具有挑战性的是对于长跨度的篇章级语义的理解。这需要在理解全篇语义的基础上，厘清文章主干逻辑。而描述事件发生演化规律的事理知识是模型理解文本并完成推理任务的必要条件。例如，给定一篇分析粮价上涨原因的文本，依赖常识知识，人类可以很轻松地从包含大量具体例证与分析的文本中提取出“粮食减产”到“粮食价格上涨”的逻辑关系。这是因为，人类在此前的生活中，已经初步认识到“粮食减产”→“粮食供不应求”→“粮食价格上涨”的事理知识。但是机器并没有掌握“粮食减产”→“粮食供不应求”→“粮食价格上涨”这样的事理知识，这使得机器很难建立从原因到结果的推理路径，并理解这样的事理关系以推断出后续事件。而通过将事理图谱与模型结合，机器能够更充分地理解推理路径，这将提高模型推理的性能。

（2）对话系统：这类任务需要理解用户输入的上文，并生成相应回答。在对话场景中，常能涉及事件相关知识。例如，在客服机器人中，顾客提出“衣服有点大”后，非常可能的后续事件是顾客想“退换货”或者“推荐尺码”。如模型不能掌握类似的事理知识，则不能理解用户的潜在意图，并生成合理的回答。反之，将事理图谱融入此类任务型对话系统之后，将有助于支撑机器提供更高质量的回复，提升对话的效率及质量。此外，在另一类对话系统——闲聊机器人中，常见的问题是生成无意义的回复，例如“是的”或者“不是”等。而外部常识知识，如事理知识的引入，也将有助于引导模型生成更有意义、更丰富的回复。

（3）情报分析系统：世界各地每天都发生大量事件。这些事件可能形成大量相关文本，如新闻报道、社交媒体评论等。对这些文本的分析，将有助于厘清事件的来龙去脉，分析事件的潜在原因，发现事件参与各方及社会舆情对事件的态度，从而非常有助于从中挖掘具有情报价值的部分。然而，海量事件对应的是海量文本，并且这些事件之间可能形成复杂关系，因此，完全依靠人类对这些事件相关文本进行分析、整理、研判几乎是不现实的，这显示出情报自动分析系统的必要性。然而，情报自动分析系统需要建立在各类常识知识的基础之上，来对文本及事件脉络加以理解归纳。如果不能够首先对典型事件的发展规律有一定了解，则无法理解文本，更谈何分析出其中具有情报价值的部分。例如，对于“恐怖袭击”这一典型事件，只有了解通常意义上恐怖袭击的地点、规模、造成的损失，才能了解为何“9·11事件”能够对美国社会造成如此严重的冲击，并间接导致后续一系列军事事件的发生。而事理图谱涉及了大量典型事件发生、发展模式的归纳，因此，将事理图谱作为基础知识加入情报分析系统中，将促进机器对于情报文本的理解，并促使模型得出更有意义的结论。此外，新的事件相关文本还可以继续丰富原有事理图谱的内容。

1.8　本章小结

知识图谱在各个领域精耕细作，逐渐显露价值，然而其知识表示形式有待突破，推理能力有待提高。为了进一步丰富知识图谱的知识内容及其推理能力，以谓词性事件为节点，以事件演化（顺承、因果、条件、蕴含和上下位等关系）为边的事理图谱应运而生。作为本书首章，本章简要介绍了事理图谱的概念、形式、特点、意义及其与传统知识图谱的异同，以及可能的应用方向。事理图谱刻画了事件发展规律和典型模式，并且事理图谱中丰富的事理知识对很多人工智能应用能起到支撑和辅助作用，如预测、对话、推荐等领域。事理图谱的引入将有力地提升模型性能，同时提升人工智能系统的可解释性，也将有助于机器理解和认知人类社会，以实现从感知智能向认知智能的飞跃。

参考文献

[1] ROSPOCHER M, VAN ERP M, VOSSEN P, et al. Building event-centric knowledge graphs from news[J]. Web Semantics: Science, Services and Agents on the World Wide Web, 2016, 37: 132-151.

[2] YANG C C, SHI X, WEI C-P. Discovering event evolution graphs from news corpora[J]. IEEE Transactions on Systems, Man, and Cybernetics-Part A: Systems and Humans, 2009, 39(4): 850-863.

[3] TANDON N, DE MELO G, DE A, et al. Knowlywood: Mining activity knowledge from hollywood narratives[C]//Proceedings of the 24th ACM International on Conference on Information and Knowledge Management, 2015: 223-232.

[4] ZHANG H, LIU X, PAN H, et al. ASER: A large-scale eventuality knowledge graph[C]//Proceedings of The Web Conference 2020, 2020: 201-211.

[5] RASHKIN H, SAP M, ALLAWAY E, et al. Event2mind: Commonsense inference on events, intents, and reactions[J]. arXiv preprint arXiv:1805.06939, 2018.

[6] SAP M, LE BRAS R, ALLAWAY E, et al. ATOMIC: an atlas of machine commonsense for if-then reasoning[C]//Proceedings of the AAAI Conference on Artificial Intelligence, 2019, 33: 3027-3035.

[7] GLAVAŠ G, ŠNAJDER J. Construction and evaluation of event graphs[J]. Natural Language Engineering, 2015, 21(4): 607-652.

[8] LIU B, NIU D, LAI K, et al. Growing Story Forest Online from Massive Breaking News[C]//Proceedings of the 2017 ACM on Conference on Information and Knowledge Management, 2017: 777-785.

[9] ZHAO S, WANG Q, MASSUNG S, et al. Constructing and embedding abstract event causality networks from text

snippets[C]//WSDM, 2017: 335-344.

[10] MILLER G A. WordNet: a lexical database for English[J]. Communications of the ACM, 1995, 38(11): 39-41.

[11] SCHULER K K. VerbNet: A broad-coverage, comprehensive verb lexicon[D]. Philadelphia: University of Pennsylvania, 2005.

[12] GOTTSCHALK S, DEMIDOVA E. Eventkg: A multilingual event-centric temporal knowledge graph[C]//European Semantic Web Conference, 2018: 272-287.

[13] HEINDORF S, SCHOLTEN Y, WACHSMUTH H, et al. CauseNet: Towards a Causality Graph Extracted from the Web[C/OL]//CIKM'20: Proceedings of the 29th ACM International Conference on Information amp; Knowledge Management. New York, NY, USA: Association for Computing Machinery, 2020: 3023-3030.

[14] MA Y, WANG Z, LI M, et al. MMEKG: Multi-modal Event Knowledge Graph towards Universal Representation across Modalities[C]//Proceedings of the 60th Annual Meeting of the Association for Computational Linguistics: System Demonstrations, 2022: 231-239.

[15] 夏立新, 陈健瑶, 余华娟. 基于事理图谱的多维特征网络舆情事件可视化摘要生成研究[J]. 情报理论与实践, 43(10): 157.

[16] 单晓红, 庞世红, 刘晓燕, 等. 基于事理图谱的政策影响分析方法及实证研究[J]. 复杂系统与复杂性科学, 2019, 16(1): 74-82.

[17] 廖阔. 面向金融领域的事理图谱构建关键技术研究[D]. 哈尔滨: 哈尔滨工业大学, 2020.

[18] 石乾坤. 基于事理图谱的消费意图识别及预测关键技术研究[D]. 哈尔滨: 哈尔滨工业大学, 2020.

[19] SCARSELLI F, GORI M, TSOI A C, et al. The graph neural network model[J]. IEEE transactions on neural networks, 2008, 20(1): 61-80.

[20] KIPF T N, WELLING M. Semi-supervised classification with graph convolutional networks[J]. arXiv preprint arXiv: 1609.02907, 2016.

[21] VELIČKOVIĆ P, CUCURULL G, CASANOVA A, et al. Graph attention networks[J]. arXiv preprint arXiv: 1710.10903, 2017.

2

第 2 章 事理知识表示

事理知识表示（Eventic Knowledge Representation）指的是用某种语言或框架将事理图谱转化为计算机可识别的形式，以方便储存，并利用事理图谱支持相关运算与推理的过程。形式上，事理图谱是一个有向图，其中每个事件都是图的一个节点，每两个事件之间的关系构成了图中的一条边。在一定程度上，事理图谱可以看作一种广义的知识图谱。此前已有大量工作探讨有效存储并利用知识图谱，如谓词逻辑、语义网，乃至在深度学习中被大量运用的分布式表示等。本章将首先介绍常见的知识表示方法，然后讨论如何利用这些知识表示方法对事理知识进行表示。

2.1 知识表示

尽管人工智能依靠机器学习技术的进步取得了巨大的进展，例如，AlphaGo Zero 不依赖人类知识的监督，通过自我强化学习获得极高的棋力，但人工智能在很多方面，如语言理解、视觉场景理解、决策分析等，仍然举步维艰。一个关键问题就是，机器必须掌握大量的知识，特别是常识知识，才能实现真正类人的智能[1]。

简单而言，知识是人类通过观察、学习和思考有关客观世界的各种现象而获得和总结的所有事实、概念、规则或原则的集合。获取、表示和处理知识的能力是人类区别于其他物种的重要特征。因此，人工智能的核心也是研究怎样用计算机易于处理的方式表示、学习和处理各种各样的知识。

麻省理工学院 AI 实验室的 Randall Davis 概述了知识表示的几种不同角色[2]。

- 客观事物的机器标识。知识表示通过约定一组符号体系，实现对客观事物本身的表示。
- 人类表达的数字媒介。人类以各类知识表示算法将人类掌握的知识转化为便于计算机存储并运用的形式，以支持存储运用与推理过程。
- 知识表示约定了一组本体和概念模型。所有知识表示系统都是对真实世界知识系统的某种近似。因此，知识表示系统均需要建立在一组本体与概念模型之上，以决定系统表示何种知识。
- 支持推理的表示基础。即知识表示系统通过约定知识的形式化方式，间接限制了可能的机器推理的模型与方法。

知识表示的研究伴随着人工智能的发展。有关知识表示的研究可以追溯至人工智能的早期研究。早期专家系统常用的知识表示方法包括基于框架的语言（Frame-based Language）和产生式规则（Production Rule）等。框架语言主要用于描述客观世界的类别、个体、属性及关系等，较多地应用于辅助自然语言理解。产生式规则主要用于描述类似于 If-Then 的逻辑结构，适合于刻画过程性知识。此后，具有更丰富表达能力的语义网络被提出，典型的语义网络（如 WordNet）属于词典类的知识库，主要定义名词、动词、形容词和副词之间的语义关系。

然而，不论框架语言、产生式规则还是语义网络，都缺少严格的语义理论模型和形式化的语义定义。为了解决这一问题，人们开始研究具有较好的理论模型基础和算法复杂度的知识表示框架。比较有代表性的是描述逻辑（Description Logic）语言。描述逻辑是一阶谓词逻辑的一个子集，推理复杂度是可判定的。描述逻辑是目前大多数本体语言（如 OWL）的理论基础。第一个描述逻辑语言是在 1985 年由 Ronald J. Brachman 等提出的 KL-ONE。描述逻辑主要用于刻画概念（Concept）、属性（Role）、个体（Individual）、关系（Relationship）、定理（Axiom）等知识表示要素。与传统专家系统的知识表示语言不同，描述逻辑语言更为关心知识表示能力和推理计算复杂性之间的关系，并深入研究了各种表达构件的组合所带来的查询、分类、一致性检测等推理计算的计算复杂度问题。本章下面将对各类经典知识表示方法进行简要介绍。

2.2　经典知识表示方法

2.2.1　一阶谓词逻辑

一阶谓词逻辑（First Order Logic，FOL）是形式逻辑的一种。不同于最基本的命题逻辑，一阶谓词逻辑在命题和命题间逻辑运算的基础上，进一步引入了谓词和量词。例如，在命题逻辑中，命题 P:“π 是无理数”和命题 Q:“无理数是实数”是两个完全不相关的命题。但在一阶谓词逻辑中，通过引入谓词并将命题表示为谓词和变量的组合，因此上述命题 P 可表示为 P:“是无理数(π)”。其中“是无理数”为谓词，“π”是变量。量词用来对个体的数量进行约束，常用的量词有两个：全称量词∀和特称量词∃。一阶谓词逻辑是一种接近于自然语言的形式语言，用它表示问题，易于被人理解和接受。通过引入谓词和量词，一阶谓词逻辑得以将真假论断应用于具体对象，并能够表达更为复杂的逻辑关系，例如包含、等同、存在等，并且形成严密的推理规则。但是一阶谓词逻辑的缺点是无法表示不确定性知识的自然性。

2.2.2　产生式规则

产生式规则是一种更广泛的规则系统，和谓词逻辑有关联，也有区别[3]。早期的专家系统多数是基于产生式规则的。产生式知识表示法是常用的知识表示方式之一。它是依据人类大脑记忆模式中的各种知识之间大量存在的因果关系，并以 If-Then 的形式，即产生式规则表示出来的。这种形式捕获了人类求解问题的行为特征，并通过认识-行动的循环过程求解问题。一个产生式规则由规则库、综合数据库和控制机构 3 个基本部分组成。

产生式知识表示法具有非常明显的优点，如自然型好、易于模块化管理、能有效表示知识、知识表示清晰等；但也有效率不高、不能表达具有结构性的知识等缺点。因此，人们经常将它与其他知识表示方法（如框架表示法、语义网络表示法）相结合。

2.2.3　框架表示法

框架（Frame）表示法由图灵奖得主 Minsky 于 1975 年提出[4]。其最突出的特点是善于表示结构性知识，能够把知识的内部结构关系及知识之间的特殊关系表示出来，并把与某个实体或实体集的相关特性都集中在一起。

框架表示法认为，人们对现实世界中各种事物的认识都是以一种类似于框架的结构存储在记忆中的。当面临一种新事物时，就从记忆中找出一个合适的框架，并根据实际情况对其细节加以修改、补充，从而形成对当前事物的认识。

框架是一种描述固定情况的数据结构，一般可以把框架看成一个节点和关系组成的网络。图 2-1 展示了一个关于货轮的框架示例，框架的最高层次是固定的，并且它描述对于假定情况总是正确的事物，在框架的较低层次上有许多终端——被称为槽（Slot）。在槽中填入具体值，就可以得到一个描述具体事务的框架，每一个槽都可以有一些附加说明——被称为侧面（Facet），其作用是指出槽的取值范围和求值方法等。一个框架中可以包含各种信息：描述事物的信息，如何使用框架的信息，关于下一步将发生什么情况的期望，以及如果期望的事件没有发生应该怎么办的信息等，这些信息都包含在框架的各个槽或侧面中。

一个具体事物可由槽中已填入的值来描述，具有不同槽值的框架可以反映某一类事物中的各个具体事物。相关的框架链接在一起形成了一个框架系统，框架系统中由一个框架到另一个框架的转换可以表示状态的变化、推理或其他活动。不同的框架可以共享同一个槽值，这种方法可以把不同角度搜集起来的信息较好地协调起来。

框架名称：货轮

超类：船舶

子类：油轮、集装箱船、载驳船

排水量：

属性类型：整数

属性单位：吨

属性值：未知

货轮长度：

属性类型：小数

属性单位：米

属性值：未知

图 2-1　一个关于货轮的框架示例

2.2.4　脚本

脚本由耶鲁大学的 Schank 与 Abelson 在 1970 年提出[5]。在一定程度上讲，脚本可以视作框架的一个子类。不同于具有普适性的框架，脚本主要用于描述日常生活中出现的典型场景。其中，一个典型场景由一个特定地点下发生的一系列事件组成。图 2-2 展示了一个关于离开的脚本示例。一个脚本由两个主要部分组成：第一部分是标题（Header），这部分概括了脚本的场景，描述了脚本发生的地点，并定义了脚本的主要参与者；第二部分是脚本体（Body），脚本体由一系列呈顺承或因果关系的事件组成。为了增强脚本的代表性，事件中的细节被丢弃，脚本中包含的事件以抽象事件的形式存在。

从整体上看，脚本描述了一系列典型事件间的演化关系，因而脚本适用于描述典型事件的发展脉络。由此特点可知，脚本与事理图谱之间存在相对紧密的关系。在某种程度上讲，事理图谱大大延伸与扩充了脚本的内涵与外延。

标题： 离开

脚本体： MTRANS 索要支票
ATRANS 收到支票
ATRANS 付小费给女服务员
PTRANS 来到收款处
ATRANS 付钱给收款员
PTRANS 离开餐厅

图 2-2 一个关于离开的脚本示例

2.3 语义网中的知识表示方法

语义网是万维网之父 Tim Berners Lee 在 1998 年提出的，用以描述万维网中资源、数据之间的关系[6]。

在万维网诞生之初，网络上的内容仅为人类可读，而计算机无法处理和理解。例如，当浏览网页时，人类能够轻松理解网页上的内容，而计算机只知道这是一个网，并不了解网页内容，如其中包含的图片有什么实体，也不清楚网页中包含的链接指向的页面和当前页面有何关系。而语义网是为了使网络上的数据变得机器可读而提出的一个通用框架。“语义”指表达数据背后的含义，让机器能够理解数据；“网”则是希望这些数据相互链接，组成一个庞大的网络，如同互联网中相互链接的网页。

万维网联盟（World Wide Web Consortium，W3C）标准化组织一直致力于改进、扩展和规范化语义网的体系结构。他们先后提出了 XML、RDF、RDFS 与 OWL 框架。语义 Web 技术允许人们在 Web 上创建数据存储，建立词汇表，并编写处理数据的规则。下面对这些框架进行介绍。

2.3.1 XML

XML 指可扩展标记语言（eXtensible Markup Language）。XML 于 1998 年由 W3C 提出。与同为标记语言的 HTML 相比，XML 的设计宗旨是结构化、存储及传输信息，而非如 HTML 一般便于显示数据。为此，W3C 定义了一组便于人类可读和机器可读的格式编码文档的规则，包含如下元素。

1. 文档声明

文档声明指定了一个 XML 文档最基本的一些特性。文档声明只有 3 个属性。

- version：指定 XML 文档版本，为必需属性。
- encoding：指定当前文档的编码，为可选属性，默认值是 UTF-8。
- standalone：指定文档独立性，为可选属性，默认值为 yes，表示当前文档是独立文档。如果为 no，则表示当前文档不是独立的文档，会依赖外部文件。

2. 元素

元素是 XML 文档中最重要的组成部分。一个 XML 元素由<开始标签>元素体</结束标签>这样的结构组成。在开始标签和结束标签之间，又可以通过层层嵌套的方式，使用其他标签描述其他数据。例如，对于下面的关系型数据，利用 XML 体系，可以方便地将其结构化为如图 2-3 所示的结构。

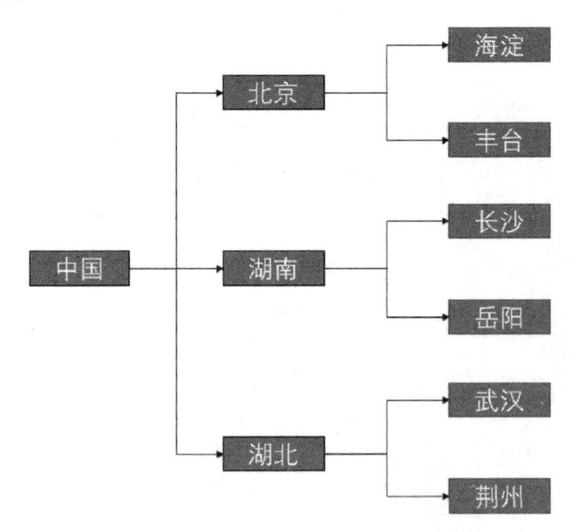

图 2-3 利用 XML 体系表示关系型数据

值得注意的是，XML 没有预定义的标签集，由用户自定义适用于特定应用的标签集，这大大提高了 XML 的灵活性与可扩展性。

自定义标签集提高了 XML 的可扩展性，但不同应用之间的交互必须对标签集进行约定。XML 允许用户通过 XML 模式来定义标签集，XML 模式提供了一种约束机制，限定 XML 文档所能使用的元素名和属性名，同时也对文档结构进行了约束，限定属性的取值范围、元素之间的嵌套关系。常用的 XML 模式主要有 DTD（Document Type Definition）和 XML Schema。

3. 属性

属性是元素的一部分，它必须出现在元素的开始标签中。属性的定义格式为属性名=属性值。一个元素可以有 0～*N* 个属性。例如：

```
<teacher id="001">我是一个教师</student>
<?xml version="1.0" encoding="UTF-8"?>
<中国>
    <北京>
        <海淀></海淀>
        <丰台></丰台>
    </北京>
    <湖南>
        <长沙></长沙>
        <岳阳></岳阳>
    </湖南>
    <湖北>
            <武汉></武汉>
            <荆州></荆州>
    </湖北>
</中国>
```

在这个 XML 文档中，我们给 teacher 定义了一个 id 属性，并给了 001 这个值，属性通常用于提供有关元素的额外信息。

4. CDATA 区、特殊字符处理指令

因为很多符号已经被 XML 文档结构所使用，所以在元素体或属性值中想使用这些符号就必须使用转义字符，例如 “<” “>” “’” “”” “&”。当大量的转义字符出现在 XML 文档中时， XML 文档的可读性会大幅度降低。为解决这一问题，XML 引进了 CDATA 区结构。在 CDATA 区中出现的“<” “>” “”” “’” “&”，都无须使用转义字符，这可以提高 XML 文档的可读性。

5. 处理指令

处理指令用来解析引擎如何处理 XML 文档内容。比如，在 XML 文档中，可以使用 xml-stylesheet 指令通知 XML 解析引擎，应用 CSS 文件显示 XML 文档内容。

2.3.2 RDF

XML 通过标签和标签的嵌套结构为用户提供了一种良好的组织数据的方式。因为其强大的可扩展性和可解读性，XML 逐渐成为数据存储和传输的第一选择，成为语义 Web 的支撑。然而，XML 的灵活性带来了数据描述的不一致性。不同用户可能将同一对象定义为不同的 XML 元素，这带来了交流的障碍。为此，W3C 推荐用 RDF（Resource Description Framework，资源描述框架）标准来解决 XML 的这一局限性。

RDF 是 W3C 指定的关于知识图谱的国际标准。RDF 的基本模型是有向标记图。图中的每一条边都对应一个三元组（Subject-主语，Predicate-谓语，Object-宾语）。一个三元组对应一个逻辑表达式或一条关于世界的陈述（Statement）。RDF 希望以一种标准化、互操作的方式来规范 XML 的语义。XML 文档可以通过简单的方式实现对 RDF 的引用。借助 RDF，表达同一事实的 XML 描述就可以转化为统一的 RDF 陈述。例如：

```
1    <?xml version="1.0"?>
2        <Description
3            xmlns="http://www.w3.org/TR/WD-rdf-syntax#"
4                about="http://www.w3.org/test/page"
5                    s:Author ="http://www.w3.org/staff/Ora"/>
```

2.3.3 RDFS

虽然 RDF 统一了对象的标记方式，但 RDF 的表达能力依旧有限。原因在于，RDF 是对具体事物的描述，缺乏抽象能力，无法对同一个类的事物进行定义和描述。例如，现有一个 RDF 三元组<Joshua Bengio，Works_at，Canada>，能够表达 Joshua Bengio 和 Canada 这两个实体的属性，以及它们之间的关系。但是如果希望将 Joshua Bengio 和 Canada 进一步抽象为类似于“人”和“地点”这样的类，并且指定这些类的属性及类间的关系时，RDF 就无能为力了。从对象到类的抽象概括过程，不论对于理论模型，还是现实应用，均具有相当重要的意义。因此，为解决 RDF 的这一重大缺陷，W3C 进一步提出了 RDFS（Resource Description Framework Schema，资源描述框架模式）。

RDFS 是最基础的模式语言。在 RDF 的基础上，RDFS 进一步引入了一系列预定义词汇（Vocabulary），用于对 RDF 进行类定义及属性定义。下面简要介绍 5 个比较常用的词汇。

（1）rdfs:Class：用于定义类。

（2）rdfs:domain：用于描述该属性属于哪个类别。

（3）rdfs:range：用于描述该属性的取值类型。

（4）rdfs:subClassOf：用于描述该类的父类。比如，我们定义一个运动员类，声明该类是人的子类。

（5）rdfs:subProperty：用于描述该属性的父属性。比如，我们定义一个名称属性，声明中文名称和全名是名称的子类。

其他 RDFS 词汇及用法可参见 W3C 官方文档。

2.3.4　OWL

尽管 RDFS 能够描述一定的语义信息，但其表达能力依旧有限。为了更好地描述语义网上的信息，需要更加强大的本体建模语言。本体（Ontology）是一个从哲学引入的概念，用来描述现实世界中客观现实的抽象本质。在语义网情境下，本体指领域知识体系的抽象架构。利用本体，能够描述抽象概念及其相互之间的关联关系，从而实现概念的明确定义与规范化描述。这意味着本体仅对具有某些属性的事物的一般类型进行建模，而并不包含具体个体的信息。本体主要有 3 个组成部分，通常描述如下。

（1）类：对存在于数据中的不同类型的个体的抽象。

（2）关系：连接两个类的属性。

（3）属性：描述单个类的属性。

目前存在多种本体建模语言。W3C 的推荐标准是建立在 RDF 与 RDFS 基础上的 OWL（Ontology Web Language）。如图 2-4 所示，OWL 为需要处理信息内容的应用程序设计，而不仅仅是向人类呈现信息。通过提供额外的词汇和形式化的语义，OWL 提供了比 XML、RDF 和 RDFS 更强的对类和属性间约束关系的表示能力。此外，借助这些类与属性间的约束关系表示，OWL 可以支持高效的自动推理。

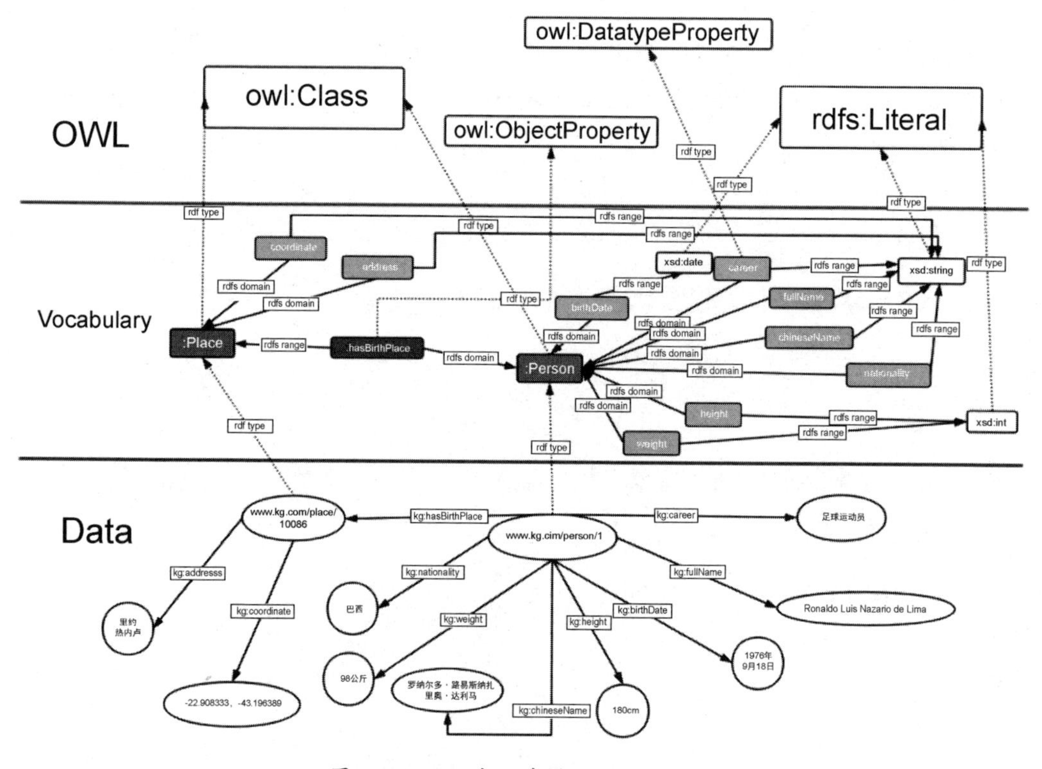

图 2-4　OWL 本体建模语言体系示例

OWL 在 RDFS 的基础上进一步引入额外的词汇和形式化的语义，以提供更强的本体表达能力。这些扩展的本体表达能力包括：

（1）复杂类表达（Complex Classes），如 intersection、union 和 complement 等；

（2）属性约束（Property Restrictions），如 existential quantification、universal quantification 和 hasValue 等；

（3）基数约束（Cardinality Restrictions），如 maxQualifiedCardinality、minQualified Cardinality 和 qualifiedCardinality 等；

（4）属性特征（Property Characteristics），如 inverseOf、SymmetricProperty、AsymmetricProperty、propertyDisjointWith、ReflexiveProperty 和 FunctionalProperty 等。

通过扩展本体表达能力，OWL 支持推理的能力被进一步增强。例如，假设现在有一个存储人物间亲属关系的大规模数据库，其中有很多关系缺失。比如，对于两个人物 A 与 B，数据库中只保存了记录<A,是父母,B>，但缺失记录<B,是子女,A>。在 OWL 引入的表示属性特征的词汇 inverseOf 的支持下，通过预先指定“是父母”和“是子女”间的互逆关系，我们可以借助关系推理引擎自动补全<B,是子女,A>这一条记录。这种支持自动推理的能力在大规模语义网的相关应用中具有重要意义。语义网相关应用往往涉及对大规模数据库的关系修改、添加、删除等操作。借助属性之间的关系，自动推理机制能够实现对相应信息的自动补全。

2.4　知识图谱的知识表示方法

2012 年，在语义网理论的基础上，谷歌首次提出了知识图谱的概念，用以描述现实世界中存在的实体、概念及其关系。迄今为止，已有多个知识图谱被提出，如 WordNet[21]、NELL、ConceptNet[19]等，并已在人工智能领域发挥重要作用。本节将简要介绍知识图谱对知识的表示方式。

2.4.1　知识图谱的图表示

在知识表示和推理中，知识图谱是使用图结构的数据模型或拓扑结构来整合数据的知识库，并且存在某种本体，对知识图谱的形式加以规范。

图 2-5 展示了知识图谱 ConceptNet[19]中的一个示例。从形式上看，知识图谱的节点往往用于存储实体，包括对象、事件、情况或抽象概念。其中，实体即一个现实世界中具体的实物，如图 2-5 中的“oven”；概念，可以看成实体的集合，如图 2-5 中的“person”。知识图谱的边往往用来描述实体或概念间的关系，如图 2-5 中的“IsA”或“Desires”。因此，知识图谱的基本组成单位可以看作“节点-关系（边）-节点”的三元组形式。此外，节点还可具备某些额外属性，以构成对实体的描述。例如，对于节点“person”而言，还可赋予其额外属性，如“年龄：<120 岁>”等，从而构成对节点的进一步描述。

根据关注对象的不同，知识图谱中节点与关系的取值范围可以非常丰富多样。例如，在关注词汇知识的知识图谱 WordNet 中，其节点仅限于英文中出现的词汇，词汇之间的边代表词汇之间的同义、反义、上下位关系。而在关注实体、概念及其关系的 ConceptNet 中，其节点为实体或概念，其中每个实体或概念都可能由一个词语描述，也可能由一个短语描述。实体或概念之间存在包括对称关系（Antonym、DistinctFrom、EtymologicallyRelatedTo、LocatedNear、RelatedTo、SimilarTo、Synonym）与不对称关系（AtLocation、CapableOf、Causes、CausesDesire、CreatedBy、DefinedAs、DerivedFrom、Desires、Entails、ExternalURL、

FormOf、HasA、HasContext、HasFirstSubevent、HasLastSubevent、HasPrerequisite、HasProperty、InstanceOf、IsA、MadeOf、MannerOf、MotivatedByGoal、ObstructedBy、PartOf、ReceivesAction、SenseOf、SymbolOf、UsedFor）在内的 35 种关系。

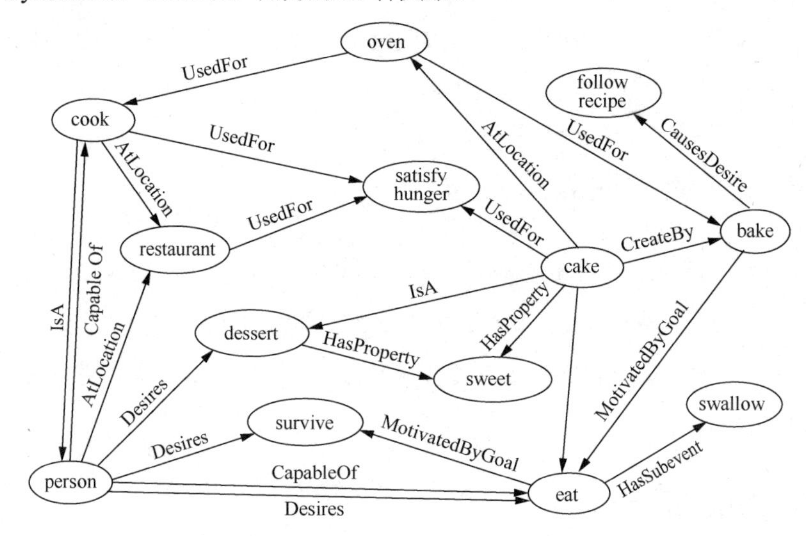

图 2-5　知识图谱 ConceptNet 中的一个示例[19]

2.4.2　知识图谱的分布式表示

在知识图谱中，实体及其关系以图中节点与边的形式存在。在这种表示方式下，每个实体均用不同的节点表示。这实质上是一种独热（One-hot）表示。当运用存储在知识图谱中的信息支持推理时，需要设计专门的图算法来实现，计算复杂度高、可扩展性差。此外，大规模知识图谱也遵守长尾分布。在长尾部分的实体或关系上，往往存在严重的稀疏问题。对这部分稀疏的实体或关系的语义计算或推理往往准确率极低[20]。

知识图谱的分布式表示为解决上述问题提供了一种方案。表示学习的目标是，将研究对象的语义信息表示为稠密低维实值向量。在知识图谱中，这对应着将图谱中包含的各个实体 e_i 与关系 r_j 分别表示为不同的稠密向量。它具有以下 3 个优点。

（1）显著提升计算效率。基于表示向量，得以在向量空间中，通过欧氏距离或余弦距离等距离计算方式，快速计算任意两个对象之间的语义相似度，从而摆脱对复杂的图语义计算方式的依赖。

（2）有效缓解数据稀疏。一方面，基于分布式表示向量，知识图谱中任意两个节点之间的语义相似度与语义关系可以利用向量运算方便得到，从而可以推测任意两个节点间的关系，而无论这两个节点在原有图谱中是否存在联系。此外，将大量对象投影到同一空间的过程，也能够将高频对象的语义信息用于帮助低频对象的语义表示。

（3）实现异质信息融合。实现对于不同来源的异质信息的融合可以进一步促进知识的应用，具有重要的意义。但是，对于不同的知识图谱，如 ConceptNet、Yago、WordNet 等，它们的构建范式和信息来源均不同，还可能存在同一实体在不同知识图谱中具有不同名称等问题。这为基于图表示进行异质信息融合带来了极大困难。而通过设计合适的表示学习算法，将不同的表示模型投影至同一空间之内，即可方便地实现不同知识图谱的融合。除此之外，表示向量还可以方便地与深度学习模型融合，从而增强深度学习模型在一系列知识相关的推理任务上的性能。

鉴于以上优点，目前已有大量知识表示学习方法被提出。其代表性技术路线主要包括结构向量模型、单层神经网络模型、语义匹配能量模型、隐变量模型、神经张量模型、矩阵分解模型和翻译模型等。

（1）结构向量模型（Structured Embedding，SE）[25]：结构向量模型旨在使存在链接关系的实体在表示空间中的距离尽量小。具体而言，在结构向量模型中，每个实体用 d 维向量表示，每个关系 r 用一个投影矩阵表示，用于实现三元组中头实体和尾实体的投影操作。最后，结构向量模型为每个三元组(h,r,t)都定义了如下损失函数：

$$f_r\left(h,t\right)=\left|\boldsymbol{M}_{r_1}\boldsymbol{l}_h-\boldsymbol{M}_{r_2}\boldsymbol{l}_t\right|$$

即，将头实体向量 $\boldsymbol{l}_h$ 和尾实体向量 $\boldsymbol{l}_t$ 通过关系 r_1 和 r_2 的矩阵投影到对应表示空间中，然后在该空间中计算两投影向量的距离。这个距离反映了两个实体在关系下的语义相关度，它们的距离越小，说明这两个实体越可能存在这种关系。

（2）单层神经网络模型（Single Layer Model，SLM）[26]：结构向量模型中存在一个问题，即实体与关系的表示之间是孤立的，不存在交互。单层神经网络模型利用神经网络的非线性操作，来减轻结构向量模型无法协同精确刻画实体与关系的语义联系的问题。单层神经网络模型为每个三元组(h,r,t)都定义了评分函数：

$$f_r\left(h,t\right)=\boldsymbol{u}_r^{\mathrm{T}}g\left(\boldsymbol{M}_{r_1}\boldsymbol{l}_h+\boldsymbol{M}_{r_2}\boldsymbol{l}_t\right)$$

其中，向量 $\boldsymbol{u}_r^{\mathrm{T}}$ 刻画了实体表示向量与关系表示矩阵之间的交互。

（3）语义匹配能量模型（Semantic Matching Energy，SME）[24]：在单层神经网络模型的基础上，语义匹配能量模型进一步寻找实体和关系之间的语义联系。在语义匹配能量模型中，每个实体和关系都用低维向量表示，在此基础上，语义匹配能量模型定义若干投影矩阵，刻画实体与关系的内在联系。语义匹配能量模型设计了线性形式和双线性形式两种对三元组(h,r,t)的评分函数，分别是线性形式：

$$f_r(h,t) = \left(\boldsymbol{M}_1\boldsymbol{l}_h + \boldsymbol{M}_2\boldsymbol{l}_r + \boldsymbol{b}_1\right)^{\mathrm{T}}\left(\boldsymbol{M}_3\boldsymbol{l}_t + \boldsymbol{M}_4\boldsymbol{l}_r + \boldsymbol{b}_2\right)$$

和双线性形式：

$$f_r(h,t) = \left(\boldsymbol{M}_1\boldsymbol{l}_h \otimes \boldsymbol{M}_2\boldsymbol{l}_r + \boldsymbol{b}_1\right)^{\mathrm{T}}\left(\boldsymbol{M}_3\boldsymbol{l}_t \otimes \boldsymbol{M}_4\boldsymbol{l}_r + \boldsymbol{b}_2\right)$$

（4）隐变量模型（Latent Factor Model，LFM）：这一模型提出利用基于关系的双线性变换，刻画实体和关系之间的二阶关系，LFM 为每个三元组(h,r,t)都定义了如下双线性评分函数：

$$f_r(h,t) = \boldsymbol{l}_h^{\mathrm{T}}\boldsymbol{M}_r\boldsymbol{l}_t$$

相比于此前方法，隐变量模型通过简单有效的方法刻画了实体和关系的语义联系。

（5）神经张量（Neural Tensor Network，NTN）模型[20]：神经张量模型的基本思想是，用双线性张量取代传统神经网络中的线性变换层，在不同的维度下将头、尾实体向量联系起来，如图 2-6 所示。神经张量模型为每个三元组(h,r,t)都定义了如下评分函数，评价两个实体之间存在的某个特定关系 r 的可能性：

$$f_r(h,t) = \boldsymbol{u}_r^{\mathrm{T}} g\left(\boldsymbol{l}_h^{\mathrm{T}}\boldsymbol{M}_r\boldsymbol{l}_t + \boldsymbol{M}_{r_1}\boldsymbol{l}_h + \boldsymbol{M}_{r_2}\boldsymbol{l}_t + \boldsymbol{b}_r\right)$$

其中，向量$\boldsymbol{u}_r^{\mathrm{T}}$是一个与关系相关的线性层。值得注意的是，NTN 中的实体向量是该实体中所有单词向量的平均值。这样做的好处是，实体中的单词数量远小于实体数量，可以充分重复利用单词向量构建实体表示，降低实体表示学习的稀疏性问题，增强不同实体的语义联系。NTN 的缺陷是，虽然能够更精确地刻画实体和关系的复杂语义联系，但复杂度非常高，需要大量三元组样例才能得到充分学习，因此 NTN 在大规模稀疏知识图谱上的效果较差。

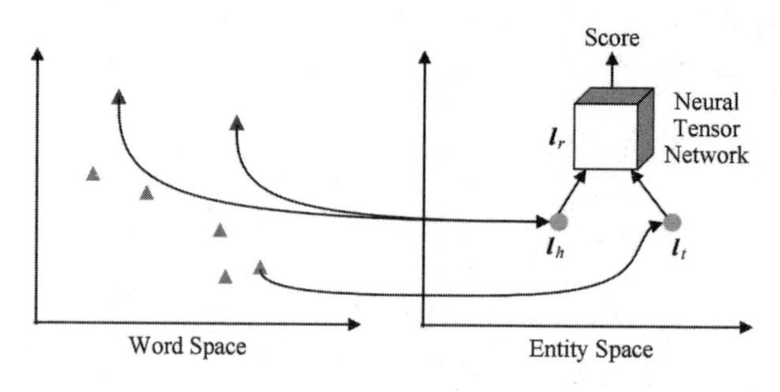

图 2-6　神经张量模型基本思想，引自文献[20]

（6）矩阵分解模型（Matrix Factorization Model，MFM）：矩阵分解模型以 RESACL 为代表[23]。考虑到知识库三元组构成了一个大的张量 $\boldsymbol{X}$，如果三元组(h,r,t)存在，则张量 $\boldsymbol{X}$ 中的对应元素 $\boldsymbol{X}_{hrt}=1$，否则为 0。张量分解旨在将每个三元组(h,r,t)对应的张量值 $\boldsymbol{X}_{hrt}$ 分解为实体和关系表示，使得 $\boldsymbol{X}$ 尽量接近于 $\boldsymbol{l}_h^{\mathrm{T}}\boldsymbol{M}_r\boldsymbol{l}_t$。RESACL 的基本思想与前述 LFM 类似，不同之处在于，RESACL 会优化张量中的所有位置，包括 0 的位置；而 LFM 只会优化知识库中存在的三元组。

（7）翻译模型（Translating Embeddings Model，TransE）：表示学习在自然语言处理领域受到广泛关注起源于 Mikolov 等人于 2003 年提出的 Word2Vec 词表示学习模型[26]。利用该模型，Mikolov 等人发现词向量空间存在有趣的平移不变现象。例如他们发现：$C(\text{king})-C(\text{queen})\approx \text{C}(\text{man})-C(\text{woman})$，这里 $C(w)$表示利用 Word2Vec 学习得到的单词 w 的词向量。也就是说，词向量能够捕捉到单词 king 和 queen 之间、man 和 woman 之间的某种相同的隐含语义关系。Mikolov 等人通过类比推理实验发现，这种平移不变现象普遍存在于词汇的语义关系和句法关系中。有研究者还利用词表示的这种特性寻找词汇之间的上下位关系。受到该现象的启发，Bordes 等人提出了 TransE 模型[22]，将知识库中的关系看作实体间的某种平移向量。具体而言，对于每个三元组(h,r,t)，TransE 模型用关系 r 的向量 $\boldsymbol{l}_r$ 作为头实体向量 $\boldsymbol{l}_h$ 和尾实体向量 $\boldsymbol{l}_t$ 之间的平移。我们也可以将 $\boldsymbol{l}_r$ 看作从 $\boldsymbol{l}_h$ 到 $\boldsymbol{l}_t$ 的翻译过程。因此 TransE 模型也被称为翻译模型。如图 2-7 所示，对于每个三元组(h,r,t)，TransE 都希望 $\boldsymbol{l}_h+\boldsymbol{l}_r\approx\boldsymbol{l}_t$。TransE 模型定义了如下损失函数：

$$f_r\left(h,t\right)=\left|\boldsymbol{l}_h+\boldsymbol{l}_r-\boldsymbol{l}_t\right|_{L_1或L_2}$$

即希望向量 $\boldsymbol{l}_h+\boldsymbol{l}_r$ 和 $\boldsymbol{l}_t$ 的 L_1 或 L_2 距离尽量小。

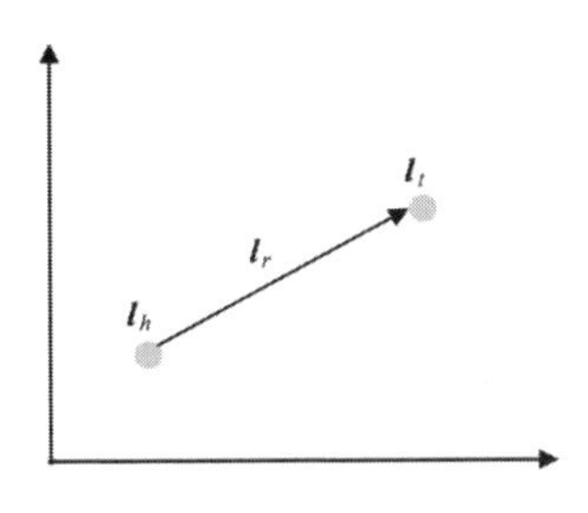

图 2-7 TransE 模型示意图

在实际学习过程中，为了增强知识表示的区分能力，TransE 模型采用最大间隔方法，定义了如下优化损失函数：

$$L=\sum_{(h,r,t)\in S}\sum_{(h',r',t')\in S^-}\max\left(0,f_r\left(h,t\right)+\gamma-f_{r'}\left(h',t'\right)\right)$$

其中，S 为合法三元组的集合，S^- 为错误三元组的集合，$\max(x,y)$返回 x 和 y 中较大的值，γ 为合法三元组得分与错误三元组得分之间的间隔距离。

与以往模型相比，TransE 模型的参数较少，计算复杂度低，却能直接建立实体和关系之间的复杂语义联系。实验表明，TransE 模型的性能较以往模型有显著提升，特别是在大规模稀疏知识图谱上，TransE 模型的性能尤其惊人。由于 TransE 模型简单有效，自提出以来，有大量研究工作对 TransE 模型进行扩展，例如 TransR[27]、TransH[28]、TransD[29]、TransG[30]等模型，以在 TransE 模型的基础上，对知识图谱表示的一系列问题加以探究，例如实体的一对多或多对一关系表示、异质信息融合等。

2.5 事理图谱的知识表示方法

事件及事件间的关系信息在各类人工智能领域应用中具有重要意义。这呼唤着合适的事理知识表示方法，以存储事理知识，并支持相应的推理过程。借鉴了经典的以实体为核心的知识表示取得的若干成果，目前已有多种事理知识表示方法被提出。本节将首先介绍前人在事理知识表示领域的相关工作，随后介绍我们对于事理图谱范式的初步思考。

2.5.1 事理图谱的图表示

事件之间可能存在复杂的关系模式。从关系的种类上看，如图 2-8 所示，事件间可能存在顺承、因果、上下位、条件等关系。其中，上下位关系还可能因为上位词与下位词的词性存在由名词介导的上下位关系，例如“食品价格上涨”与“蔬菜价格上涨”间的关系，以及由动词介导的上下位关系，例如“杀害”与“谋杀”之间的关系。此外，条件关系是一种比较特殊的事件间关系。如图 2-8（e）所示，“风寒感冒”这一事件形成了“喝姜糖水”导致“治愈”这一因果关系的条件。只有在这一条件事件存在的前提下，因果关系才成立。从另一个角度看，同一事件可能同时与多个事件建立关系。例如，同一事件存在多个后续事件，同一事件可能是多个不同事件的后续事件，同一事件具有多个下位事件等。

考虑到这种关系模式的复杂性，图结构可以较好地描述并概括事件间复杂的关系模式。本节将对当前利用图结构描述并表示事理知识的相关工作做简要介绍。

世界各地每天都有海量的各类事件发生。互联网的兴起一方面使得便捷高效地获取关于这些事件的新闻报道成为可能，另一方面大量关于不同事件、不同话题的新闻报道的涌现使得理清事件的发展脉络反而变得困难。为解决这一问题，Yang 等人[17]于 2009 年提出了事件演化图谱（Event Evolution Graph）的概念。在他们的定义中，一个事件演化图谱是由一系列关于同一话题、呈时序关系的事件组成的。图的每个节点都是一个具体事件，事件之间是严格的时序关系。图 2-9 展示了一个关于“阿拉法特之死”的事件演化图谱。

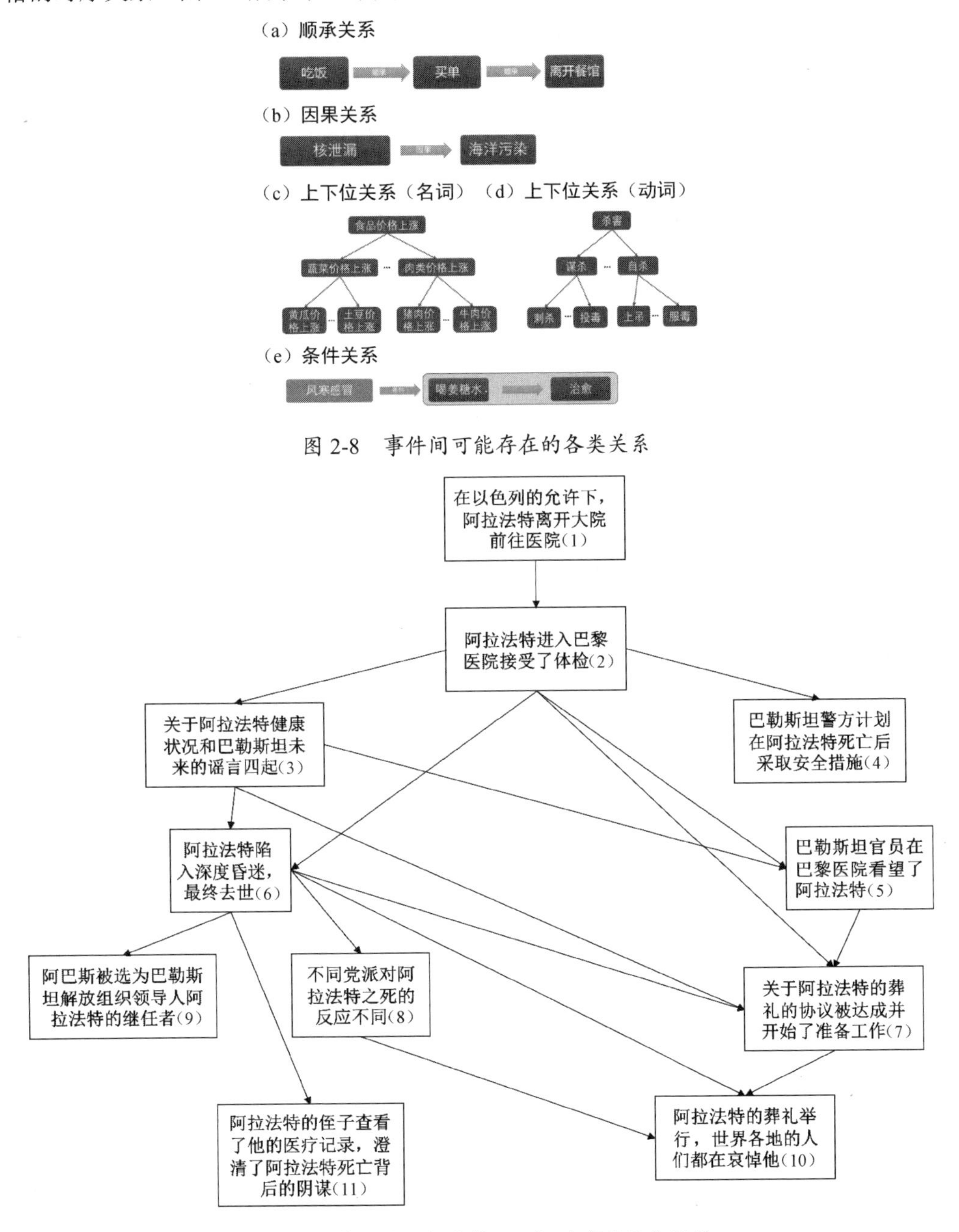

图 2-8　事件间可能存在的各类关系

图 2-9　关于“阿拉法特之死”的事件演化图谱

在前人研究的基础上，Glavas 等人[18]注意到了事件间的层次性关系。他们发现，一篇文档可能被概括为对于某一宏观上的、较大粒度的事件的描述。而这一宏观尺度上的事件可能进一步由一系列更细粒度的事件组成。单纯从文本角度看，对于这样包含多个子事件及子事件间可能存在复杂关系的宏观事件进行理解与分析是充满挑战的。为此，他们提出了篇章级新闻事理图谱。如图 2-10 所示，他们将每篇新闻报道都解析成事件图结构。图中每个事件都是由<施事者、受事者、谓词、时间、地点>五元组组成的事件。图中的边描述事件之间的时序关系、因果关系与蕴含关系。借助这样的篇章级事理图谱，他们得以将宏观的事件表示为由一系列具体事件及具体事件间的相互关系构成的事理图谱，从而有助于对宏观事件进行分析。

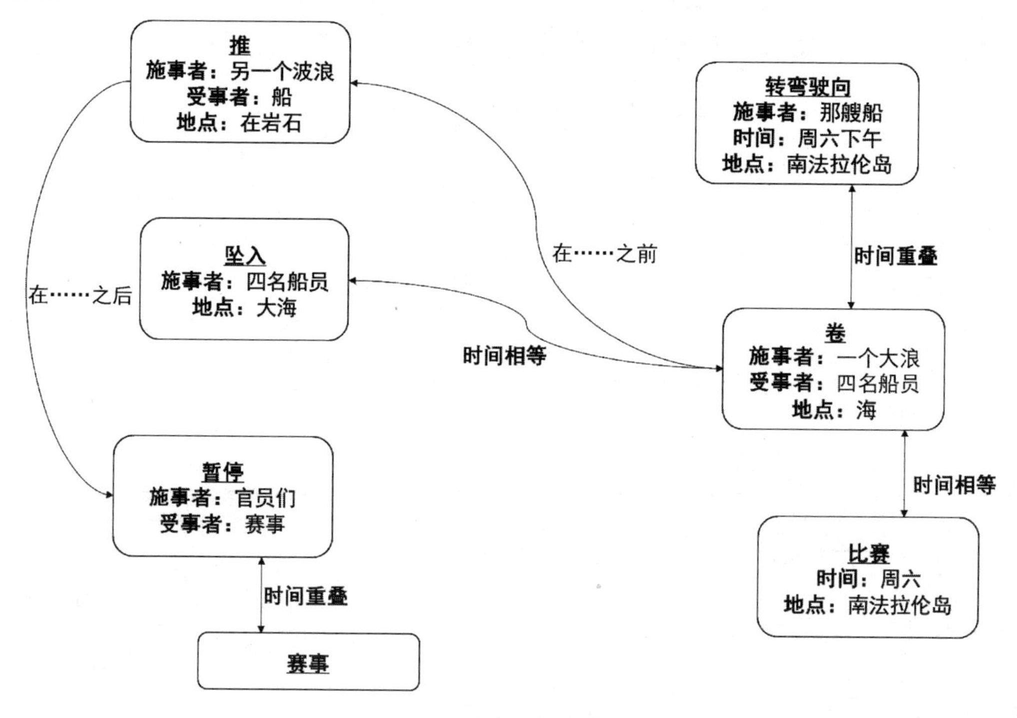

图 2-10 篇章级新闻事理图谱

相比之下，Zhao 等人[10]注意到了事件间存在从抽象到具体的泛化关系。例如，“地震”是一个相对抽象的事件，“日本东海岸发生 8.9 级地震”是一个相对具体的事件。前人构建的事理图谱往往只关注具体事件间的各类关系，而忽视了抽象事件之间的关系，这极大地削弱了事理图谱的普适性与概括性。为解决这一问题，他们提出了一个层次化的因果事理图谱。特别地，在具体因果事理图谱的基础上，他们引入了一个额外的抽象因果事理图谱层，如第

1 章中图 1-6 所示。这个因果事理图谱层描述了抽象事件之间的因果关系（如“地震”导致“房屋倒塌”）。为获得这些抽象事件之间的因果关系，他们利用 WordNet 和 VerbNet 中定义的事件上下位关系实现了从具体事件到抽象事件之间的泛化。这种从具体事件间因果关系模式到抽象事件间因果关系模式的泛化关系的建立使获得更加宏观的、更具有普遍性与概括性的事件间因果关系模式成为可能。而反之，这种更加概括的抽象事件间的因果关系又将有利于指导具体事件间因果关系的推导。

前述工作重点关注以不同方式描述事件间的关系体系。事理图谱相比于知识图谱的另一个核心区别在于，事理图谱以事件为核心。不同于知识图谱中的实体，事件是多个元素的复合。例如事件中可能存在施事者、受事者、谓词及相关修饰成分等多种元素。这极大地提高了事理图谱的复杂性。一方面，事件节点作为多种元素的复合体，需要找到合适的表示方式以在尽量保留所需信息的同时，增强表示的简洁性与概括性。另一方面，事件节点中的某些元素本身还可能作为知识图谱中的实体，具有多种属性，并与其他元素存在各类联系。例如，对于<乔布斯，离开，苹果公司>这一事件而言，“乔布斯”和“苹果公司”均为知识图谱中存在的实体，可能与其他一系列实体产生各类联系。将事件结构化并提取其中存在的实体，并与知识图谱中的其他实体相关联，将可能进一步增强相关推理任务的性能。为此，Zhang 等人[8]提出了事件知识图谱 ASER（Activities，States，Events，and their Relations），如图 2-11 所示。他们将事件图中的每个节点事件都利用解析树结构化，这使得事件图与知识图谱的融合成为可能。此外，他们定义了包含因果、时序、条件等三大类的 15 种事件关系。

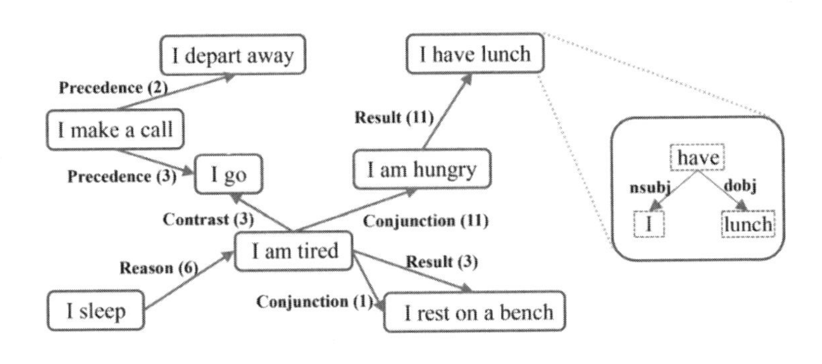

图 2-11 ASER 示例

Tandon 等人认为人类活动是一类非常重要的知识[7]。对于 AI 系统而言，有效理解这些事件是执行对话、阅读理解等一系列任务的前提。但是，人类行为具有一定复杂性，主要体现为，这些行为往往发生在某些典型的时间、地点，并伴随着某些在时序上相关的事件。例如“向某人求婚”，对于计算机来说，能够理解该活动涉及两个成年人，通常发生在某个浪漫的地方，涉及花朵或珠宝，并且通常伴随着接吻。因此，为有效表示这些行为的各类属性，借鉴 Minsky 等人提出的框架（Frame）概念，他们提出了事件语义框架。图 2-12 展示了该框架的示例。框架中的每个事件都具有参与者、位置、发生时间 3 类典型属性，还可能具有一些额外的附加属性，如与发生地点相关的文字描述，以及相关图片等。值得注意的是，每种属性都可能存在多个合理的候选值。同时，事件以两种关系与其他事件产生联系：其一是时序关系，其二是上下位关系。利用语义解析工具，他们从大约 200 万个电影、电视剧和小说的场景中自动提取了数十万个事件框架。

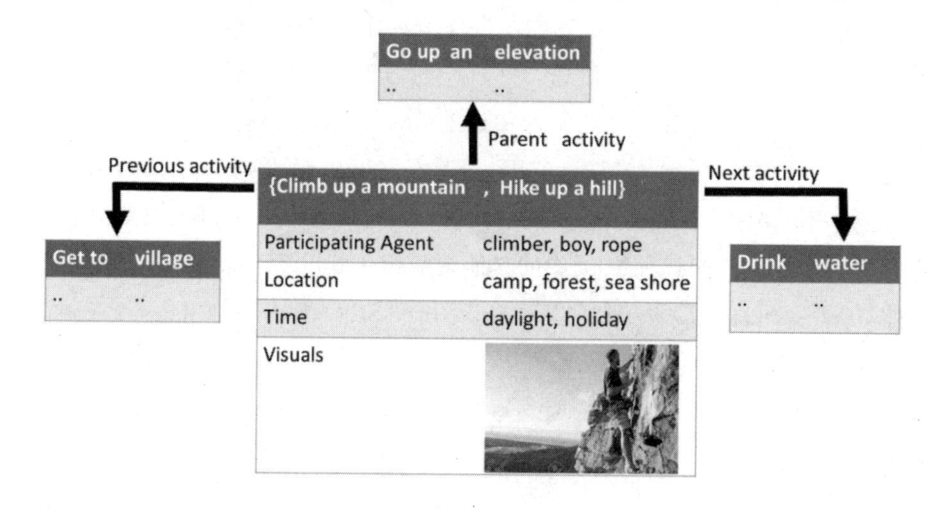

图 2-12　事件语义框架示例

为进一步完善事件的结构化表示，并促进事件图与多种知识图谱的融合，Gottschalk 等人[11]提出了结构化事件表示模型 SEM（Structured Event Model），并以该事件表示模型为基础，构建了时序事理图谱 EventKG。图 2-13 展示了一个结构化事件表示模型示例。SEM 中定义了各类标签，以代表事件的各类属性。例如，标签 sem:Event 代表事件本身，sem:Place 代表事件发生地点，sem:Actor 代表事件实施者等。对于事件中存在的实体，他们还引入了该实体对应的 rdf 标签和 owl 标签。这极大地方便了事理图谱与知识图谱的融合。图 2-14 展示了 EventKG 中的示例。

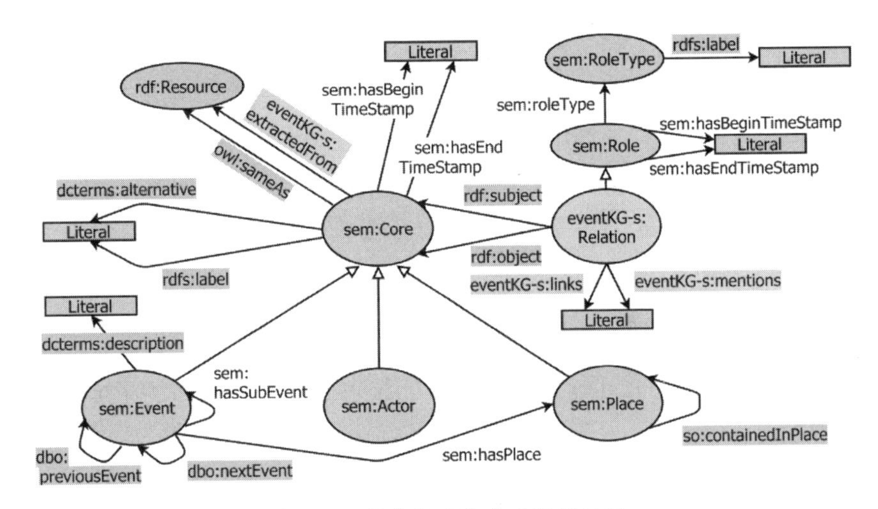

图 2-13　结构化事件表示模型示例

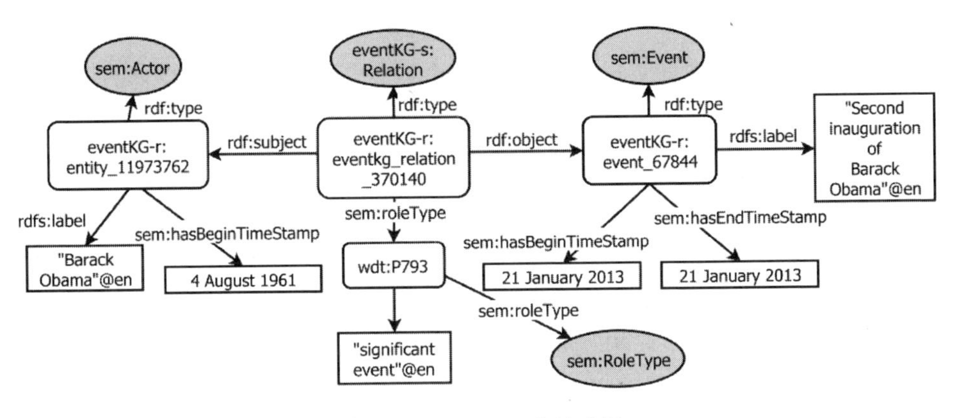

图 2-14　EventKG 中的示例

2.5.2　事理图谱的分布式表示

虽然目前基于图的事理图谱表示已经取得了长足进展，然而这一表示形式在实际应用中仍面临诸多挑战，主要表现在以下两方面。

（1）数据稀疏问题。数据稀疏问题是限制事件图应用的重要因素。一方面，与其他类型的大规模数据类似，事理图谱也遵守长尾分布，在长尾部分的事件面临严重的数据稀疏问题，对这些事件的语义表示往往准确率极低。另一方面，事件是多种元素的集合。同一事件往往有语义相同的不同表示，例如，“我很饿”和“我太饿了”是两个语义几乎完全相同的事件。然而，在基于网络的事理图谱表示方法中，这两个事件可能对应两个完全不同的节点。此外，不同于实体，每个事件都由多个元素组成。上述两点使得潜在的事件总数将是一个相当庞大的数字，从而构建完全覆盖所有事件的图谱变得几乎完全不可行。

（2）计算效率问题。在基于网络的知识表示形式中，每个事件均用不同的节点表示。而每个事件可能都具有各类属性，并包含不同实体。因此，与知识图谱中的情况类似，利用图结构对事理知识进行表示时，往往需要专门设计的图算法以计算事件间的语义或推理关系，导致这种方法的可移植性差。更重要的是，基于图的算法计算复杂度高，可扩展性差，当知识库达到一定规模时，就很难较好地满足实时计算的需求。

近年来，深度表示学习的迅速发展为解决上述问题提供了有力工具。它具有以下主要优点。

（1）将事理图谱转化为相应的向量表示后，可以在低维空间中有效计算事件间的语义关系，从而有效缓解事理图谱的稀疏性带来的问题。

（2）事理图谱的向量化表示将便于事理图谱与其他类型知识如知识图谱的融合。

（3）基于向量的知识图谱表示，使这些数据更加易于与深度学习模型集成，从而极大地便于基于事理图谱开展各类推理任务。

由于事理图谱以事件为节点，并旨在描述事件间关系，因此事理图谱的表示学习也可大致概括为节点事件表示与事件间关系模式表示这两个相互关联的环节。其中，节点事件表示用以得到事件的初始表示，事件间关系模式表示综合考虑事件间关系，并得到结合事件间关系的事件表示。相比于知识图谱领域内的表示学习研究，由于事理图谱本身的研究仍处于早期阶段，事理图谱的分布式表示相关研究也处于较初级阶段。

2.5.2.1 节点事件表示

在部分现有的事理图谱中，事件节点以自由文本的形式存在。另一部分事理图谱则选择将事件结构化，这带来了事件表示方法上的差异。此外，由于事件还具有发生时间、地点等属性，这些属性可能也需要根据任务需求，将其结合在事件表示之中，这进一步增加了事件表示的复杂性与方法的多样性。本节将仅针对自由文本事件与结构化事件的表示方法进行简要介绍。本书的第 5 章将对结合外部信息的事件表示的一系列方法做更加详细的讨论。

对于自由文本形式的事件节点，目前已有大量文本表示学习方法可以应用，以得到事件的向量化表示。例如，词嵌入、RNN，乃至预训练语言模型，如 BERT 等。

而为了得到结构化事件的向量化表示，Weber 等人[12]首先提出对事件元素的词向量求均值，作为一种基线方法。随后，Li 等人[13]将事件元素的词向量进行拼接，作为事件的向量表示。Granroth-Wilding 等人[14]提出 EventComp 方法，将事件元素的词向量拼接后，输入多层全连接神经网络，对事件元素的词向量进行组合。但是上述方法在建模事件元素间的交互上均较为薄弱。这是因为，这一方法以加性形式建模事件元素间的交互，使得他们难以对事件表面形式的细微差异进行建模，例如，在这些方法中，“她扔足球”这一事件与“她扔炸弹”会得到相近的向量表示，尽管两个事件语义上并不相似。为了解决这一问题，人们陆续提出了基于张量神经网络的事件表示方法。如 Ding 等人[15]提出了张量神经模型，该模型利用张量运算建模事件元素间的交互作用。而针对张量网络参数空间较大的问题，Ding 等人[16]进一步提出引入张量网络的低秩分解近似，并取得了良好效果。

2.5.2.2　事件间关系模式表示

为得到融合事件时序间关系的事理图谱表示，在初始事件表示的基础上，Li 等[13]提出利用图神经网络建模事件间的时序关系，并升级初始事件表示。具体而言，对于一个带权重的时序事理图谱 G，事件图内各节点间的关系可以使用一邻接矩阵 $\boldsymbol{A}$ 描述。其中矩阵的第(i, j)个元素 A_{ij} 代表事件 j 是事件 i 的后续事件的概率。因此，给定事件初始表示矩阵 $\boldsymbol{X}$，结合事件间关系的节点表示可通过以下方式得到：

$$X' = g\left(\boldsymbol{AXW}\right)$$

其中，W 为矩阵，表示神经网络的参数，在训练过程中不断更新；$g()$为一非线性函数，例如 Softmax 函数。

上述工作利用一个矩阵 $\boldsymbol{A}$ 建模事件间的时序关系。通过对这一方法进行延伸，也可对存在多种事件间关系的事理图谱进行建模，例如，对于事理图谱中存在的每种关系 $R^{(i)}$，利用一个对应的邻接矩阵 $\boldsymbol{A}^{(i)}$ 来描述，从而利用异质图神经网络等工具，可以有效对此类存在多种事件间关系的事理图谱进行建模。

2.5.3　事理图谱中的事理知识表示方法

从知识组织与表示的形式上看，事理图谱也属于知识图谱的范畴。但是，不同于经典的以实体为核心、描述实体间关系的知识图谱，事理图谱以事件为核心，旨在描述事件间的演化模式。事件与实体的特点带来了事件图与知识图谱的本质差别。

首先，相比于实体，事件是更加复杂与综合的整体。同一事件由多个元素组成，以表示某一语义。这使得事件之间存在极为丰富的联系。一方面，事件之间以顺承、因果、条件、上下位等方式产生联系；另一方面，事件中包含的实体可能与其他实体发生关系，并进一步与其他事件产生联系。

其次，事件具有各类丰富的属性。例如，事件发生的典型地点、时间等。对于事件的时间属性，还存在时间长度、发生时间、与其他事件发生的时间关系等不同维度。

最后，事件之间可能存在超越两两之间关系的、更复杂的关系模式。例如，事件场景与父-子事件结构。其中，场景定义为在某一典型地点，有某些典型人物存在的情况下，发生的一系列存在密切关联，往往相伴发生的典型事件。例如，事件场景“种菜”是松土、播种、施肥等多个事件的总和。而父-子事件结构中，可能存在某些“父事件”，这些“父事件”是一系列子事件的总和。例如，父事件“第二次世界大战”是一系列子事件，如“库尔斯克会战”“斯大林格勒战役”“抗日战争”“太平洋战争”等的总和。值得注意的是，子事件区别于事件上下位关系。上下位关系指具体事件到抽象事件间的泛化关系，如“日本发生8.9级地震”到“地震”。并且，事件场景与父-子事件结构均存在递归式的嵌套关系。例如，事件场景“种菜”可能是更高层次的事件场景“耕种”中的一部分。而对于“第二次世界大战”而言，“抗日战争”是子事件。但是“抗日战争”本身还可能包含“卢沟桥事变”等一系列子事件。

这些特点使得，为了充分描述事件本身及建模事件间关系模式，从拓扑结构上看，事理图谱应该是一个节点带有丰富属性的、与知识图谱存在良好相融能力的，并且节点间存在异质的密集连接的无尺度图。其中，图的节点是事件，节点之间的关系描述了事件间的关系。异质性指事理图谱的边存在多种类型，如上文提到的时序、因果、条件、上下位，以及从具体事件到抽象事件的泛化关系、从具体事件到事件场景的关系、从具体的子事件到涵盖多个相关事件的父事件的关系。密集连接指同一事件可能以各种方式与多个其他事件产生联系。而无尺度则是由多种从具体事件到抽象事件的泛化关系的存在带来的。

为了完成这一目的，有必要借鉴语义网本体中的层级式的功能结构，对事理图谱的范式加以规范。具体而言，区别于众多事件图谱，在具体事件层外，事理图谱需要一个额外的事理泛化层，以实现从具体事件到抽象事件（典型事件）、事件到事件场景、子事件到父事件的泛化过程。这种泛化层的存在使得事理图谱从描述现象层面上升至建模规律的高度，从而具有了代表普遍意义的事件演化规律的能力。

此外，事件本身是谓词、施事者、受事者等多个元素的复合。因此，在事件知识之外，事理图谱还可与知识图谱进一步融合，如图 2-15 所示。刘备与关羽在桃园结义后形成了兄弟关系。这一关系可以用知识图谱中的一条边来描述。在后续的一系列事件中，这一关系发挥了重要作用，例如驱使刘备为关羽报仇。因而，将额外的知识图谱信息与事理图谱相结合，将有助于进一步理解事件及事件发生与发展的脉络。此外，事件在时序上的演化是驱动实体间关系动态变化的重要因素，例如关羽与刘备在桃园三结义后是兄弟关系，刘备登基后进一步增加了一重君臣关系。对于当前的人工智能系统而言，这样涉及特定领域知识的、存在复杂事件演化关系和复杂实体间关系的事件理解与表示依然存在相当艰巨的挑战。

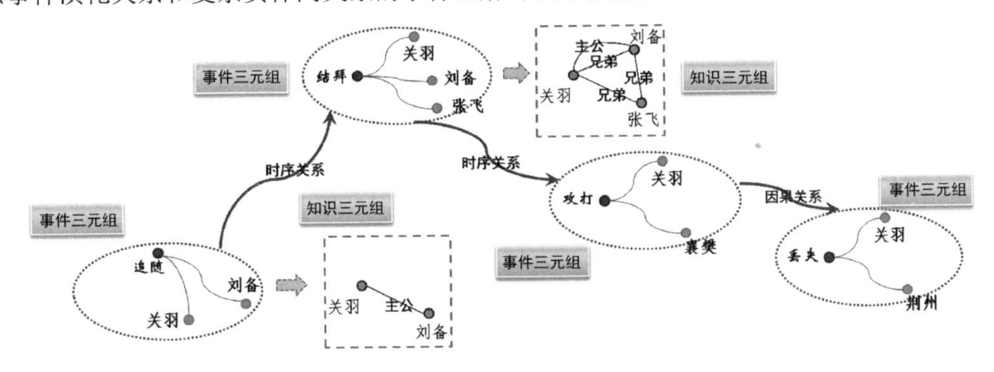

图 2-15　事理图谱与知识图谱的融合

但是，上述条件的存在并不意味着事理图谱应当具有一成不变的模式。与知识图谱中的情况类似，在给定本体后，根据任务和所关注事理知识的不同，仍将存在大量具有各种不同范式的事理图谱。

2.6　本章小结

本章重点探讨了事理知识的各类表示方法，以及当前在事理知识表示方面取得的部分成果。在各类以事件为核心的知识库被提出之前，知识表示方法的研究主要关注如何表示实体之间的关系。针对实体间关系的复杂性以及运用实体相关知识进行推理过程中可能面临的一系列问题，提出了以各类语义网为代表的表示方法，并形成了相对完备的理论范式。相比于以实体为核心的知识图谱，事理图谱关注表示事件与事件间关系。针对事件与事件间关系的复杂性，各类事理图谱往往根据任务需要，强调事件与事件间关系的某些不同的侧面。当前，随着各类人工智能应用对事件相关知识的需求的日渐突出，事理知识的表示方法处于蓬勃发展中，各类事理知识的表示模式不断推陈出新。然而这一过程还亟待借鉴知识图谱取得的一系列成果，以形成相对完整、成熟的范式，从而促进相关应用的落地。

参考文献

[1] ERNEST DAVIS, GARY MARCUS. Commonsense reasoning and commonsense knowledge in artificial intelligence[J]//Commun. ACM 58, 2015, 9: 92-103.

[2] DAVIS, RANDALL, HOWARD E. Shrobe and Peter Szolovits. What Is a Knowledge Representation?[J]//AI Mag. , 1993, 14: 17-33.

[3] OBJECT MANAGEMENT GROUP, INC. (OMG). Production Rule Representation (PRR)[EB/OL]//2009.

[4] MINSKY M. Minsky's frame system theory[C]//TINLAP, 1975, 75: 104-116.

[5] SCHANK R C, ABELSON R P. Scripts, plans, and knowledge[C]//IJCAI, 1975, 75: 151-157.

[6] G. KUCK. Tim Berners-Lee's Semantic Web[J]//SA Journal of Information Management, 2004, 6(1).

[7] TANDON N, DE MELO G, DE A, et al. Knowlywood: Mining activity knowledge from hollywood narratives[C]//Proceedings of the 24th ACM International on Conference on Information and Knowledge Management, 2015: 223-232.

[8] ZHANG H, LIU X, PAN H, et al. ASER: A large-scale eventuality knowledge graph[C]//Proceedings of The Web Conference 2020, 2020: 201-211.

[9] LIU B, NIU D, LAI K, et al. Growing Story Forest Online from Massive Breaking News[C]//Proceedings of the 2017 ACM on Conference on Information and Knowledge Management, 2017: 777-785.

[10] ZHAO S, WANG Q, MASSUNG S, et al. Constructing and embedding abstract event causality networks from text snippets[C]//WSDM, 2017: 335-344.

[11] GOTTSCHALK S, DEMIDOVA E. Eventkg: A multilingual event-centric temporal knowledge graph[C]//European Semantic Web Conference, 2018: 272-287.

[12] WEBER N, BALASUBRAMANIAN N, CHAMBERS N. Event representations with tensor-based compositions[C]//Proceedings of the AAAI Conference on Artificial Intelligence, 2018, 32(1).

[13] LI Z, DING X, LIU T. Constructing narrative event evolutionary graph for script event prediction[C]//Proceedings of the 27th International Joint Conference on Artificial Intelligence, 2018: 4201-4207.

[14] GRANROTH-WILDING M, CLARK S. What happens next? event prediction using a compositional neural network model[C]//Proceedings of the AAAI Conference on Artificial Intelligence, 2016, 30(1).

[15] DING X, ZHANG Y, LIU T, ET al. Deep learning for event-driven stock prediction[C]//Proceedings of the 24th International Conference on Artificial Intelligence, 2015: 2327-2333.

[16] DING X, LIAO K, LIU T, et al. Event representation learning enhanced with external commonsense knowledge[J]. arXiv preprint arXiv: 1909. 05190, 2019.

[17] YANG C C, SHI X, WEI C-P. Discovering event evolution graphs from news corpora[J]. IEEE Transactions on Systems, Man, and Cybernetics-Part A: Systems and Humans, 2009, 39(4): 850-863.

[18] GLAVAŠ G, ŠNAJDER J. Construction and evaluation of event graphs[J]. Natural Language Engineering, 2015, 21(4): 607-652.

[19] SPEER R, CHIN J, HAVASI C. Conceptnet 5. 5: An open multilingual graph of general knowledge[C]//Proceedings of the AAAI conference on artificial intelligence, 2017, 31(1).

[20] 刘知远，孙茂松，林衍凯，等. 知识表示学习研究进展[J]. 计算机研究与发展, 2016, 53(2): 247.

[21] POLI R, HEALY M, KAMEAS A. Theory and applications of ontology: Computer applications[M]. Springer Netherlands, 2010.

[22] BORDES A, WESTON J, COLLOBERT R, et al. Learning structured embeddings of knowledge bases[C]//Twenty-Fifth AAAI Conference on Artificial Intelligence, 2011.

[23] SOCHER R, CHEN D, MANNING C D, et al. Reasoning with neural tensor networks for knowledge base completion[C]//Advances in neural information processing systems, 2013: 926-934.

[24] BORDES A, GLOROT X, WESTON J, et al. A semantic matching energy function for learning with multi-relational data[J]. Machine Learning, 2014, 94(2): 233-259.

[25] BORDES A, WESTON J, COLLOBERT R, et al. Learning structured embeddings of knowledge bases[C]// Proceedings of the AAAI conference on artificial intelligence, 2011, 25(1): 301-306.

[26] TOMAS M, KAI C, GREG C, et al. Efficient Estimation of Word Representations in Vector Space[C]//International Conference on Learning Representations (volume 1: Long Papers), 2013.

[27] LIN Y, LIU Z, SUN M, et al. Learning entity and relation embeddings for knowledge graph completion[C]// Proceedings of the AAAI conference on artificial intelligence, 2015, 29(1).

[28] WANG Z, ZHANG J, FENG J, et al. Knowledge graph embedding by translating on hyperplanes[C]//Proceedings of the AAAI conference on artificial intelligence, 2014, 28(1).

[29] JI G, HE S, XU L, et al. Knowledge graph embedding via dynamic mapping matrix[C]//Proceedings of the 53rd annual meeting of the association for computational linguistics and the 7th international joint conference on natural language processing (volume 1: Long Papers), 2015: 687-696.

[30] HAN X, MINLIE H, XIAOYAN Z. TransG: A Generative Model for Knowledge Graph Embedding[C]//In Proceedings of the 54th Annual Meeting of the Association for Computational Linguistics (volume 1: Long Papers), 2016.

第3章 事件抽取

随着云计算和大数据时代的到来，信息数据呈爆炸式增长。从海量信息数据中获取有价值的信息已成为大家关注的焦点，信息抽取技术应运而生。事件抽取是信息抽取的重要分支，事件可以被定义为发生在某个特定的时间点或时间段、某个特定的地域范围内，由一个或者多个角色参与的一个或者多个动作组成的事情或者状态的改变。事件抽取主要研究如何从各种文本中提取感兴趣的事件信息并以结构化的方式存储，以用于其他信息抽取业务或直接的实际应用。事件抽取技术的发展可以促进相关学科的融合与发展，促进自然语言处理技术的深度发展。在实际应用中，事件抽取已广泛应用于自动问答、信息检索、人机交互、趋势分析等领域。本章重点介绍事件抽取领域的相关研究工作。

3.1 任务概述

3.1.1 任务定义

根据美国国家标准技术研究所组织 ACE（Automatic Content Extraction）的定义，事件是特定时间、地点下的一个状态变化，由事件触发词（Trigger）和描述事件结构的元素（Argument）构成，因此事件抽取任务主要包括以下两个步骤。

（1）事件类型识别：触发词是能够触发事件发生的词，是决定事件类型的最重要的特征词。一般而言，事件类型识别任务需要预先给定抽取的事件类型。对于每一个检测到的事件还需要给其一个统一的标签，以标识它的事件类型。ACE 2005/2007 定义了 8 种事件类型及 33 种子类型，如表 3-1 所示。

（2）事件元素抽取：事件的元素指事件的参与者，ACE 为每种类型的事件都制定了模板，模板的每个槽值都对应着事件的元素。

表 3-1 ACE事件的类型

类型	子类型
Life	Be-Born，Marry，Divorce，Injure，Die
Movement	Transport
Transaction	Transfer-Ownership，Transfer-Money
Business	Start-Org，Merge-Org，Declare-Bankruptcy，End-Org
Conflict	Attack，Demonstrate
Contact	Meet，Phone-Write
Personnel	Start-Position，End-Position，Nominate，Elect
Justice	Arrest-Jail，Release-Parole，Trial-Hearing，Charge-Indict，Sue，Convict，Sentence，Fine，Execute，Extradite，Acquit，Appeal，Pardon

图 3-1 给出了 ACE 2005 中定义的 Business 大类 Merge-Org 子类事件的一个详细描述的例子。“购并”是这类事件的一个触发词，该事件由 3 个元素组成，“雅虎公司”“9 号”“奇摩网站”分别对应着该类（Business/Merge-Org）事件模板中的 3 个角色标签，即：Org、Time 及 Org。

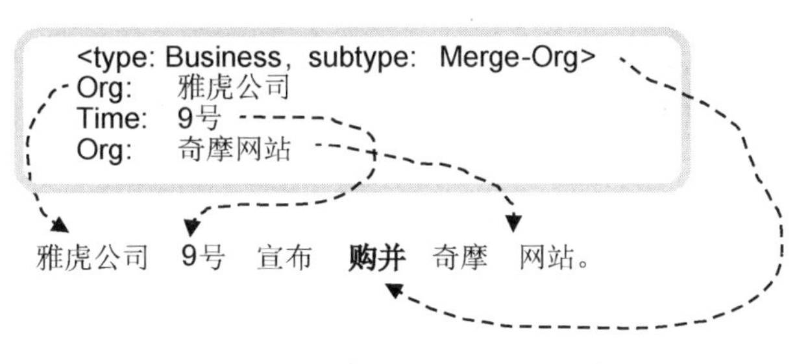

图 3-1 “购并”事件的基本组成要素

根据事件抽取任务的目标事件类型的不同，可以将事件抽取任务细分为限定域事件抽取及开放域事件抽取两类。

（1）限定域事件抽取对待抽取的目标事件类型及各类型事件所包含的元素进行预定义，旨在从文本中按预定义的事件模式抽取限定类型的事件。限定域下事件抽取文本数据的目标事件类型通常与对应领域的专业术语密切相关。因此，在许多限定域的事件抽取中，领域知识被广泛用于帮助事件抽取。

（2）开放域事件抽取旨在没有预先定义事件类型及事件元素的情况下，检测文本中的事件。

根据事件抽取任务的输入文本粒度的不同，可以将事件抽取任务细分为句子级事件抽取及篇章级事件抽取两类。

（1）句子级事件抽取以句子为输入，判断句子中出现的事件类型及相关事件元素，将句子所描述的事件进行结构化描述。然而句子级事件抽取也存在一些问题：一个事件会涉及触发词和多个论元，但是在实际情况中，很少会有触发词和所有的论元都出现在同一个句子中的理想情况，所以如果在实际的文本中，孤立地从单个句子中抽取，很可能会得不到完整的事件信息。

（2）篇章级事件抽取以篇章为输入，判断篇章中出现的所有事件类型及相应事件元素，通常包含多个事件，且事件元素有可能分散在多个句子中。因此，研究篇章级事件抽取，如何获取跨句子的信息，对事件抽取的实际应用是很有帮助的。但是，篇章级事件抽取的难度也会更大，抽取的效果相对句子级事件抽取也低了一些。

3.1.2 公开评测和相关语料资源

最早开始事件抽取评测的是由美国国防高级研究计划委员会资助的 MUC（Message Understanding Conference）会议（1987—1998）。MUC 会议连续举办 7 届，不仅举办论文宣读、poster 展示等形式的学术交流活动，还额外组织多国参加信息理解评测比赛。正是有了这一会议的大力支持，事件抽取的研究达到了高潮。随后 MUC 会议停办，两年后，美国国家标准技术研究所组织 ACE（Automatic Content Extraction）会议，目前该会议已经成功举办 8 次事件抽取评测（2000—2008）。

值得一提的是，从 ACE 2003 开始引入中文事件抽取的相关评测，至今已经举行了 4 次评测。但是很可惜，从 ACE 2008 开始，中文事件抽取评测不再是其中的一项评测。其原因很可能是目前的 ACE 事件抽取语料并不规范且任务过于复杂，很难有大的突破。

MUC 会议和 ACE 会议定义了事件抽取研究中应有的各项任务，以及对这些任务的性能评测方法，还组织了大量人力标注语料供参赛者进行训练和测试。

每一届 MUC 会议都会针对某个特定的场景提供训练语料和测试语料。在最开始的 4 届评测（MUC-1～MUC-4）中只提供英文语料。随着非英语系国家的加入，MUC 会议逐渐认识到多国语言的重要性，在第 5 届评测会议（MUC-5）中增加了对日文的评测。作为全世界使用人数最多的汉语未能入选 MUC 会议应该算是一种遗憾，因此第 6 届评测会议（MUC-6）中增加了对中文的评测。从已发表的研究来看，MUC-6 语料使用得最多，一方面是因为中文语料的引入，另一方面也是因为有了前五届的积累，语料的标注愈发正规和成熟。

2000 年，ACE 会议接力 MUC 会议，继续组织事件抽取的评测。ACE 会议从早期只有英语、阿拉伯语和中文的语料，发展到现在融合了西班牙语系的评测语料。虽有补充，但每年补充的语料幅度不大，ACE 2005 的中文评测语料仅有 633 篇文章，共计 30 万词左右。而 ACE 2007 的语料并没有任何增加，基本上是沿用 2005 年的语料。

MUC 会议和 ACE 会议所提供的语料基本上是针对通用领域的，还有一些特定域的语料也引起了学术界的重视。

卡内基梅隆大学标注了由 485 个电子板报构成的学术报告通知数据集，其中包含报告人、时间、地点等相关信息。北京语言大学也标注了 4 类突发事件（地震、火灾、中毒、恐怖袭击）文本，每类事件均标注 20 篇文本，共计 80 篇突发事件语料。

哈尔滨工业大学社会计算与信息检索研究中心也对音乐领域典型事件（举办演唱会、发行专辑）进行了标注（标注总数为 6000 句），语料主要来自新浪网站 2008—2009 年期间 6 个月的音乐资讯新闻。

国内知识图谱、语义技术、链接数据等领域的核心学术会议——全国知识图谱与语义计算大会（China Conference on Knowledge Graph and Semantic Computing，CCKS）近年来发布了多个事件抽取相关数据集，在推动事件抽取技术发展方面做出了重要贡献，相关数据集包括 CCKS2019 金融领域篇章级事件主体抽取数据集、CCKS2020 金融领域篇章级事件主体抽取数据集、CCKS2020 金融领域篇章级事件要素抽取数据集、CCKS2021 金融领域篇章级事件要素抽取数据集、CCKS2021 金融领域事件因果关系抽取数据集和 CCKS2022 金融领域 FEW-SHOT 事件抽取数据集。

2020 语言与智能技术竞赛由中国中文信息学会、中国计算机学会和百度公司联合举办，其中事件抽取任务采用百度发布的中文事件抽取数据集（业界最大的中文事件抽取数据集 DuEE），包含 65 个事件类型的 17000 个具有事件信息的句子（20000 个事件）。事件类型根据百度风云榜的热点榜单选取确定，具有较强的代表性。65 个事件类型中不仅包含“结婚”“辞职”“地震”等传统事件抽取评测中常见的事件类型，还包含了“点赞”等极具时代特征的事件类型。数据集中的句子来自百度信息流资讯文本，相比传统的新闻资讯，文本表达的自由度更高，事件抽取的难度也更大。

中文医疗信息处理挑战榜（Chinese Biomedical Language Understanding Evaluation，CBLUE）是中国中文信息学会医疗健康与生物信息处理专业委员会在合法、开放、共享的理念下发起的，由阿里云天池平台承办，并由医渡云（北京）技术有限公司、腾讯天衍实验室、平安医疗科技、阿里夸克、北京大学、郑州大学、鹏城实验室、哈尔滨工业大学（深圳）、同济大学、中山大学、复旦大学等开展智慧医疗研究的单位共同协办，旨在推动中文医学NLP技术和社区的发展。CBLUE提出如下数据集：CHIP-CDEE（CHIP- Clinical Discovery Event Extraction dataset）。本评测共标注2485段电子病历，其中训练集包括1587段语料，验证集包括384段语料，测试集包括514段语料（训练集和验证集由原CHIP2021任务的训练集划分而来，测试集为原CHIP评测任务的测试集）。

3.1.3 评价方法

事件抽取系统的性能主要基于准确率（Precision，P）、召回率（Recall，R）和F值评测指标。

针对事件类型识别，具体计算公式如下：

$$P = \frac{\text{类型识别正确的事件总数}}{\text{系统识别出的事件总数}}$$

$$R = \frac{\text{类型识别正确的事件总数}}{\text{标准事件总数}}$$

$$F = \frac{2 \cdot P \cdot R}{P + R}$$

针对事件元素识别，具体计算公式如下：

$$P = \frac{\text{识别正确的事件元素总数}}{\text{系统识别出的事件元素总数}}$$

$$R = \frac{\text{识别正确的事件元素总数}}{\text{标准事件元素总数}}$$

$$F = \frac{2 \cdot P \cdot R}{P + R}$$

3.2 限定域事件抽取

近年来，在 ACE 会议的推动下，事件抽取的研究发展迅速，取得了一定的理论成果，并开发了一些实用的系统。最初的研究主要是基于模式匹配的方法，后来发展为基于统计机器学习的方法。当前的研究主要倾向于基于深度学习的方法。

3.2.1 基于模式匹配的方法

模式是对信息表述的一种描述性抽取规则。模式可以分为平面模式和结构模式。一般来讲，平面模式主要基于词袋（Bag of Words）等字符串特征构成模式，由于不考虑相关句子的结构和语义特征，因此被称为平面模式。结构模式则是相对于平面模式而言的，这种模式更多地考虑了句子的结构信息，融入了句法分析特征。采用模式匹配方法的事件抽取系统的工作流程基本上分为两个步骤：模式的获取和模式的匹配。

在模式的挖掘和构建过程中，非常重要的就是要找到高质量的模式，使挖掘出来的模式既能准确地召回事件所涉及的事件元素，又不过多地引入噪声。在应用该方法进行抽取前，会对挖掘出来的模式进行打分排序，质量高的模式会获得一个更高的分数，从而在匹配时会优先进行匹配。该方法如果需要获得比较高的召回率，需要挖掘尽可能多的模式，并将大部分模式都用于事件元素的抽取；但是这样做的副作用就是排在后面的、质量不是特别高的模式在提高了召回率的同时，也会抽取出一些无关的噪声数据，从而降低了事件元素抽取的准确率。

在模式获取方面的研究，早年的学者尝试了各种方案。Riloff 于 1993 年提出了 AutoSlog 系统[1]，基于知识工程的事件抽取系统在当时看来虽然取得了很大的成功，但是有一个很大的问题，就是这种方法过于依赖人工构造的领域词典，这些领域词典的构建过程并不是十分简单，甚至会花费大量的人力和物力。因此，AutoSlog 系统通过 13 个启发式方法获得 13 个模板，然后用这些模板去匹配文本，从而自动构建领域词典。值得一提的是，AutoSlog 系统是世界上第一个使用机器学习方法获取事件抽取系统模式的系统。

Kim 和 Moldovan 于 1995 年提出了 PALKA 系统[2]。这套系统也是基于人工标注语料的事件抽取模式学习系统。这套系统成功地融入了 WordNet 词典语义信息，从而使其更加擅长处理开放域事件抽取问题，而不仅仅局限于特定域的事件抽取。

Riloff 和 Shoen 于 1995 年在 AutoSlog 系统的基础上提出了 AutoSlog-TS 系统[3]。这个系统与 AutoSlog 系统最大的不同或改进就在于，AutoSlog 系统需要人工标注语料作为训练语料，然而构建这种语料也是需要大量时间的。而 AutoSlog-TS 系统则不需要人工标注语料，它仅仅需要人工把语料进行分类即可，最终结果与 AutoSlog 系统相当，却节省了大量人工标注的工作量。

Joyce Yue Chai 于 1998 年提出了 TIMES 系统[4]，这是一个基于 WordNet 和标注语料的信息抽取模式学习系统。WordNet 与人工标注语料的共同使用确实起到了很好的效果，其系统抽取结果要好于以往的信息抽取系统，并且对特定域与开放域语料均可以处理，但是由于需要作为输入的外部资源过多，也因此限制了其应用。

Yangarber 于 2001 年提出了 ExDisco 系统[5]，这个系统是基于种子模式的自举信息抽取模式学习系统。系统首先给定一个初始化的手工构造质量较高的种子模板，然后根据已有的模板在语料库上增量式地学习新的模板，经过几轮迭代就获得了大量高质量模板。

Meiying Jia 使用模式匹配方法研究了军事演习信息的提取[6]。它将分层自动分类法、基于种子模式的自助法及基于语料库的标记方法应用于事件抽取的不同阶段。

姜吉发于 2004 年在其论文中使用了一种被称为 GenPAM 的模板学习方法[7]，提出了一种基于领域无关的概念知识库的事件抽取模型学习方法。它的优势在于完全的无指导学习模板，对标注语料几乎没有需求。这里人工干预的部分在于给出要抽取的事件类型、事件元素及其所属角色。最后人工对模板的抽取质量进行评价。经过以上步骤，事件抽取模板便可以自动学习出来。这对于模式学习来讲，大大减少了人工的工作量。

另一名学者 Ming Luo 基于有限状态机构建了层次化的词汇语义规则模型，用于自动提取各种财务事件信息[8]，具有较高的准确性[9]。在构建事件抽取模板时使用了谓词-参数模式，并通过相似性扩展了原始模板。

下面详细介绍一个基于 Bootstrapping 方法的模式匹配事件抽取系统，总体流程如图 3-2 所示。

Bootstrapping 系统的输入即一定量的种子数据集（已标注），例如句子“张三出生于山东烟台”，标注的主谓宾事件元素可能为<张三,出生,山东烟台>。系统模拟浏览器登录模式调用搜索引擎检索种子，返回至少包含种子中一个词的网页。

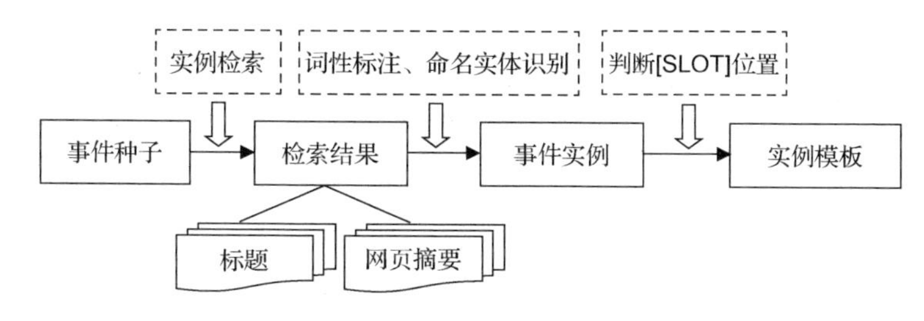

图 3-2 基于 Bootstrapping 方法的模式匹配事件抽取系统流程图

对于检索回来的网页，进行正文提取、获得标题和 snippet（网页摘要），并进行分句处理。需要注意的是，可以不分析完整的网页，而是借用搜索引擎提供的标题与 snippet 服务对网页包含的种子核心内容进行提取。这样既提高分析效率，也可以尽量降低网页的噪声数据。由于输入的是三元组种子，因此，要求返回的标题和 snippet 至少包含两个种子词。例如：<张三，出生，山东烟台>检索回来的结果“张三出生在哪个城市？”仅包含了一个种子词“张三”，因此将其过滤掉。而对于检索结果“张三出生在山东省烟台市莱山区。”包含了 3 个种子词“张三”“出生”“山东省烟台市莱山区”，因此将其抽取出来作为候选事件实例。

下一步就是将这些候选事件实例转换成事件实例模板。

首先，对候选事件实例进行去停用词、分词、词性标注、命名实体识别等处理。例如，经<张三,出生,山东烟台>种子检索回来两个句子：

张三同志出生在山东烟台的一户普通的农家里。

张三出生在山东烟台的一个小山村里的农民家庭里。

对其进行分词、词性标注、命名实体识别后的结果为：

张三/Nh 同志/n 出生/v 在/p 山东烟台/Ns 一户/m 普通/a 农家/n 里/nd 。/wp

张三/Nh 出生/v 在/p 山东烟台/Ns 一个/m 小山/n 村里/n 农民/n 家庭/n 里/nd 。/wp

再用[SLOT]替换原来的命名实体，将其转换为事件实例模板：

[SLOT1]/Nh 同志/n 出生/v 在/p [SLOT2]/Ns 一户/m 普通/a 农家/n 里/nd 。/wp

[SLOT1]/Nh 出生/v 在/p [SLOT2]/Ns 一个/m 小山/n 村里/n 农民/n 家庭/n 里/nd 。/wp

这其中用到的词性标注标签和命名实体识别标签的解释详见表 3-2。

表 3-2　词性标注标签和命名实体识别标签

标签	描述	标签	描述
a	形容词	v	动词
b	名词修饰语	wp	标点
nd	副词	Nb	机构名
m	数字	Nh	人名
n	名词	Nr	时间
p	介词	Ns	地名

为了进一步提高事件实例模板的泛化能力，进而提高 Bootstrapping 事件抽取系统的召回率，采用序列模式（Sequential Pattern）中的软模式（Soft-Pattern）作为最终挖掘学习的模板。由于模板的定义和使用较为灵活多变，不同研究会根据所处理的实际问题定义一套适用的模板书写方式，本节仅展示一种合理的 Soft-Pattern，其定义如下。

（1）槽值（[SLOT]）：指示事件元素实体在 Soft-Pattern 中的位置。值得注意的是，[SLOT]数量不定，但至少会有一个（因为要求事件实例模板至少包含两个种子词）。

（2）词法单元（词及词性）：匹配非命名实体的词和词性。

下面是词法单元的例子。

出生→（词）

_/v　→（词性）

出生/v→（词+词性）

（3）省略符号（*）：可匹配有限个词法单元，但其匹配的词越多，模板越泛化，召回率会相应提高，准确率则会有一定程度的损失。

Soft-Pattern 由两个事件实例模板经过匹配算法进行泛化得到。Soft-Pattern 学习算法（Soft-Pattern Learning algorithm，SPL）如图 3-3 所示。

其中，泛化函数（$\mathrm{Generalization}(S_i,S_j)$）的输入是两个事件实例模板，它的输出是两个事件实例模板的最小公共泛化部分。这个泛化函数实际上是基于动态规划算法查找两个事件实例模板之间的 BestMatch 部分。在匹配过程中要引入匹配代价去衡量每个字符的匹配程度，为了能够更加客观地评价匹配的代价，在 BestMatch 算法的匹配过程中对不同的情况给予不同的匹配代价。

Algorithm 3: Soft-Pattern 学习算法

1: **Input:** 事件类型 T
2: **Input:** 事件类型 T 中的事件种子（seed） <SBV, V_t, VOB>
3: **Input:** 事件实例模板（PatternInstanceSet(T)）
3: **Foreach** 事件类型 T **Do**
4: **Foreach** 句对 S_i, S_j from PatternInstanceSet(T) **Do**
S_i is generated by seed <SBV_i, V_{ti}, VOB_i>
S_j is generated by seed <SBV_j, V_{tj}, VOB_j>
5: **If** 主语实体类型相同&&宾语实体类型相同&&触发词是同义词 **Then**
6: 令 Pattern = Generalization(S_i, S_j)
7: 将 Pattern加入 Soft-PatternSet(T)
8: **End For**
9: **End For**

图 3-3 Soft-Pattern 学习算法描述图

（1）如果待匹配项完全相同，则 Cost=0。

（2）如果待匹配项实体不同，但实体类型相同，则 Cost=5。

（3）如果待匹配项都是名词、动词、数词、形容词、副词或名词修饰语，则比较其在《哈工大信息检索研究室同义词词林扩展版》中的标号。如果标号之间有重叠，则认为是部分匹配，且 Cost=5；否则认为完全不匹配，且 Cost=10。

（4）如果匹配项不满足以上任何一点，则 Cost=10。

由匹配代价的定义可以看出，Cost 越大，则两个事件实例模板之间的匹配程度越低，所以，要对匹配阈值进行选择。最终基于 Bootstrapping 方法的模式匹配系统利用得到的 Soft-Pattern 进行事件抽取。

基于模式匹配的方法能较好地应用于特定领域，但该方法的可移植性和灵活性较差，同时模型的构建需要花费大量的时间和人力。使用机器学习和其他方法可以加快模式的获取，但是会带来不同模式之间的冲突。

3.2.2 基于统计机器学习的方法

各大企业逐渐认识到事件抽取的重要性，它们对信息产业也有迫切需求，故大力推动了相关领域语料库的构建。有了这些语料库，人们开始将研究重点转向用基于统计机器学习的方法进行事件抽取。一些经典的统计模型被引入，这些模型有隐马尔可夫模型（Hidden Markov Model，HMM）、朴素贝叶斯模型（Naïve Bayes Model，NBC）、最大熵模型（Maximum

Entropy Model，ME）、最大熵隐马尔可夫模型（Maximum Entropy Hidden Markov Model，MEMM）、支持向量机模型（Support Vector Machine，SVM）等。这种基于统计模型的机器学习方法将事件抽取看成分类问题，其重点在于挑选合适的特征，使分类器更加准确。另外，核（Kernel）的引入也使分类器的效果有了很大的提升，也有研究者分析和开发新的核。与模式匹配方法相比，机器学习方法可应用于不同领域，具有较高的可移植性和灵活性，因此被广泛使用。

H. L. Chieu 和 H. T. Ng 于 2002 年在进行事件元素抽取的研究中，大胆尝试引入最大熵分类器，将事件元素的识别看成分类问题[10]。最大熵理论最早由 Jaynes 于 1957 年提出并予以证明，其基本思想是当预测随机事件时，在所有以已知条件成立为前提的相容预测中，熵最大的预测出现的概率也应该最大。Chieu 的最大熵事件元素抽取系统利用该理论，从符合给定条件的分布中，选择熵最大的概率分布作为最优分布。其形式描述如下。

给定训练数据 $(\boldsymbol{x}_1, y_1),(\boldsymbol{x}_2, y_2),\cdots,(\boldsymbol{x}_m, y_m)$，其中，$\boldsymbol{x}$ 是一个由能够影响分类结果的因素构成的输入向量，y 是分类器给出的分类结果，其值为 true（是事件元素）或 false（不是事件元素）。$p(y|\boldsymbol{x})$ 是系统将某个候选事件元素预测为符合需要的事件元素的概率。系统为训练数据建立特征函数 $f_i(\boldsymbol{x}, y)$，一般用以下方式表示：

$$f_i(\boldsymbol{x}, y)=\begin{cases}1, \text{if } (\boldsymbol{x}, y) \text{满足某种限制条件}, i=1,2,3,\cdots,n \\ 0, \text{else}\end{cases}$$

特征函数 $f_i(\boldsymbol{x}, y)$ 的经验概率形式化表示为：

$$p(f)=\sum_{\boldsymbol{x}, y} \tilde{p}(\boldsymbol{x}, y) f(\boldsymbol{x}, y)$$

特征函数 $f_i(\boldsymbol{x}, y)$ 的期望概率形式化表示为：

$$\tilde{p}(f)=\sum_{\boldsymbol{x}, y} p(\boldsymbol{x}, y) f(\boldsymbol{x}, y)=\sum_{\boldsymbol{x}, y} \tilde{p}(\boldsymbol{x}) p(y|\boldsymbol{x}) f(\boldsymbol{x}, y)$$

从训练样本中学习到的模型对特征函数的估计应该满足以下约束：

$$\sum_{\boldsymbol{x}, y} \tilde{p}(\boldsymbol{x}, y) f(\boldsymbol{x}, y)=\sum_{\boldsymbol{x}, y} \tilde{p}(\boldsymbol{x}) p(y|\boldsymbol{x}) f(\boldsymbol{x}, y)$$

然后求解下述的单目标优化问题以选择熵最大的概率分布作为最优分布。

约束条件表示为：$C=\{p \in \pi \mid p(f_i)=\tilde{p}(f_i), i=1,2,\cdots,n\}$

优化目标表示为：$p(y \mid \boldsymbol{x})$

优化函数表示为：$p^* = \underset{p \in C}{\operatorname{argmax}} H(p)$

$H(p)$为熵，定义如下：

$$H(p) = -\sum_{\boldsymbol{x},y} p(y \mid \boldsymbol{x}) \log p(y \mid \boldsymbol{x})$$

根据拉格朗日定理，为每个特征函数都引入参数，得到拉格朗日函数：

$$\Lambda(p,\lambda) \equiv H(p) + \sum_i \lambda_i \left(p(f_i) - \tilde{p}(f_i) \right)$$

求解该优化方程，得到：

$$p^*(y \mid \boldsymbol{x}) = \frac{1}{Z(\boldsymbol{x})} \exp\left(\sum_i \lambda_i f_i(\boldsymbol{x}, y) \right)$$

其中，$Z(\boldsymbol{x}) = \sum_y \exp\left(\sum_i \lambda_i f_i(\boldsymbol{x}, y)\right)$。

Chieu 的基于最大熵分类的事件抽取系统在 MUC 评测的讨论发表会事件和工作交接事件抽取任务中获得了较好的结果。Chieu 在他的分类器中采用了 unigram、bigram、命名实体、短语等简单特征，最终在卡内基梅隆大学标注的语料库上进行了实验验证，取得了 86.9%的 F 值，超过了当时的最好结果。

Ralph Grishman 参加了 ACE 2005 的事件抽取任务评测。在参赛的系统中，他们使用了最大熵模型[11]。他们的系统共有 4 个模块（即 4 个分类器）：（1）基于事件触发词分类的事件类型识别模块；（2）事件元素识别模块；（3）事件元素角色识别模块；（4）整合已有的事件类型识别模块、事件元素识别模块、事件元素角色识别模块，并依据各个模块的输出结果最终判定输入的句子是否为事件。

Jiangde Yu[12]提出了一种基于隐马尔可夫模型的中文文本事件抽取方法。此方法针对每一种事件元素类型，构造一个独立的隐马尔可夫模型进行抽取。

为了提高事件抽取的效果，有时会使用多种机器学习算法。Ahn 于 2006 年提出了进行事件触发词及类型识别和事件元素识别这两个事件抽取主要任务的研究，尝试性地在其事件抽取系统中整合了 Timbl 和 MegaM 两种机器学习方法[13]。Ahn 把事件类型识别看成事件触发词的识别，首先对输入的句子进行分词（就英文而言，只需根据空格分词），对每一个词抽取相关的词法特征、上下文词特征、WordNet 词典特征，以及上下文相关实体及其类型等特征，然后使用 MegaM 分类器对当前词进行二元分类来判断其是否为触发词。如果当前词被判定为触发词，则使用多元分类器 Timbl 指定当前词所属的事件类型及子类型。Ahn 的系统在 ACE 2005 英文语料库上进行测试，实验结果显示事件类型识别的 *F* 值达到了 60.1%，这一结果超过了分别单独使用 MegaM 和 Timbl 分类器的方法。另外，针对事件元素识别任务，这套系统把句子中出现的每一个实体都看作候选事件元素，抽取与实体相关的词法特征、事件属性特征、实体的修饰特征、依存句法路径特征等，并为每一种事件训练一个分类模型，专门用来确定事件元素的角色。该系统在 ACE 2005 英文语料上进行事件元素识别的测试，结果为 *F* 值达到了 57.3%。

Z. Chen 于 2009 年打破原有的将事件抽取看作分类问题的思维模式，将事件类型识别及元素识别看作序列标注问题，采用最大熵隐马尔可夫模型，选择一般特征和中文独有的特征，在 ACE 2005 中文语料上测试，其 *F* 值高于当时最好的中文事件抽取系统[14]。

许多机器学习方法都是基于触发词进行事件识别的。基于触发词的方法在训练中引入了大量反例，导致正例与负例之间失衡。为了解决该问题，Zhao 等人结合了触发词扩展和二元分类技术来识别事件类型[15]。

具体来说，该工作将事件抽取拆分为事件类型分类与事件元素识别两个模块，模型输入为文档组成的集合。首先文本预处理模块对文档集进行分句、分词、词性标注、句法分析等预处理操作，处理后的文本被送入候选事件识别模块，该模块通过《同义词词林》对事件触发词进行拓展，使用拓展后的触发词对输入文本可能的事件类型进行识别，将包含某触发词的输入文本的候选事件识别为该触发词对应的事件类型。由于候选事件与输入文本的真实事件类型可能不一致，Zhao 等人通过一个二分类模块判断输入文本是否属于其候选事件类型，通过词法、上下文、词典信息等三类语言学特征对候选事件进行描述。完成事件类型分类后，模型将从事件类型模板中提取对应事件类型的事件模板，即获得了要抽取的元素的标签。

由于事件元素是由触发词所在事件的 Entity、Time Expression、Value 表示的，模型将首先从句子中抽取所包含的 Entity、Time Expression、Value，Zhao 等人将其称为候选事件元素。基于此，可将事件元素识别任务看成分类问题，转换为对文本中每个候选元素进行类型标签识别（包含“None”标签，表示不是事件元素），在后续步骤中从候选事件元素中挑选出真正的元素。根据分类对象的不同，Zhao 等人采用了以下 3 种多元分类策略：（1）为所有类型的事件构造一个候选元素多元分类器；（2）为每类事件分别构造一个候选元素多元分类器；（3）为每类子事件分别构造一个候选元素多元分类器。由于将事件元素识别看作分类任务，因此特征的选取和发现尤为关键。综合分析，Zhao 等人选取词法、类别、上下文、句法结构等四类特征多角度地描述候选元素，进行元素标签的识别。其中，触发词间接决定了事件模板，而事件类型/子类型直接决定了事件模板，触发词、事件类型和子类型均对元素类型识别有举足轻重的作用；其次，候选元素的相关特征及其核心词特征体现了候选元素的核心语义，也很有意义。

除此之外，是否是满足事件模板的元素和上下文信息有很大关系，因此上下文的词语及其词性信息、句法结构信息是很重要的特征。通过上述步骤，模型依次完成文本预处理、候选事件识别、事件类型分类、事件模板获取、候选事件元素抽取、多元事件元素分类等多个事件抽取流程，最终输出抽取得到的事件。Xu 等人提出了一种基于事件实例的事件类型识别方法[16]，该方法通过使用句子代替单词作为样例，克服了正负例不均衡和数据稀疏的问题。

3.2.3　基于深度学习的方法

深度学习已成功应用于各种自然语言处理任务，例如命名实体识别、搜索查询检索、问答、句子分类、语义角色标记、关系提取。对于事件抽取，目前已经提出了许多深度学习方案，通过结合 RNN、CNN、图神经网络、注意力机制等方式进行事件抽取。一般过程是建立一个神经网络，该神经网络将词嵌入作为输入，并输出整个输入或每个词的分类结果，即对整个输入的事件类型及某个词是否是事件触发词、事件元素进行分类，如果是，则对其事件或元素类型进行分类。

Nguyen 和 Grishman[17]首次将卷积神经网络应用于事件抽取任务，通过将每个单词转换为其向量表示，使用 CNN、最大池化等操作输出每个单词的分类结果，从而在句子中标识触发词、事件元素等信息。模型结构如图 3-4 所示。

该模型将事件抽取问题规范化为多分类问题。具体而言，给定一个句子，对于该句子中的每个字符，想要预测当前字符是否属于事件触发词，即它是否表示预定义事件集中的某些事件。

输入一个句子，模型首先将句子中的每个字符转换为单词嵌入（Word Embedding）、位置嵌入（Position Embedding）和实体类型嵌入（Entity Type Embedding）。

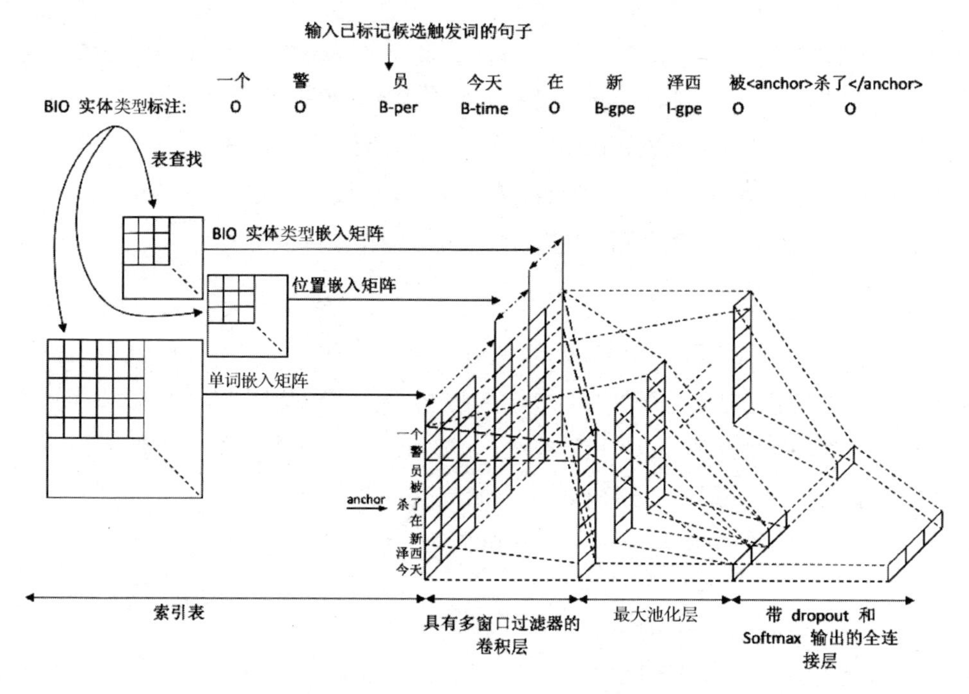

图 3-4 基于卷积神经网络的事件抽取模型结构

单词嵌入用于捕捉隐含的语法语义信息，位置嵌入存储当前字符在输入句子中的位置，实体类型嵌入存储有关实体类型的先验知识。随后同一个字符的 3 种嵌入表示拼接作为字符的表示向量。

对于待预测的字符，由其在句子中的邻近字符所组成的上下文将为 CNN 提供分类所需的必要信息。Nguyen 等人将上下文限制在一个固定的窗口大小中，将窗口内字符的表示向量送入 CNN 进行信息的聚合，聚合后的表示被送入最大池化层、Softmax 层，最终模型输出分类结果。

该模型克服了传统的基于特征的方法完成此任务的两个基本限制：丰富特征集的复杂特征工程和生成这些特征的前一阶段的错误传播。其实验结果表明，在不依赖大量外部资源的情况下，CNN 在总体设置和领域适应设置方面均优于当时报道的最佳的基于特征的方法。

为了进一步利用卷积神经网络的非连续依赖性，Nguyen 等人[18]提出对句子中所有非连续 k-gram 执行卷积运算，使用最大池函数计算各个非连续 k-gram 的重要程度，以提升事件抽取性能。Li 等人[19]提出了一个并行的多池卷积神经网络（PMCNN），它可以自动捕获句子的语义特征以进行生物医学事件提取。Kodelja 等人[20]可以通过自举法构建全局的上下文的表示，并将表示集成到 CNN 模型中以进行事件抽取。

许多基于 CNN 的事件抽取方法依次执行事件抽取的两个子任务，即首先进行事件类型识别，然后进行事件元素识别，因此会遭受错误传播问题的困扰。通过利用 RNN 结构，目前已提出多种联合执行两个子任务的方法。

Nguyen 等人[21]设计了一种用于事件抽取的双向 RNN 架构，该架构由两个单独的 RNN 在正反两个方向上运行，每个 RNN 都由一系列门控循环单元（GRU）组成，可以有效利用双向语义信息以对每个词进行分类。Sha 等人[58]将两个 RNN 网络的词间语法链接信息添加到双向 RNN 中，设计了 dbRNN（dependency bridge RNN），通过单词之间的句法依赖性增强基本的 RNN 结构，以联合抽取触发词和论元。Zhang 等人[22]在经典的 Bi-LSTM 基础上，根据句法树转换原始的文本序列，构造了以目标词为中心的 Tree-LSTM 进行中文事件检测。Li 等人[23]提出使用外部实体知识库进一步扩展 Tree-LSTM，以用于生物医学事件抽取。

近年来，图神经网络在深度学习领域被广泛探索，一些研究人员试图将 GNN 模型用于事件抽取。如何将输入的文本序列转换为图结构是该方案的研究重心。Rao 等人[24]利用了抽象语义表示（AMR）技术实现图结构的转换，AMR 输出的有向无环图标识了“who did what to whom”的信息。该方案认为事件结构是 AMR 图的子图，并将事件抽取任务转换为子图识别问题，以进行生物医学事件抽取。Liu 等人[25]提出基于句法依存树进行图结构的构建，通过增加自环边、反向边将句法树补全为句法图，以进行图卷积运算。

注意力机制最早出现在计算机视觉领域，其目的是模拟人脑的视觉注意力机制。最近，注意力机制已广泛用于自然语言处理任务。已有多种方案通过结合注意力机制提升事件抽取的性能。

针对单词级别的注意力机制，不同方案的主要区别在于应更多地关注哪些元素，以及如何训练注意力权重。Liu 等人[26]认为触发词关联的论元应比其他词受到更多的关注。Wu 等人[27]则应用事件元素信息来训练 Bi-LSTM 网络的注意力模块。Orr 等人[28]利用来自句法分析器的依存信息来训练注意力，通过句法依存关系在两个不连续甚至距离较远的词汇间建立连接，并结合依存关系类型来判断单词的重要性。对于中文事件抽取，因为没有像英语一样的显式分词，Wu 等人[29]还提出了一种字符级别的注意力机制，以区分汉字中每个字符的重要性。

一些研究人员还提出整合额外的知识以训练注意力模块。Liu 等人[30]通过结合多语言知识来训练事件抽取模块的注意力。他们研究了 ACE 2005 提供的语料，发现 57%的触发词是模棱两可的。他们认为多语言间的一致性、互补关系可以帮助解决歧义问题。因此，他们提出了一个门控多语言注意力框架，其中包含了单语言的上下文注意力机制和门控的跨语言注意力机制，跨语言语料通过机器翻译来获取。除此之外，Li 等人[31]设计了一个先验知识的集成网络，将其收集的关键字作为先验知识，编码后将该知识表示与自注意网络集成在一起，以进行事件检测。

从 2016 年开始，基于预训练语言模型的方法正在成为自然语言处理领域的范式，一系列方法探索如何结合预训练语言模型进行事件抽取，并取得了可喜的进展。

传统的 ACE 事件抽取任务依赖于人工标注的数据，耗费大量的人力并且数据量有限，数据量不足给事件抽取带来了阻碍，并且不能解决角色重叠的问题，Sen 等人[50]提出 PLMEE 模型，利用 BERT 生成训练数据，以对不同的角色分别进行论元预测，来解决角色重叠问题。整体框架包含事件抽取模块及事件生成模块。

事件抽取模块由触发词抽取、论元抽取、论元范围检测、损失函数重写等组件构成，首先输入的文本进入触发词抽取模块获取事件触发词，触发词抽取建模为多分类问题，输入文本将由 BERT 预训练语言模型进行编码，后进入 MLP（Multi-Layer Perceptron，多层感知器）输出类型打分，并利用交叉熵损失函数进行训练。之后进入论元抽取环节，将对每一个 token 设置多组二分类器，每个分类器决定该 token 是否为对应论元角色的开头或结尾。通过这种方式，一个 token 可以是多个论元角色，可解决角色重叠问题。其次针对获取的出发词、论元边界，将进行论元范围检测，尽可能选择概率更高的 token 作为论元角色的开头和结尾。最后 Sen 等人还根据 TF-IDF 计算不同论元角色的重要程度以调整损失函数，指导模型关注关键角色。

事件生成模块首先在数据集中进行论元收集，将角色相同并且上下文相似的 token、phrase 构成集合。给定输入句，将其中的论元随机替换为相似集合中的成员，对于触发词和论元以外的附加词则进行遮掩，并利用 BERT 的掩码预测能力生成替换结果，最终生成新的语料以用于训练。

整合全局信息或非局部的短语间的依赖信息有助于事件抽取任务，例如句中实体的信息有助于事件触发词的预测。为了建模全局的上下文信息，先前的工作使用 pipeline 模型来抽取句法特征、篇章特征和其他人为设计的特征作为模型的输入，然后使用神经网络进行打分。近期的端到端的方法通过动态地构建由 span 组成的图，实现了很好的效果。与此同时，基于上下文的语言模型在许多自然语言处理任务中均取得了成功。其中部分模型突破了句子边界的限制，对上下文进行了更全局的建模。例如，BERT 中 Transformer 架构的注意力机制可以捕获相邻句子的 token 间的关系。综上，DyGIE++[51]通过对捕获的局部信息和全局信息的文本 span 进行枚举、精炼、打分，同步处理命名实体识别、关系抽取和事件抽取共 3 种信息抽取任务，在 3 种信息抽取任务上均取得了当时最好的效果。具体来说，DyGIE++模型架构有 4 个组成部分，分别负责 token embedding、span enumeration、span graph propagation 和多任务分类。对于输入语料，首先使用 BERT 和滑动窗口对 token 进行编码，将每个 token 和该 token 在句中的邻居输入 BERT，以获得 token embedding。其次通过拼接表示各个 token 的左右边界索引及学习到的 span 宽度信息，进行文本 span 的枚举和构建。然后根据所获得的表示进行 span graph 的动态预测，并根据该图结构进行信息的传播，以进一步丰富上下文表示。最后将所获得的上下文表示输入前馈神经网络以获取命名实体识别、关系抽取和事件抽取 3 种任务的输出结果。

Hsid 等人[53]提到事件抽取已成为信息抽取中最重要的主题之一，但利用跨语言培训来提高性能的工作在当时非常有限，因此他们提出了一种新的事件抽取方法，该方法结合使用依赖于语言和独立于语言的特征来训练多种语言下的事件抽取模型，并且特别关注目标域训练数据大小十分有限的情况。使用这种系统，Hsid 等人旨在同时利用可用的多语言资源（带标注的数据和引入的特征）来克服目标语言中的标注数据稀缺性问题。实验证明，该方法可以有效地提高单语系统对中文事件论元抽取任务的性能。与类似工作相比，这种方法不依赖于高质量的机器翻译或手动对齐的文档，因为对于给定的目标语言来说，这些条件很可能是无法满足的。

Subburathinam 等人[54]认为事件抽取是一项具有挑战性的信息抽取任务，对于资源不足和注释不足的语言来说更加困难。他们研究了跨语言结构迁移技术来提高低资源语言的事件抽取性能，利用与事件和关系相关的语言通用特征，如符号（包括词性和依赖路径）和分布（包括类型表示和上下文表示）等特征类型，来表征数据。该工作使用图卷积神经网络将所有实体、事件触发词和上下文映射到复杂且结构化的多语言公共语义表示空间中，因而可以利用源语言注释训练关系或事件抽取器，并将其应用于目标语言中。Subburathinam 等人在英语、中文和阿拉伯语之间的跨语言关系和事件迁移的实验表明，他们的方法实现的性能可与在 3000 个手动注释的目标语言上训练的监督模型相媲美，还发现语言通用符号表示和分布式表示对于跨语言迁移是互补的。

Yang 等人[55]提出事件抽取任务的传统方法依赖于手动注释的数据，这通常难以创建且大小有限。因此，除了事件抽取本身的困难，不足的训练数据也阻碍了学习过程。为了促进事件抽取，他们提出了一个基于预训练语言模型的事件抽取框架，该框架包含一个基础的事件抽取模型，以及一个生成标注数据的方法。其中，事件抽取模型由触发词抽取器和论元抽取器组成，论元抽取器使用前者的结果进行推理，并根据角色分离参数预测来克服角色重叠问题。同时，根据角色的重要性对损失函数重新进行加权，从而提高了论元抽取器的性能。为了解决训练数据不足的问题，自动标注数据生成方法通过编辑原型来自动生成标注数据，并通过对质量进行排序来筛选生成的高质量的标注数据。

事件抽取任务需要检测事件触发词并抽取其对应的事件论元，而事件论元抽取的大部分方法严重依赖实体识别作为预处理步骤，从而导致众所周知的错误传播问题。为了避免这个问题，Du 等人[57]引入了一种新的事件抽取范式，将事件抽取转换为问答（QA）任务，以端到端的方式抽取事件论元。实验结果表明，问答事件抽取框架大大优于先前的方法。此外，它能够为训练时（即在 zero-shot 学习设置中）看不到的角色抽取事件论元。

3.3 开放域事件抽取

为了解决大规模语料信息抽取的问题，开放域事件抽取任务被首次提出，其主要抽取的是事件三元组(施事者,事件词,受事者)。

在开放域事件抽取这一研究方向，前人做出了很多杰出的工作，并且开发出一系列开源事件抽取系统，如 TextRunner[32]、WOE[33]、ReVerb[34]和 Nell[35]等。

（1）TextRunner 是第一个对关系名称进行抽取的开放域事件抽取系统。开放域事件抽取系统相较传统的限定域事件抽取，提出了新的挑战。系统需要自动化地学习抽取技巧，而不依赖人工构建的训练数据，同时开放域文本与训练语料的异质性使得句法分析、命名实体识别等工具的性能大大降低，并且系统还需要拥有快速、高效地处理大规模文本的能力。为了克服这些问题，TextRunner 首先对所有文档进行一次遍历，并使用词性标注和名词短语块标记句子，根据事先定义的启发式规则筛选候选的事件三元组，然后训练分类器判断两个元组之间是否存在某种语义关系，再利用海量的互联网数据评估抽取的三元组是否正确。

（2）WOE 大大提高了 TextRunner 的精确率和召回率。其关键思想在于为开放域事件抽取系统设计了一种新颖的自监督学习形式，即使用 Wikipedia 大量人工填写的 InfoBox 信息中记录的属性值和相应句子之间的启发式匹配关系来构建训练语料，从而训练事件抽取器抽取更多事件三元组。

（3）ReVerb 针对 TextRunner 和 WOE 中经常出现的错误抽取结果提出了句法和词汇的限制条件，进而提高了三元组的抽取精度，使其更加实用。并且值得一提的是，ReVerb 用动词词组描述两个元组之间的语义关系，这非常符合事件的定义。

（4）Nell 则从终身学习的角度考虑建立一个持续的在线语言学习智能体，不间断地从网络上进行开放域事件抽取工作，形成不断增长的结构化的知识库，并不断迭代优化自身学习新知识的技能。

除此之外，还有一些工作针对社交网络平台进行开放域事件抽取。许多在线社交网络，例如 Twitter、Facebook 等，都提供了大量最新信息，例如，据报道，Twitter 每天大约发布 2 亿条推文。社交网络平台上的信息具有其自身的特征，例如，推文主要由个人用户发布，每条推文可能存在字符限制等。因此，这些文本通常带有缩写、拼写错误和语法错误，或者没有足够的上下文来进行事件抽取。

Weng 和 Lee[36]提出的 EDCoW 模型，通过分析单个单词的频率及单词之间的相关性来筛除不重要的单词，之后通过网络分割技术将剩余的单词聚类以形成事件。EDCoW 有 3 个组成部分：信号构建，互相关计算，图划分。首先模型在信号构建阶段通过小波分析理论对热点词汇进行挖掘，提取关键词的信号特征，表征词汇的触发模式；之后 EDCoW 通过将一组具有相似触发模式的单词进行聚类来检测事件，具体来说，通过对信号特征进行互相关计算，能够度量两个单词的相似程度；Weng 等人还提出有效的过滤方式来降低所需进行互相关计算的词对数量，以提高算法效率。上述步骤完成后，实际上得到的是一张以热点词为节点、以节点间相似度为边的稀疏无向加权图，图划分阶段依据图形理论解释，事件抽取可以模拟为图划分问题，即将图切割成子图，每个子图都对应一个事件，包含一组具有高相似度的词，并且期望不同子图中的词之间的互相关相似度要低。

Zhou 等人[37]提出通过词典匹配来过滤嘈杂的推文，词典由事件关键词组成，这些事件关键词是从与推文相同时期发布的新闻文本中抽取的，并提出了一种无监督的潜在事件模型来从推文中抽取事件。

Guille 等人[38]提出了一种基于词汇提及异常的事件检测算法，该算法在给定的连续时间片段上通过计算单词频率中出现的异常来检测事件。算法架构如图 3-5 所示。

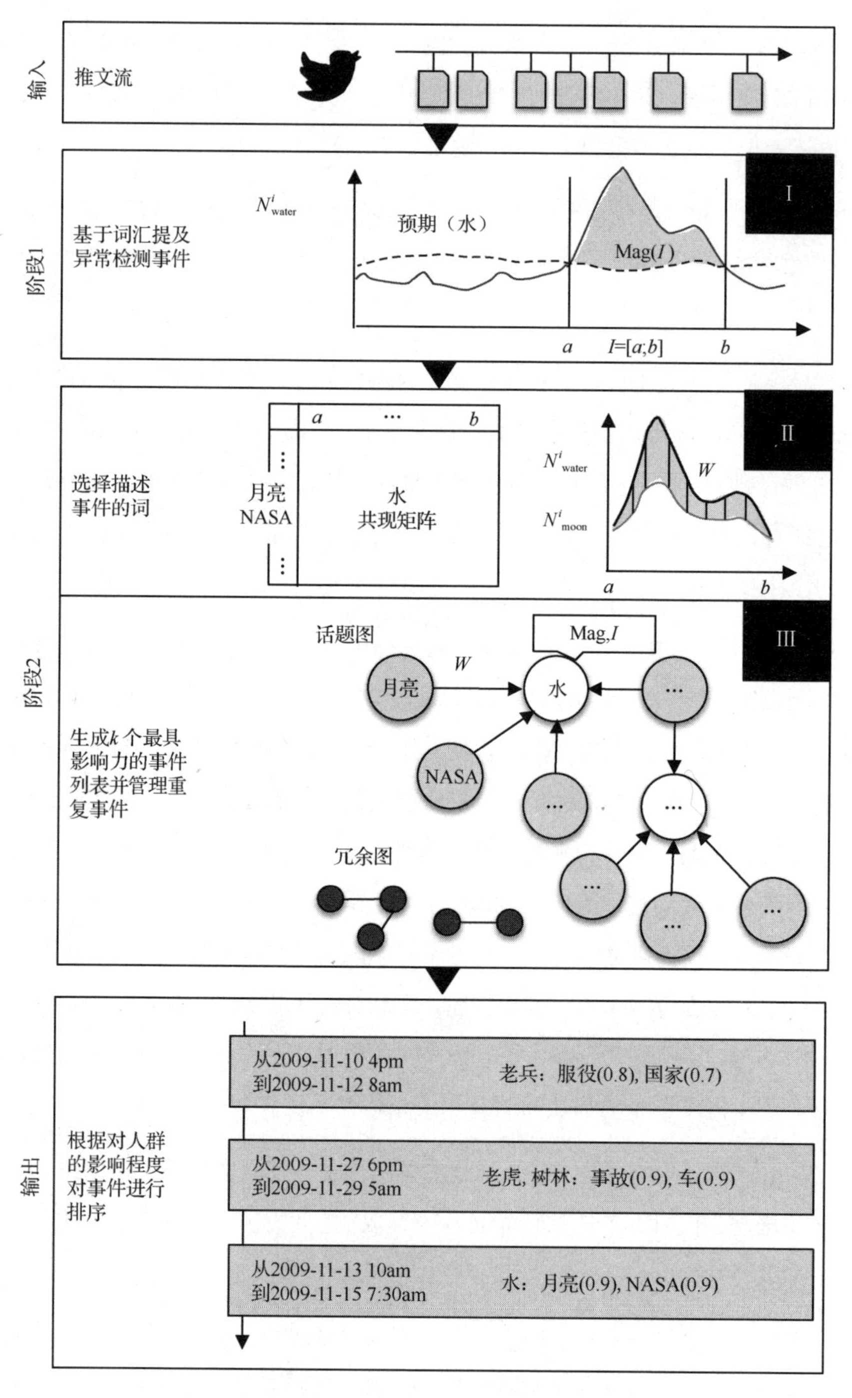

图 3-5 基于词汇提及异常的事件检测算法

该工作主要关注推文中的突发话题，如果某个突发话题在一定时间内获得了公众的高度关注，则认为该突发话题可以被称为事件。其事件抽取方法依赖 3 个组件：基于词汇提及异常的事件监测、事件描述词选取、合并重复事件。

首先，基于词汇提及异常的事件监测精确识别事件发生的时间，并根据一段时间内事件词的出现频率、模式等特征估计其对人群的影响程度，捕捉影响程度大于一定阈值的事件。此过程监测得到的事件由事件触发词、发生时间片段与对用户推文行为的影响程度 3 部分表示。

由于基于聚类的方法得到的事件表示可能异常嘈杂，Guille 等人利用事件描述词选取技术，根据事件发生时间内不同词汇与事件触发词的共现关系计算词汇权重，选取权重最大的一定数量词汇作为描述词，从而提供更具语义意义的事件表示形式。

之后，重复事件合并模块将根据事件的词汇相似度对相似事件进行合并，以排除冗余的事件描述形式。

在最终输出阶段，Guille 的事件检测系统按照对用户推文行为的影响程度对识别到的事件进行排序，输出排序后的事件序列。

Chau 等人[52]依靠公共新闻 API 的标题，提出一种方法来过滤不相关的标题并进行事件抽取，并将价格和事件文本输入 3D 卷积神经网络，以学习事件与市场动向之间的相关性。

Wangd 等人[56]注意到，为了抽取开放域事件的结构化表示，贝叶斯图形模型取得了一些进展。然而，这些方法通常假设文档中的所有单词都是由单个事件生成的。这种假设可能适用于推文等短文本，但通常不适用于新闻文章等长文本。此外，贝叶斯图形模型通常依赖吉布斯采样进行参数推断，这可能需要很长时间才能收敛。为了解决这些限制，Wangd 等人提出了一种基于生成对抗网络的事件抽取模型，叫作对抗神经事件模型（Adversarial-neural Event Model，AEM）。AEM 使用 Dirichlet 先验对事件进行建模，并使用生成器网络来捕获潜在事件背后的模式。AEM 还使用鉴别器来区分从潜在事件重建的文档和原始文档。实验表明，该模型在两个 Twitter 数据集和一个新闻文章数据集上获得了显著优势。

3.4　文档级事件抽取

文档级事件抽取任务的目标是在文档中识别预先指定类型的事件及相对应的事件元素。近年来，随着金融、法律、公共卫生等各个领域数字化进程的发展，文档级事件抽取已成为这些领域业务发展得越来越重要的加速器。以金融领域为例，持续的经济增长见证了数字化金融文本的爆炸式增长，例如对特定股票市场中的大量金融公告文档进行文档级事件抽取，能够帮助人们提取有价值的结构化信息，预知风险并及时发现获利机会。同时，为促进信息检索和文章摘要等下游应用的发展，对文档级的事件抽取技术展开研究也是必不可少的。

传统的基于模式匹配的方法与基于统计机器学习的方法，实际上都在做句子级事件抽取，很少考虑篇章和丰富的背景知识。在“One Trigger Sense for Cluster”和“One Argument Role for Cluster”的思想基础上，Heng Ji 于 2008 年提出了跨文档事件抽取系统框架[39]。在这个框架下，对于一个句子级的抽取结果，不仅要考虑当前的置信度，还要考虑与这个待抽取文本相关的文本对它的影响。Heng Ji 等人共设置了 9 条推理规则来定量地度量相关文本对当前抽取结果的影响，从而帮助人们修正原有的句子级事件抽取结果。这个系统最后在 ACE 2005 英文语料上进行评测，事件类型识别最终的 F 值达到 67.3%，事件元素识别最终的 F 值达到 46.2%，均超过了当时最好的英文事件抽取系统。Heng Ji 的这项研究一经发表，引起了很多人的关注，后来学者借鉴她成功地引入篇章和背景知识的思想，相继出现了跨语言事件抽取系统（Heng Ji，2009）[40]、跨文本事件抽取的改进（Shasha Liao，2010）[41]、跨实体事件抽取系统（Yu Hong，2011）[42]等相关研究。

此外，部分工作探索了采用 pipeline 框架来解决文档级事件抽取任务，该结构为每种类型的事件及事件元素训练单独的分类器，并通过上下文来增强模型性能，以学习事件类型识别及事件元素抽取策略。GLACIER（Patwardhan，2009）[43]在概率模型中同时考虑了跨句信息及能够作为依据的名词短语以提取角色填充物。TIER（Huang，2011）[44]则提出首先使用分类器确定文档类型，然后在文档中识别事件相关的句子并填充事件元素槽。2012 年，Riloff 等人[45]则提出了一种自下而上的方法，该方法首先根据词汇句法模式特征来识别候选的事件元素，然后通过基于语篇特征的分类器来移除与事件无关的句子中的候选事件元素。

上述方法存在跨不同 pipeline 阶段的错误传播问题，同时需要大量的特征工程（例如，用于候选事件元素发现的词汇句法模式特征、用于在文档级检测与事件相关的句子的语篇特征），而且这些特征需要针对特定领域进行手动设计，又有一定的领域专业知识门槛。然而神经端到端模型已证明在命名实体识别、ACE 句子级事件抽取等任务上表现出色。

因此，Du 等人[46]于 2020 年提出将文档级事件抽取任务作为端到端神经序列标注任务来解决。Du 等人认为文档级事件抽取任务无法利用句子层面的抽取方法进行解决，其最主要的原因是一个事件的论元分散在不同的句子中，因此如何获取跨句子信息就显得较为重要。

由于文档的长序列特点，捕获长序列中的远距离依存关系是文档级神经端到端事件抽取的一项基本挑战，该工作对输入的上下文长度与模型性能之间的关系进行了研究，找到了最合适的长度来学习文档级事件抽取任务。此外，该工作还提出了一种新颖的多粒度特征抽取器，以动态地汇总由在不同粒度（例如句子级和段落级）学习到的神经表示所捕获的信息。在 MUC-4，事件提取数据集所提出的方法比以前的工作表现更好。

文档级事件抽取的另一个主要障碍是训练数据的缺乏。由于基于远程监督技术自动生成训练数据的方法已经取得了大量进展，一些研究试图通过远程监督来缓解该问题。例如，考虑到经典的事件抽取任务所要求的触发词信息在知识库中并没有出现，Chen 等人[47]采用额外的语言资源及预先定义的词典来标记触发词。

在金融领域，文档级事件抽取技术可以帮助用户获得竞争对手的策略，预测股票市场并做出正确的投资决策；然而在中文金融领域中，没有待标记的文档级事件抽取语料库。Yang 等人[48]则针对中文金融领域文档级事件抽取的文档级建模及数据缺乏两大挑战展开研究。该工作提出了 DCFEE（Document-level Chinese Financial Event Extraction system）框架，该框架将文档级事件抽取任务视为序列标注任务，基于远程监督技术自动生成大量带伪标签的数据，并通过关键事件检测模块和事件元素填充策略，从财务公告中提取文档级事件。

对于财务文档及许多其他业务领域中的文档而言，事件元素分散和多事件的特点给文档级事件抽取带来了挑战。第一个挑战是一个事件的元素可能分散在文档的多个句子中，而另一个挑战则是一个文档可能包含多个事件的信息。Zheng 等人[49]针对上述挑战提出了一种新颖的端到端模型——Doc2EDAG，其架构如图 3-6 所示。

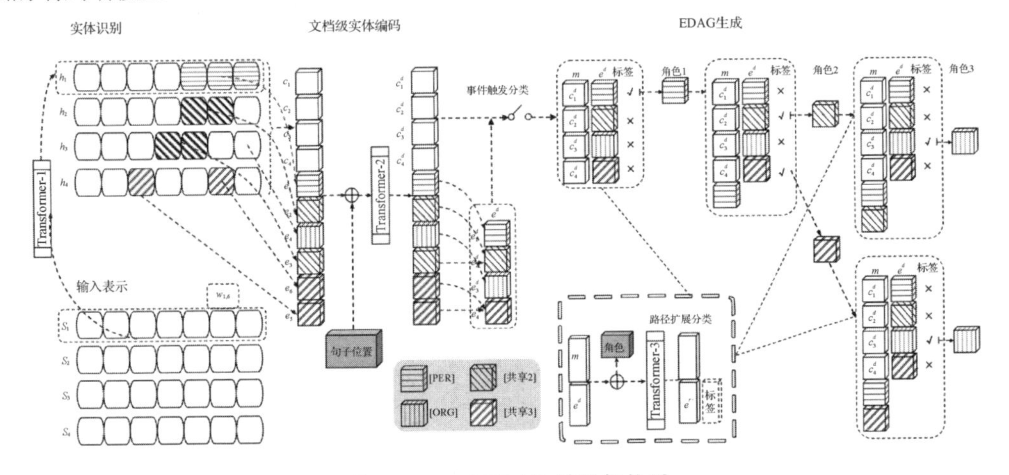

图 3-6　Doc2EDAG 模型架构图

Doc2EDAG 的关键思想是将事件信息转换为基于实体的有向无环图，该形式可以将原本的表格填充任务转换为更易于处理的多路径扩展任务。为了有效地生成 EDAG，Doc2EDAG 对文档中的实体基于上下文进行编码，设计了一种适用于路径扩展任务的存储形式。此外，该工作还改进了文档级事件抽取的标记体系，删除了触发词标记。这种无须触发词的设计不依赖任何预先定义的触发词集或启发式方法来筛选触发词，并且不改变文档级事件抽取的最终目标。

Doc2EDAG 的整体模型分 4 个模块：预处理模块、文档级信息融合模块、文档级信息记忆模块和路径扩展模块。

首先，预处理模块利用 Transformer 编码器将输入文本转换为词向量序列，并添加 CRF 层，利用经典的 BIO 标注方案训练模型进行实体识别。

其次，文档级信息融合模块为了有效地解决论元分散的问题，利用全局上下文来更好地识别一个实体是否扮演特定的事件角色。该模块的训练目标是对预处理中抽取的实体进行编码，并为每个实体提到的内容都生成实体向量。为了提高对文档级上下文的认识，Zheng 等人使用了第二个 Transformer 模块，以方便所有实体和句子之间的信息交换。该模块还增加了句子的嵌入位置来指示句子的顺序。该模块获得了文档级上下文相关的实体和句子表示，并对每种事件类型都进行了事件触发词分类。

然后，文档级信息记忆模块考虑到依次生成基于实体的有向无环图时，必须同时考虑文档级上下文和路径中已经存在的实体，因此采用了一种内存记忆机制，在更新图结构时，需要追加已经识别的实体嵌入。

最后，路径扩展模块在扩展事件路径时对每个实体都进行二分类，结合当前路径状态、历史上下文和当前角色信息，判断是否对当前实体进行展开。在由大规模的财务公告组成的真实数据上，Doc2EDAG 的表现超过了以往的工作。

3.5 自底向上的事件抽取系统介绍

现有的大部分事件抽取系统存在两个共同点：一是需要事先指定事件类型，二是需要大规模的标注语料。然而，无论是事件类型还是标注语料，都不是很容易获取的。因此，这些系统在实际应用中都是受限的。本节将介绍自底向上的事件抽取系统（BUEES），它既不需要指定事件类型，也不需要标注语料。

图 3-7 详细描绘了 BUEES 架构。

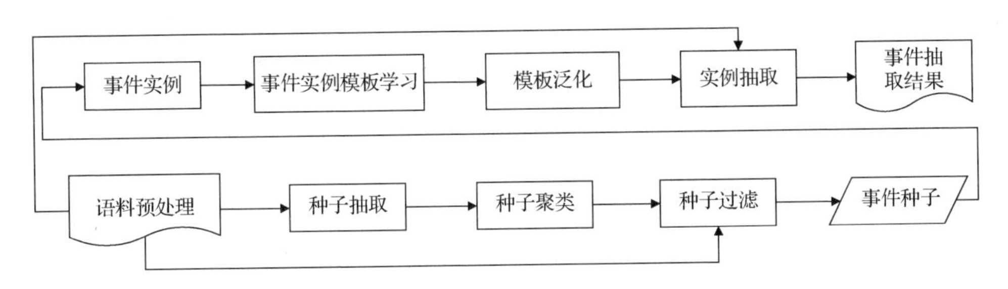

图 3-7　BUEES 架构

该系统共分上下两层，底层基于聚类方法自动发现事件类型，并为顶层提供事件种子。顶层基于 Bootstrapping 方法的事件抽取，其输入即底层提供的事件种子和指定的事件类型。这里的种子是事件<主,谓,宾>三元组。例如："张三出生于山东烟台"，经过事件类型发现，可以抽取出事件三元组<张三,出生,山东烟台>，然后将该种子作为 Bootstrapping 方法的输入，完成事件类型与事件元素的抽取。

为了使本系统的内部结构及系统内部数据流转过程更加清晰，本节给出了 BUEES 流程图，如图 3-8 所示。

按照设计流程，BUEES 主要包括如下模块（图中用虚线框标识）。

（1）模块 1：文本预处理模块。

对输入进行分句、分词、词性标注、句法分析等底层自然语言处理。将生语料加工成熟语料，该模块采用哈尔滨工业大学社会计算与信息检索研究中心开发的 LTP（Language Technology Platform，语言技术平台）。

（2）模块 2：事件类型发现模块。

该模块以熟语料为输入，并通过触发词抽取、触发词过滤、触发词聚类等处理，识别事件类型并生成事件种子。

（3）模块 3：触发词扩展模块。

该模块以模块 2 中抽取出来并过滤后的事件触发词作为原始触发词，经过《哈工大信息检索研究室同义词词林扩展版》的扩展，形成最终的事件触发词库。

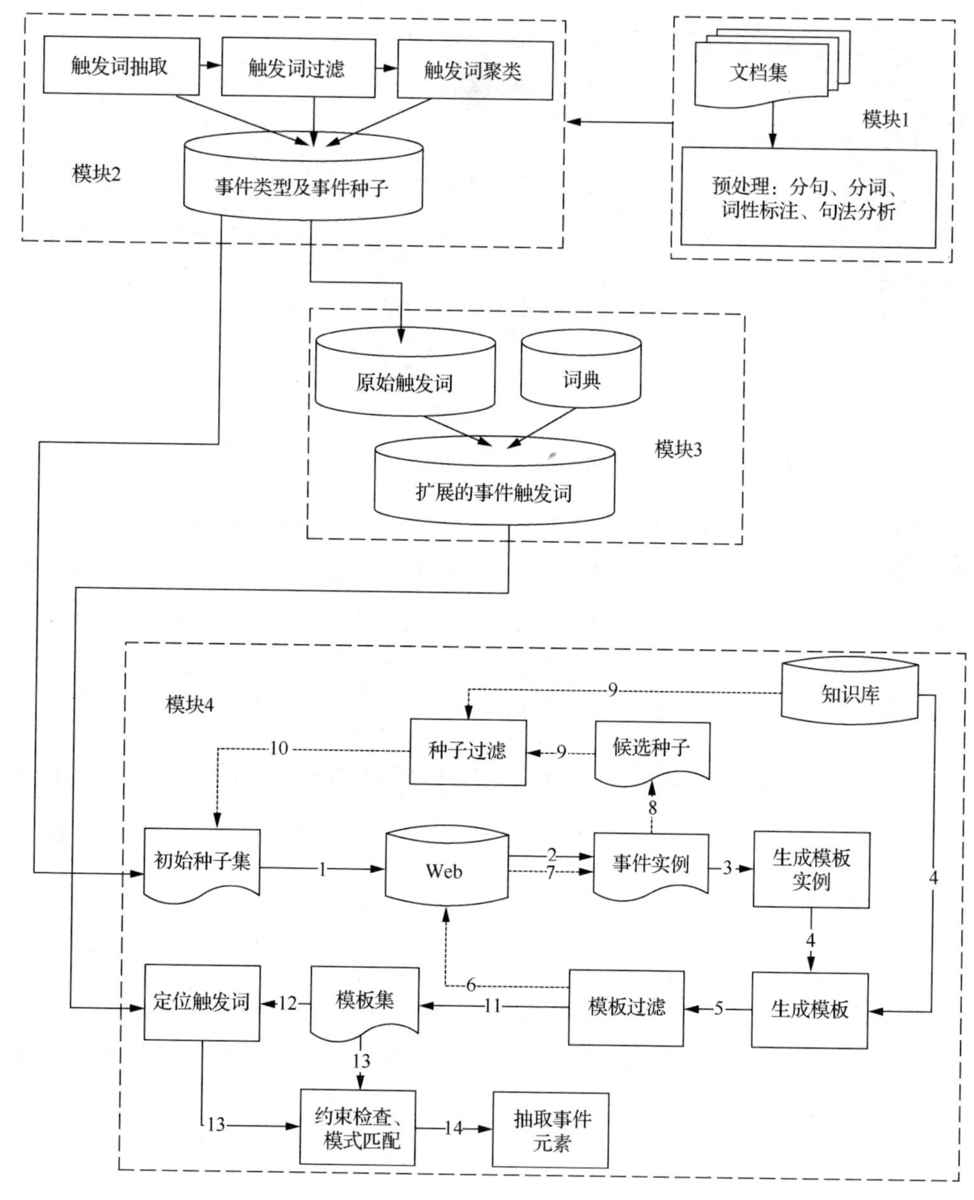

图 3-8　BUEES 系统流程图

（4）模块 4：事件类型识别和事件元素识别模块。

该模块以指定的事件类型、事件种子和扩展的事件触发词为输入，基于 Bootstrapping 的模板匹配方法抽取事件类型和事件元素。

BUEES 在研究方面取得了较好的实验结果，可以在产业界进行实际应用。例如使用

BUEES 对金融领域进行事件抽取。日本地震发生后，中国的股市也随之发生了“地震”，各大能源类（尤其是钢铁类板块）股票纷纷下跌；随着“碘能防辐射”谣言的不断传播，制碘上市公司股票节节攀升；这使得很多股民在投资股票时，更加注意公司的主营业务范围。由此，很多金融类门户网站见此需求越来越强烈，纷纷研发公司经营业务范围的事件抽取技术。

3.6　本章小结

本章对事件抽取领域进行了多方面的介绍。首先针对事件抽取任务进行概述，讨论了句子级与篇章级事件抽取、限定域与开放域事件抽取的区别与联系。之后针对限定域事件抽取，介绍了其基于模式匹配、统计机器学习和深度学习的不同方法。除此之外，针对开放域事件抽取，介绍了一系列开源信息系统，以及前人基于社交网络平台的开放域事件抽取工作。最后介绍了前人针对篇章级事件建模及数据缺乏两大挑战提出的解决方案。

事件抽取在金融、医疗、国家安全等领域逐渐彰显其重要作用，当前的事件抽取方法的效果已有较大幅度提升，但是还未完全达到实际应用的效果。尤其是当前的方法大多数是在较为干净的标注数据集上进行训练的，而实际应用场景中的数据往往都带有很多噪声，因此，如何在带噪环境下进行高鲁棒的事件抽取模型训练是未来很重要的研究方向之一。

参 考 文 献

[1] RILOFF E. Automatically constructing a dictionary for information extraction tasks[C]//AAAI, 1993, 1(1): 2. 1.

[2] KIM J T, MOLDOVAN D I. Acquisition of linguistic patterns for knowledge-based information extraction[J]. IEEE transactions on knowledge and data engineering, 1995, 7(5): 713-724.

[3] RILOFF E, SHOEN J. Automatically acquiring conceptual patterns without an annotated corpus[C]//Third Workshop on Very Large Corpora, 1995.

[4] CHAI J Y, BIERMANN A W, GUINN C I. Syntactic Generalization and Two-dimensional Generalization in Information Extraction[J]. 1998.

[5] YANGARBER R. Scenario customization for information extraction[R]. DEFENSE ADVANCED RESEARCH PROJECTS AGENCY ARLINGTON VA, 2001.

[6] MEIYING JIA, BINGRU WANG, DEQUAN ZHENG. Information Extraction of Military Exercise Based on Pattern Matching [J]. Intelligence Analysis and Research, 2009, 183(09): 70-75.

[7] JIFA JIANG. Research on the information extraction pattern of free text[D]. Beijing: Chinese Academy of Sciences, 2004.

[8] MING LUO, HAILIANG HUANG. A method of extracting financial event information based on lexical-semantic model [J]. Computer Applications, 2018, 38(1): 84-90.

[9] SHASHA LIAO, GRISHMAN R. Filtered Ranking for Bootstrapping in Event Extraction[C]//Proceedings of the 23rd International Conference on Computational Linguistics, Beijing, China, 2010: 680-688.

[10] CHIEU H L, NG H T. A maximum entropy approach to information extraction from semi-structured and free text[J]. American Association for Artificial Intelligence, 2002: 786-791.

[11] GRISHMAN R, WESTBROOK D, MEYERS A. Nyu's english ace 2005 system description[J]. ACE, 2005, 5.

[12] JIANGDE YU, XINFENG XIAO, XIAOZHONG FAN. Chinese text event information extraction based on hidden Markov model [J]. Microelectronics and Computer, 2007, 24(10): 92-94+98.

[13] AHN D. The stages of event extraction [J]. Arte'06 Proceedings of the Workshop on Annotating & Reasoning About Time & Events, 2006: 1-8.

[14] CHEN Z, JI H. Language specific issue and feature exploration in Chinese event extraction[C]//Proceedings of Human Language Technologies: The 2009 Annual Conference of the North American Chapter of the Association for Computational Linguistics(Companion Volume: Short Papers), 2009: 209-212.

[15] YANYAN ZHAO. Related technology research on Chinese event extraction [D]. Harbin: Harbin Institute of Technology, 2007.

[16] HONGLEI XU, et al. Research on Chinese Event Extraction Technology for Automatic Recognition of Event Categories[J]. Mind and Computing, 2010, 4 (1): 3444.

[17] NGUYEN T H, GRISHMAN R. Event detection and domain adaptation with convolutional neural networks[C]//Proceedings of the 53rd Annual Meeting of the Association for Computational Linguistics and the 7th International Joint Conference on Natural Language Processing (Volume 2: Short Papers), 2015: 365-371.

[18] NGUYEN T H, GRISHMAN R. Modeling skip-grams for event detection with convolutional neural networks[C]//Proceedings of the 2016 Conference on Empirical Methods in Natural Language Processing, 2016: 886-891.

[19] LI L, LIU Y, QIN M. Extracting biomedical events with parallel multi-pooling convolutional neural networks[J]. IEEE/ACM transactions on computational biology and bioinformatics, 2018, 17(2): 599-607.

[20] KODELJA D, BESANÇON R, FERRET O. Exploiting a more global context for event detection through bootstrapping[C]//European Conference on Information Retrieval. Springer, Cham, 2019: 763-770.

[21] NGUYEN T H, CHO K, GRISHMAN R. Joint event extraction via recurrent neural networks[C]//Proceedings of the 2016 Conference of the North American Chapter of the Association for Computational Linguistics: Human Language Technologies, 2016: 300-309.

[22] ZHANG W, DING X, LIU T. Learning target-dependent sentence representations for chinese event detection[C]//China Conference on Information Retrieval. Springer, Cham, 2018: 251-262.

[23] LI D, HUANG L, JI H, et al. Biomedical event extraction based on knowledge-driven tree-LSTM[C]//Proceedings of the 2019 Conference of the North American Chapter of the Association for Computational Linguistics: Human Language Technologies(volume 1: Long and Short Papers), 2019: 1421-1430.

[24] RAO S, MARCU D, KNIGHT K, et al. Biomedical event extraction using abstract meaning representation[C]//BioNLP 2017, 2017: 126-135.

[25] X. LIU, Z. LUO, H. HUANG. Jointly multiple events extraction via attention-based graph information aggregation[C]//Proc. Conf. Empirical Methods Natural Lang. Process. , 2018: 1247-1256.

[26] LIU S, CHEN Y, LIU K, et al. Exploiting argument information to improve event detection via supervised attention mechanisms[C]//Proceedings of the 55th Annual Meeting of the Association for Computational Linguistics (Volume 1: Long Papers), 2017: 1789-1798.

[27] WU W, ZHU X, TAO J, et al. Event detection via recurrent neural network and argument prediction[C]//CCF International Conference on Natural Language Processing and Chinese Computing. Springer, Cham, 2018: 235-245.

[28] W. ORR, P. TADEPALLI, X. FERN. Event detection with neural networks: A rigorous empirical evaluation[C]//Proc. Conf. Empirical Methods Natural Lang. Process. , 2018: 999-1004.

[29] Y. WU AND J. ZHANG. Chinese event extraction based on attention and semantic features: A bidirectional circular neural network[J]. Future Internet, 2018, 10(10): 95.

[30] J. LIU, Y. CHEN, K. LIU, et al. Event detection via gated multilingual attention mechanism[C]//Proc. 32nd AAAI Conf. Artif. Intell. , 2018: 4865-4872.

[31] Y. LI, C. LI, W. XU, et al. Prior knowledge integrated with selfattention for event detection[C]//Proc. China Conf. Inf. Retr. , 2018: 263-273.

[32] YATES A, BANKO M, BROADHEAD M, et al. Textrunner: open information extraction on the web[C]//Proceedings of Human Language Technologies: The Annual Conference of the North American Chapter of the Association for Computational Linguistics (NAACL-HLT), 2007: 25-26.

[33] WU F, WELD D S. Open information extraction using wikipedia[C]//Proceedings of the 48th annual meeting of the association for computational linguistics, 2010: 118-127.

[34] FADER A, SODERLAND S, ETZIONI O. Identifying relations for open information extraction[C]//Proceedings of the 2011 conference on empirical methods in natural language processing, 2011: 1535-1545.

[35] CARLSON A, BETTERIDGE J, KISIEL B, et al. Toward an architecture for never-ending language learning[C]//Proceedings of the AAAI Conference on Artificial Intelligence, 2010, 24(1).

[36] J. WENG, B. S. LEE. Event detection in twitter[C]//Proc. 5th Int. AAAI Conf. Weblogs Social Media, 2011: 401-408.

[37] D. ZHOU, L. CHEN, Y. HE. A simple Bayesian modelling approach to event extraction from Twitter[C]//Proc. 52nd Annu. Meeting Assoc. Comput. Linguistics, 2014: 700-705.

[38] A. GUILLE, C. FAVRE. Mention-anomaly-based event detection and tracking in Twitter[C]//Proc. IEEE/ ACM Int. Conf. Adv. Social Netw. Anal. Mining (ASONAM), Aug. 2014: 375-382.

[39] HENG JI, RALPH GRISHMAN. Refining Event Extraction through Unsupervised Cross-document Inference[C]//Proceedings of the 46th Annual Meeting of the Association for Computational Linguistics. USA, 2008: 254-262.

[40] HENG JI. Cross-lingual Predicate Cluster Acquisition to Improve Bilingual Event Extraction by Inductive Learning[C]//Proceedings of the NAACL HLT Workshop on Unsupervised and Minimally Supervised Learning of Lexical Semantics. Boulder, Colorado, 2009: 27-35.

[41] SHASHA LIAO, RALPH GRISHMAN. Filtered Ranking for Bootstrapping in Event Extraction[C]//Proceedings of the 23rd International Conference on Computational Linguistics (Coling 2010). Beijing, China, 2010: 680-688.

[42] YU HONG, JIANFENG ZHANG, BIN MA, et al. Using Cross-Entity Inference to Improve Event Extraction[C]//Proceedings of the 49th Annual Meeting of the Association for Computational Linguistics. Portland, Oregon, 2011: 1127-1136.

[43] SIDDHARTH PATWARDHAN, ELLEN RILOFF. A unified model of phrasal and sentential evidence for

information extraction[C]//Proceedings of the 2009 Conference on Empirical Methods in Natural Language Processing. Singapore: Association for Computational Linguistics, 2009: 151-160.

[44] RUIHONG HUANG, ELLEN RILOFF. Peeling back the layers: Detecting event role fillers in secondary contexts[C]//Proceedings of the 49th Annual Meeting of the Association for Computational Linguistics: Human Language Technologies. Portland, Oregon, USA: Association for Computational Linguistics, 2011: 1137-1147.

[45] RUIHONG HUANG, ELLEN RILOFF. Modeling textual cohesion for event extraction[C]// Twenty-Sixth AAAI Conference on Artificial Intelligence, 2012.

[46] DU X, CARDIE C. Document-Level Event Role Filler Extraction using Multi-Granularity Contextualized Encoding[C]//Proceedings of the 58th Annual Meeting of the Association for Computational Linguistics, 2020: 8010-8020.

[47] YUBO CHEN, SHULIN LIU, XIANG ZHANG, et al. Automatically labeled data generation for large scale event extraction[C]//ACL, 2017.

[48] HANG YANG, YUBO CHEN, KANG LIU, et al. DCFEE: A document-level chinese financial event extraction system based on automatically labeled training data[C]//Proceedings of ACL 2018, System Demonstrations, 2018.

[49] ZHENG S, CAO W, XU W, et al. Doc2EDAG: An End-to-End Document-level Framework for Chinese Financial Event Extraction[C]//Proceedings of the 2019 Conference on Empirical Methods in Natural Language Processing and the 9th International Joint Conference on Natural Language Processing (EMNLP-IJCNLP), 2019: 337-346.

[50] YANG S, FENG D, QIAO L, et al. Exploring pre-trained language models for event extraction and generation[C]//Proceedings of the 57th Annual Meeting of the Association for Computational Linguistics, 2019: 5284-5294.

[51] WADDEN D, WENNBERG U, LUAN Y, et al. Entity, Relation, and Event Extraction with Contextualized Span Representations[C]//Proceedings of the 2019 Conference on Empirical Methods in Natural Language Processing and the 9th International Joint Conference on Natural Language Processing (EMNLP-IJCNLP), 2019: 5784-5789. 52

[52] CHAU M T, ESTEVES D, LEHMANN J. Open-domain Event Extraction and Embedding for Natural Gas Market Prediction[J]. arXiv preprint arXiv:1912. 11334, 2019.

[53] HSI A, YANG Y, CARBONELL J G, et al. Leveraging multilingual training for limited resource event extraction[C]//Proceedings of COLING 2016, the 26th International Conference on Computational Linguistics: Technical Papers, 2016: 1201-1210.

[54] SUBBURATHINAM A, LU D, JI H, et al. Cross-lingual structure transfer for relation and event extraction[C]//Proceedings of the 2019 Conference on Empirical Methods in Natural Language Processing and the 9th International Joint Conference on Natural Language Processing (EMNLP-IJCNLP), 2019: 313-325.

[55] YANG S, FENG D, QIAO L, et al. Exploring pre-trained language models for event extraction and generation[C]//Proceedings of the 57th Annual Meeting of the Association for Computational Linguistics, 2019: 5284-5294.

[56] WANG R, ZHOU D, HE Y. Open Event Extraction from Online Text using a Generative Adversarial Network[C]//Proceedings of the 2019 Conference on Empirical Methods in Natural Language Processing and the 9th International Joint Conference on Natural Language Processing (EMNLP-IJCNLP), 2019: 282-291.

[57] DU X, CARDIE C. Event Extraction by Answering (Almost) Natural Questions[C]//Proceedings of the 2020 Conference on Empirical Methods in Natural Language Processing (EMNLP), s2020: 671-683.

4

第 4 章 事件模式自动归纳

第 3 章介绍了事件抽取任务及其方法，事件抽取旨在从非结构化文本中自动获取人们关心的事件及事件所涉及的时间、地点、施事者、受事者等事件论元。通常情况下，上述事件类型及每种事件类型对应的事件论元角色是预先定义好的，如 ACE 2005 评测[1]共包括了 8 大类 33 小类事件，每类事件都定义了一定数量的事件论元角色。然而随着互联网及社会媒体的不断发展，互联网上充斥着海量的文本信息，并且这些文本信息随着时间的行进在不断增加，这些文本信息大多都是与当下热点和社会发展相关的。所以随着社会的不断发展与进步，以及新行业的不断涌现，各行各业及人们感兴趣的事件类型在不断变化，并且人们感兴趣的事件类型的数量也日益增加，人工归纳并定义事件类型及其所含事件论元角色不仅需要各个领域的专家知识，还需要耗费非常高的时间和人力成本，在这个信息爆炸的社会，人工定义事件类型及相关的事件论元类型在大多数情况下是得不偿失的。因此，如何自动发现新的事件类型并定义相应的事件论元角色，有着重大的社会价值，也面临着巨大的挑战。本章将介绍自动归纳事件类型及事件论元角色的研究，包括任务定义及相关解决方法。这种任务一般被称为事件模式自动归纳。

4.1 任务概述

事件模式自动归纳，简称事件模式归纳（Event Schema Induction），指从无标注的文本中学习复杂事件及其论元角色的高级表示任务[2]。

现有的事件模式自动归纳研究可以分为两大类：模板型事件模式自动归纳和叙述型事件模式自动归纳。模板型事件模式主要建模事件的类型及对应的事件论元角色，归纳出的事件模式可用于指导事件抽取。叙述型事件模式主要建模事件之间的关系，可用于指导事件预测等下游任务。本章将分别介绍模板型和叙述型事件模式自动归纳。从狭义上讲，模板型事件模式即描述某类事件的通用模板，包括该类事件的事件类型及其对应的事件论元角色。例如，对于“选举”事件的事件模式，事件类型为“选举”，相应的事件论元角色包括“日期”“地点”“胜者”“败者”“职位”。

一个叙述型事件模式由多组叙述事件链构成，其中叙述事件链由事件槽、事件之间的顺序对，以及一组代表论元角色的核心词组成，以图 4-1 中法院对罪犯的判决事件链为例（圆圈事件链）：事件槽形如{(逮捕,X)，(起诉,X)，(X,申辩)，(定罪,X)，(判刑,X)}，对应的核心词则是“罪犯”“嫌疑人”，事件之间的顺序对则形如{(逮捕,起诉)，(起诉,申辩)，(申辩,定罪)，(定罪,判刑)}。将类似的多个叙述事件链聚合就可以获得叙述型事件模式。

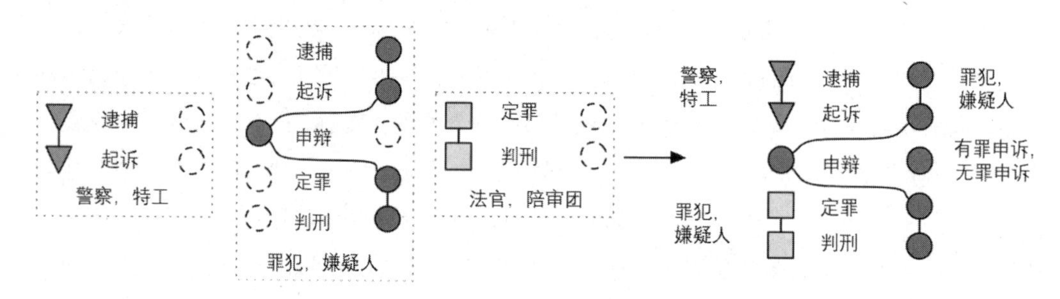

图 4-1　一个叙述型事件模式的示例

左边是叙述事件链，将叙述事件链进行聚合，得到一个针对罪犯的刑事流程事件模式

4.1.1　模板型事件模式自动归纳任务概述

模板型事件模式中的事件类型名称及事件论元角色名称都是人为定义的，然而文本中关于事件的描述往往并不包含具体的事件类型名称及事件论元角色名称，由文本直接精确归纳出这些名称较为困难，但文本中往往包含可以描述事件类型及事件论元角色的隐含信息，如语料中与事件相关的动词集合可以描述事件类型，事件论元对应的实体集合及其上下文中的语义句法信息等可以描述事件论元角色。因此，目前学术界在模板型事件模式自动归纳研究中对事件模式的定义并不是简单的“事件类型名称+事件论元角色名称”的形式，而是“事

件类型表示+事件论元角色表示”的形式。具体地，事件类型的表示形式主要包括事件类型对应的事件触发词集合、事件类型的隐向量表示等；事件论元角色的表示形式主要包括事件论元角色对应的实体集合、事件论元角色语义语法表达式、事件论元角色的隐向量表示等。目前，模板型事件模式自动归纳仍然是一个极具挑战的任务。

归纳得到的模板型事件模式与一些自然语言处理研究有很多关联，如框架[3]、脚本[4]及事件抽取[16]等。此外，事件模式还可以帮助事件抽取任务定义待抽取的事件类型和相应的事件论元角色集合，以及作为技术基础来辅助构建以结构化事件为节点的事理图谱。自动归纳的模板型事件模式无须大量领域专家知识，也不需要耗费大量的人力、物力，从文字信息中自动归纳得到若干包括事件类型及相应的事件论元角色集合的事件模式，如表 4-1 所示，相比于人工构建模板型事件模式，自动归纳的模板型事件模式能快速迁移到新领域。

表 4-1　模板型事件模式实例

事件类型	体育竞赛	交易
句子1	刚刚结束不久的四分之一决赛令人印象深刻，C罗领衔的葡萄牙队不敌非洲“黑马”摩洛哥队，惨遭淘汰	伯克希尔·哈撒韦出售133万股比亚迪股份H股，持股比例从15.07%降至14.95%
事件1	比赛淘汰	出售
事件1元素	摩洛哥队（施事者） 四分之一决赛（时间） 葡萄牙队（受事者）	伯克希尔·哈撒韦（交易主体） 133万股比亚迪股份H股（交易对象）
句子2	快船队在主场以113：93大胜波士顿凯尔特人队（21胜7负）	此前1药网方面确认其旗下互联网医院的新冠咨询门诊已开始预售辉瑞的新冠口服抗病毒药物奈玛特韦片/利托那韦片组合包装（PAXLOVID）
事件2	比赛胜利	预售
事件2元素	快船队（胜利方） 波士顿凯尔特人队（失败方） 主场（地点）	新冠咨询门诊（预售方） 新冠口服抗病毒药物（预售对象）

如表 4-1 所示，模板型事件模式自动归纳需要从多个描述同一类事件的文本中无监督地归纳出事件类型及相关的事件论元角色，例如给定两个句子：“快船队在主场以 113：93 大胜波士顿凯尔特人队（21 胜 7 负）”和“在卡塔尔世界杯中克罗地亚队在点球大战中战胜了五星巴西队，他们的下一场将与同样来自南美的阿根廷队争夺世界杯决赛的名额”，这两个句子都包含了“比赛胜利”类型的事件，所以事件模式自动归纳不仅需要模型从这两个句子中归纳出事件类型“比赛胜利”，还要归纳出该事件类型的论元角色：“胜利方”“失败

方”“地点”等。

一般地，模板型事件模式归纳方法遵循以下流程，首先从原始文本语料库中，将描述同一类型或同一事件的文档聚合在一起，并针对每个类型或每个事件，通过各种方法归纳事件的模式。通过上述过程得到的结果一般为抽象的事件模式以及在具体事件中的事件类型和事件论元内容，如表 4-1，括号内是抽象的事件模式内容，抽象的事件模式内容可以通过将事件论元向知识库（如 FrameNet[14]、PropBank[15]等）中的标签进行映射来得到标签，然而更多的前人通过人工标注的方式将一类事件论元标签化。模板型事件模式自动归纳有两个子任务：事件类型归纳和事件论元角色归纳。

4.1.1.1　事件类型归纳任务概述

事件类型归纳[29, 30]指在没有人工预定义事件模式的情况下从开放域自然语言文本中自动发现事件类型，（通过无监督或弱监督方式）将相似的候选事件触发词聚类到同类事件，得到该类事件候选触发词集合的任务，是从开放域文本中实现事件模式自动归纳的关键步骤。事件类型有两种不同粒度的含义：粗粒度含义指事件活动所属的领域（如政治、经济、文化、体育等），细粒度含义指事件触发词在其上下文语境中所对应的含义。公开事件抽取评测 ACE 2005[1]将事件分为 8 大类型（生活、移动、事务、商业、冲突、交流、人事、司法）33 种子类型（出生、结婚、运输、攻击、开会、指控、上诉等），其定义的“类型”其实是事件类型的粗粒度含义，定义的“子类型”其实是事件类型的细粒度含义。事件类型归纳方法包括两个步骤：（1）识别出文本中的候选事件触发词；（2）基于模型对候选事件触发词进行聚类，将聚类得到的候选事件触发词集合作为归纳出的事件类型表示。事件类型归纳的结果是多个描述不同事件类型的候选事件触发词的聚类，可以从事件类型的连贯性和多样性两方面对事件类型归纳的效果进行评价。

（1）事件类型的连贯性的评价使用的是对主题模型的主题连贯性进行评价的方法，主题连贯性评价的核心思想是计算描述主题的所有单词 $w_1,\cdots,w_n$ 两两之间的连贯性分数的和，通常基于在外部语料库中计算出的经验频率最高的前 N 个词计算，如式（4-1）所示：

$$\text{Coherence} = \sum_{i<j} \text{score}\left(w_i, w_j\right) \tag{4-1}$$

根据前人的研究[25]，归一化点互信息（NPMI）指标相比其他连贯性指标与人类判断最接近，因此，NPMI 指标被用来对事件类型的连贯性进行评价，基于前 N 个词的事件类型的 NPMI 指标计算见式（4-2）和式（4-3）：

$$C_{\text{NPMI}}(t)=\frac{2}{N^2-N}\sum_{i=2}^{N}\sum_{j}^{i-1}\text{NPMI}\left(w_i,w_j\right) \tag{4-2}$$

$$\text{NPMI}\left(w_i,w_j\right)=\frac{\log\frac{p\left(w_i,w_j\right)+\epsilon}{p\left(w_i\right)\cdot p\left(w_j\right)}}{-\log\left(p\left(w_i,w_j\right)+\epsilon\right)} \tag{4-3}$$

其中，$p\left(w_i\right)$ 和 $p\left(w_i,w_j\right)$ 通过基于外部语料库中滑动窗口的词共现数量估计得到，ϵ 主要用于防止 0 对数。

（2）事件类型的多样性评价的是归纳出的事件类型的多样化程度，使用的指标是排序偏置的重叠（Rank-Biased Overlap，RBO）指标[26]（Webber 等人，2010）。RBO 指标用于对同个模型生成的事件类型（候选触发词聚类）进行两两比较。RBO 指标有两大特性：一是其允许待比较的事件类型主题列表之间存在不同词；二是该指标对于事件类型主题列表内单词的排序加权，如果两个主题列表包含相同词且该词排名都很靠前，那么利用该词计算事件类型多样性的时候，对该词的惩罚会很大。RBO 指标的计算同样基于在外部语料库中计算出的经验频率最高的前 N 个词计算。

针对有标注的事件抽取相关数据集，如 MUC-4[16]、ACE 2005[1]等，事件类型的归纳效果可以和标注数据集的标签进行对比，通常情况下自动归纳的事件类型会远多于数据集中所提供的，所以一般只评价自动归纳的事件类型对数据集事件类型的召回率[8]。此外，在部分研究方法中，尤其是针对开放域文本信息的模式归纳方法，研究人员大多选择人工评价的方式进行分析评价[9-12]。

4.1.1.2　事件论元角色归纳任务概述

基于归纳出的事件类型（候选事件触发词集合）可以识别出开放域文本中事件归属于哪一类，但是，进一步抽取完整的开放域事件，还需要依赖完整的事件模式。因此，需要基于事件类型归纳的结果进行事件论元角色归纳的任务。

事件论元角色指事件的论元与其作为参与者的事件之间的关系。事件论元角色可以有多种表示方法：（1）人工定义事件论元角色名称；（2）使用可描述论元角色的语义句法特性的论元角色表达式集合表示事件论元角色；（3）采用论元实体集合表示事件论元角色。

首先，事件论元角色归纳面向某类事件的大量文本语料，基于大量论元角色隐含的上下文信息，归纳出其中的事件模式论元角色。现有的事件论元角色归纳相关研究一般采用论元角色表达式或实体的聚类集合作为事件模式论元角色的表示，即论元角色归纳的目标为若干事件论元角色表达式集合。

其次，事件论元角色归纳是基于事件类型归纳得到的候选事件触发词集合及每个候选事件触发词集合通过信息检索得到的相关语料，从同事件类型的语料文本中归纳得出。作为事件模式的核心部分，现有的事件论元角色归纳相关研究一般基于事件模式自动归纳任务的两大类方法范式：基于概率图模型的实体驱动方法和基于表示学习的论元角色表达式驱动方法。

针对无标注的数据，目前学术界没有对事件模式的论元角色本身直接进行自动评价的指标，大多为基于下游任务对事件模式进行评价或人工对其进行评价。针对有标注的数据集，事件论元角色的归纳效果可以和标注数据集的标签进行对比，通常情况下自动归纳的事件论元角色会远多于数据集所提供的，所以一般只评价归纳的事件论元角色对数据集事件论元角色的召回率[8]。为证明归纳的事件模式的合理性，一些研究还会评价在归纳事件模式时所抽取得到的具体事件论元与数据集中的标注结果对比得到准确率、召回率等作为辅助评价[8,16]，并称此评价方法为模板匹配（Schema Matching）。

4.1.2 叙述型事件模式自动归纳任务概述

叙述型事件模式自动归纳的主要思路为，对描述某一事件类型中单一角色的叙述事件链进行聚合，从而对某一事件类型中的所有角色都生成更加详细的链式事件模式。由于叙述型事件模式能够由以顺承关系为核心的叙述事件链构成，其与顺承事理图谱[48]这样的图结构可以建立一定的关联，生成的叙述型事件模式可用在特定场景下的事件预测[48]等相关自然语言处理研究上。同样地，自动归纳的叙述型事件模式无须投入大量资源，且归纳出来的叙述型事件模式本身具有普适性。

叙述型事件模式自动归纳是由斯坦福大学的 Chambers 等人[2]在 2009 年首先提出的概念。模板型事件模式自动归纳的目的是归纳某一类事件，从而形成事件模板；而叙述型事件模式自动归纳建模的是某一类场景中事件之间的关系。由于 Chambers 的研究[6, 7, 47]中的许多概念已经成为叙述型事件模式自动归纳的基础定义，因此本节将具体阐述 Chambers 对叙述型事件模式自动归纳的任务定义，后续内容将基于该任务定义来阐述叙述型事件模式自动归纳的评价指标和具体方法实现。

目前叙述型事件模式自动归纳的主流思路是通过聚合叙述事件链（Narrative Event Chain）来生成叙述型事件模式，首先从文本中抽取多个有序的叙述事件链，随后将这些叙述事件链聚合为对应的叙述型事件模式。下面将首先介绍叙述事件链的概念，在此基础上阐述叙述型事件模式自动归纳的任务定义。

4.1.2.1　叙述事件链概述

叙述事件链指由一组叙述事件按照一定顺序所组成的链式结构。一般的叙述事件由一个谓词及其相关的句法功能（Syntactic Function）组成。句法功能包含主语、宾语和介词，典型的叙述事件如<阅读，宾语>。一个叙述事件链（包含其中的所有叙述事件）中仅有的一个核心角色，被定义为主角（Protagonist），例如图 4-2 中，主角为“顾客”。

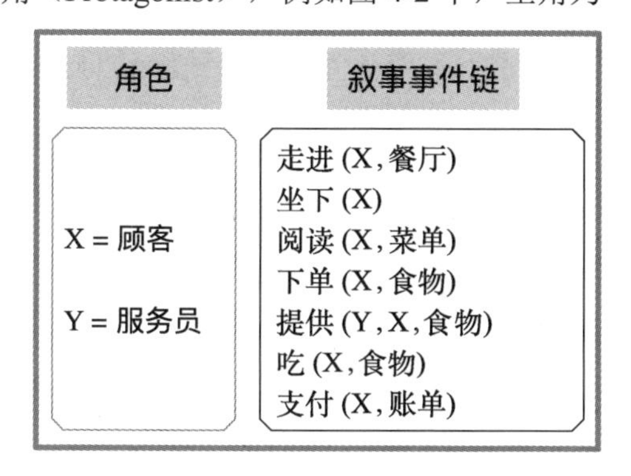

图 4-2　叙事事件链样例

叙述事件链的第一个任务就是找出有关系的事件集合，由于主角为叙述事件链的核心，所以可以认定同一个主角的所有对应事件之间应该具有关系，这在语义学中被称为共指论元（Coreferring Argument）。第二个任务是直接确定成对叙述事件之间的关系（简称叙述关系）。可以定义两个叙述事件之间共享语义论元的频次为度量指标，如把点互信息（Point-wise Mutual Information，PMI）作为叙述分数。更进一步地，可以计算叙述事件和叙述事件链之间的相似度，这在下游的推理任务（如完形填空）中非常有效。

叙述型完形填空（Narrative Cloze）的定义为：给定语料 C，基于其中一段语料 C_i，可以生成对应的叙述事件集合，叙述型完形填空任务就是将集合中任意一个叙述事件删除，用其余叙述事件对候选叙述事件中的叙述事件进行评分，选出评分最优的叙述事件作为预测答案，从而对实际的叙述事件与预测的叙述事件进行损失计算来优化模型。

然而，已有研究工作对于叙述关系的表述还比较笼统，他们并没有指定叙述事件的实际关系，如因果关系、顺承关系、抽象关系、上下位关系等。作为后续工作的补充，可以考虑将事件之间的关系定义为顺承关系，以更好地表述叙述事件链。

4.1.2.2 叙述型事件模式自动归纳任务的定义

上文介绍了叙述事件链的任务定义，不难发现，叙述事件链有两个缺点：首先，叙述事件链中没有显示主角的信息，只是用一个占位符来表示主角，事实上，主角的语义角色和实体类别也可以为学习和推理提供至关重要的信息；其次，叙述事件链只针对主角，叙述事件的其他实体可能也会提供有价值的信息。叙述型事件模式自动归纳是对叙述事件链的改进，它对主角的论元类型信息进行学习，更重要的是它包含了多个不同主角。

针对第一个缺点，应该如何更好地表示主角的论元类型信息？在叙述事件链中，有共指论元的概念，一种直观的思路是找出共指论元对应的显著词（Salient Word）作为类型表示，这样就可以扩展叙述事件链的概念，增加主角的类型表示。

针对第二个缺点，上文提到的构成叙述型事件模式的直观思路是将多个叙述事件链进行聚合，这样生成的叙述事件链天然具有多个主角。在叙述事件链中已经介绍了叙述事件和叙述事件链的相似度度量方法，但是这个相似度度量方法缺少论元的类型信息，在这一点上可以加以改进：通过计算叙述事件链之间的相似度可以更好地界定如何对事件链进行聚合。前人的工作指出，可以以谓词为核心进行聚合，由于叙述事件链主要由<谓词,句法功能>构成，那么在一个叙述型事件模式中，当谓词 A 既具有<谓词,主语>又具有<谓词,宾语>时，相对于只具有一种<谓词,句法功能>的谓词 B，谓词 A 可以将两个叙述事件链进行聚合，而谓词 B 却只有一个叙述事件链，无法聚合，无疑谓词 A 更加适合在叙述事件模式中。这种直观的思路可以转化为谓词和叙述事件链之间的总相似度，这个总相似度可以通过对上面的叙述事件和叙述事件链之间的相似度进行求和来计算。这就是叙述事件链聚合成叙述型事件模式自动归纳的目标。

针对叙述型事件模式自动归纳，有两种评测方法可以评估归纳出来的叙述型事件模式的质量。第一种是通过外部知识库（如 FrameNet[15]）作为真实标准对事件模式进行评测。以 FrameNet 为例，FrameNet 是由框架组成的，框架由一组事件（描述它们的动词和名词）和一组特定于框架的语义角色组成，可以称之为框架元素。对于事件模式，首先可以对事件模式中的谓词聚类进行评价，选取事件模式中的 6 个谓词，将这 6 个谓词映射到 FrameNet 中，并寻找与其有最大重叠的 6 个 FrameNet，以能否找到这样的 FrameNet 作为该项指标的评估标准。其次对事件模式的链接结构进行度量（即对每一个谓词的论元语义关系），通过计算

FrameNet 中有多少框架元素可以正确地填充进事件模式，即可计算链接结构的有效性。最后根据填充的框架元素是否与事件模式的论元角色相匹配，来验证事件模式论元角色的有效性。第二种评测方法就是叙述型完形填空任务。这种任务特别适合于叙述型事件模式的原因是，叙述型完形填空任务本身就希望在语言信息指定不足时，用类似于脚本的叙述事件模式来填补对应的空白。

4.2 事件模式自动归纳方法

4.2.1 模板型事件模式自动归纳方法

模板型事件模式（Event Schema）的概念在 2013 年被 Chambers[8]及 Etzoini[9]等学者正式提出，并被不断探索至今，其期待结果一般为高度归纳化的事件模式，包括事件类型及相应的事件论元角色集合，归纳的模板型事件模式结果还应同时包括文本中出现的事件实例，以对事件模式加以佐证。

在早期基于统计的研究工作中，Etzoini 等人[9]通过开放域事件抽取工具 OpenIE（Open Information Extraction）[11]获得“主语-谓词-宾语”三元组结构的关系模式，并根据统计学相关方法得到排名较高的三元组作为期望得到的事件模式，仅以谓词为核心考量施事者与受事者。同年，Chambers 等人[8]将主题模型的思想应用在事件模式归纳中，并引领了基于概率图的模板型事件模式自动归纳方法。在 2013 年以来的相关研究中，深度学习与神经网络相关方法逐渐取代基于统计机器学习的方法，成为很多自然语言处理任务的主流方法，词嵌入[31-33]和预训练语言模型[34-41]的强大表示能力为事件模式归纳任务提供了更多的可能性。

4.2.1.1 基于概率图的事件模式自动归纳方法

概率图模型（Probabilistic Graphical Model）[42]指利用图来表达概率相关关系的一类模型方法，可以用来表示模型相关的一些变量的联合概率分布，是一种比较通用的对于不确定性知识的表示和处理方法[17]。贝叶斯网络[43]、马尔可夫模型[44]、主题模型[45]（Topic Model）等基于概率图的方法也应用于各种自然语言处理问题中。概率图模型的研究方法基于端到端的概率模型，可以对隐含的事件结构进行建模。将事件类型及事件论元角色建模，并表示为概率模型的隐变量，进一步对事件类型的隐含表示进行较好的建模，可以得出不同类型事件的聚类。在解决事件模式归纳任务时，很多学者借鉴了主题模型的方法，加以利用和改进，应用到这一任务上。主题模型是以无监督学习的方式对文章的隐含语义结构进行聚类的统计方法[18]，常被用于文本收集、文本分类与聚类、降维等研究中，其中，隐含狄利克雷分布（Latent Dirichlet Allocation，LDA）是一种常见的主题模型[19]。

主题模型主要探索语料中主题分布与词分布的关系，隐含狄利克雷分布采用贝叶斯流派的思想，认为模型中需要估计的参数，即主题分布及词分布，不是常数，而是服从狄利克雷分布的随机变量，在观测语料库中的样本后再对狄利克雷先验分布的参数加以修正，进而得到后验分布，图 4-3 展示的是隐含狄利克雷分布的图模型表示。整个语料库的生成过程可以看作对语料库中的每一篇文档获取主题分布和词分布，然后从主题分布和词分布中对主题和词进行采样，隐含狄利克雷分布方法需要求得主题分布和词分布的期望值，所以可以通过吉布斯采样等方法不断迭代计算，获得主题分布和词分布的期望值。在给定主题数量这个超参数的前提下，主题模型背景下的文档聚类可以很好地根据文章主题将文档分成不同的类型。简单来说，主题模型假设语料库中每个文档的主题都服从一定的分布，而对于每个主题，每个词语也都服从一定的分布，因而可以通过文章中词语出现的概率计算其属于某种主题的概率。类似地，对于事件模式，可以类比认为语料库中文本所包含的事件类型也服从一定的分布，每个事件类型中的每个事件论元同样服从一定的分布，由此，事件模式归纳任务可以看作对事件类型、事件论元词等分布的期望计算过程。

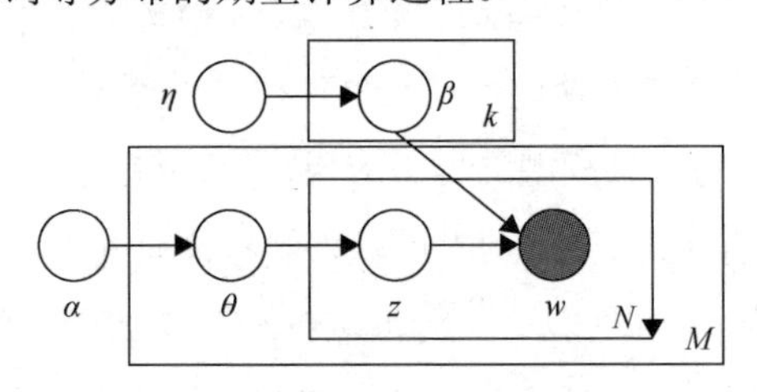

图 4-3　隐含狄利克雷分布的图模型表示[19]

受启发于上述主题模型，Chambers 等人[16]在 2011 年尝试将朴素的隐含狄利克雷分布方法用于聚类事件，尽管在其研究工作中证明基于词汇距离的层次聚类在聚合事件的效果上会更佳，但这种尝试为事件模式归纳工作打开了思路。而后，2013 年，Cheung 等人[20]将隐马尔可夫模型[46]引入框架归纳（Frame Induction）研究工作，将框架、事件、事件参与者看作隐变量并学习其中的转移过程。同年，Chambers[8]首次将基于概率图生成模型的方法应用于事件模式归纳，通过实体的共指将事件论元链条化，并同时考虑语料中词汇的词法与句法关系，使生成模型首先选择谓词而后预测其他事件论元，实现了比隐马尔可夫更好的性能，并且只需要更少的训练数据，但是上述工作只采用了实体核心词（Head Word）来代表实体，忽略了同样会传递重要信息的对实体进行修饰限制的形容词等词，所以 Nguyen 等人[21]在其

2015 年的工作中认为，前人工作仅仅依靠实体核心词进行事件类型或事件论元角色聚类的方法会导致一些语义不明确的词汇所对应的类型难以区分，如“士兵”在“袭击”事件中，可能存在“士兵”是施事者也是受事者的上下文，因此引入实体核心词周围的上下文来实现对实体的消歧。近年来，深度神经网络的广泛应用同样吸引了研究事件模式归纳工作的学者，Liu 等人[22]在 2019 年将基于神经网络的方法引入概率图模型，利用预训练语言模型和神经变分推断，并同时考量了新闻文本数据集中天然存在的冗余报道，提升了事件模式自动归纳的连贯性和模式匹配指标。

4.2.1.2　基于表示学习的事件模式自动归纳方法

上一节介绍了基于概率图的事件模式自动归纳方法，在聚合同类事件时，除基于概率图的类主题模型方法外，在深度学习被广泛应用的当下，神经网络拥有强大的表示能力，可以表示任意文本。因此，通过神经网络，可以对词语、事件或文本进行稠密的向量表示，基于词语、事件或文本等的表示可以实现事件类型和事件论元角色的聚类（自动归纳）。在向量化表示前，早期的一些研究基于词语共现的统计学方法，例如在 2013 年，Balasubramanian 等人[9]通过 Open IEv5[27]工具抽取得到关系三元组（元素 1,关系,元素 2），并通过共现统计得到事件模式。在向量化表示被提出后，自然语言的向量化表示在比较文本之间的相似度、计算文本间的相关性的效果上相比独热编码有着显著提升，而对于聚类同类事件，将事件和事件论元通过向量表示后计算事件或者事件论元之间的相似度是很直观的想法，同时，同一事件中的各种论元在这一事件中共现，不同事件中同一论元也可能多次共现，因此，所有论元作为节点，若在同一事件共现，则可形成节点间的边，进而组成一张图，如对上述图结构进行分割，每个分割后的结构都可被视为一个事件模式。在这样的思路下，Sha 等人[23]于 2016 年借用图像分割的归一化分割方法实现对事件论元节点的聚类，此外，模型通过词嵌入及点互信息计算实体间的内部相关性，并通过句中的存在性约束同时抽取模式和槽信息。在自然语言处理的多年发展过程中，语言学家等领域专家对自然语言建立了相对完备的知识库，如 FrameNet[14]、PropBank[15]等，其中包括了谓词的各种语义角色信息，Huang 等人[5]也在 2016 年利用流水线式的方法结合上述外部知识库和自然语言处理工具等，实现了触发词与事件论元的联合聚类，通过距离度量选择中心词作为事件类型名，并从外部信息中选择事件论元角色名。

4.2.2　叙述型事件模式自动归纳方法

叙述型事件模式自动归纳的相关研究最早可以追溯到 2008—2009 年 Chambers 和

Jurafsky 的工作[6,7]，他们提出了事件叙述链的概念，即同一个施事者所执行的部分有序事件链条，并给出了从原始文本中归纳上述事件叙述链的方法，是后来叙述型事件模式自动归纳任务的雏形。

4.2.2.1 叙述事件链构造

叙述事件链是对于叙述型事件模式的简化，相对于叙述型事件模式所需要的多种实体，叙述事件链只针对单一类型的实体，即主角。叙述事件链的学习由两部分组成，第一部分需要学习叙述事件之间的关联，第二部分需要学习叙述事件之间的关系（例如顺承关系）。叙述事件链的两个示例如图 4-4 所示。

图 4-4　叙述事件链的两个示例

在图 4-4 中，左边的主角是员工，右边的主角是老板，其中灰色和黑色的实体圆圈对应着相应的句法功能，虚线圆圈对应着相应的其他实体。在每一横行中，左、中、右分别代表着主语、谓语、宾语。实体圆圈之间的线代表句法功能对应的是同一主角。

可以看到，叙述事件链（如图 4-4 中的辞退员工和出售股份）通过其本身具有的关键背景信息来推断新的子事件的结构与能力，这种推断能力可以用于很多需要预测与推断的自然语言处理任务，例如事件推理、常识问答等。

首先需要采用共指论元技术来确定主角及其相关的叙述事件。对于叙述事件链的学习，最重要的是判断事件之间是否有关系，因此，需要对两个事件之间的无监督关系进行建模，可以把采用点互信息（Pointwise Mutual Information，PMI）方式来评价两个事件之间共享语义角色的频率作为叙述分数（Narrative Score），从而建立两个事件之间的叙述关系。点互信息的公式如下所示：

$$\mathrm{PMI}\left(\langle w,d\rangle,\langle v,g\rangle\right)=\log\frac{P\left(\langle w,d\rangle,\langle v,g\rangle\right)}{P\left(\langle w,d\rangle\right)P\left(\langle v,g\rangle\right)} \tag{4-4}$$

其中，$\langle w,d\rangle$ 代表动词及其对应的依赖关系，如<吃,主语>。式（4-4）中的函数 P 的定义如下，其中，$C\left(\langle w,d\rangle,\langle v,g\rangle\right)$ 代表两个叙述事件 $\langle w,d\rangle$ 和 $\langle v,g\rangle$ 之间具有共指实体的次数：

$$P\left(\langle w,d\rangle,\langle v,g\rangle\right)=\frac{C\left(\langle w,d\rangle,\langle v,g\rangle\right)}{\sum_{x,y}\sum_{d,f}C\left(\langle x,d\rangle,\langle y,f\rangle\right)} \tag{4-5}$$

其中，$\langle x,d\rangle$ 和 $\langle y,f\rangle$ 中的 d 和 f 对应的实体是共指的。对于较低共现频率的两个事件，可以采用折扣分数（Discount Score）作为惩罚项：

$$\begin{aligned}\mathrm{PMI}_d\left(\langle w,d\rangle,\langle v,g\rangle\right)=&\mathrm{PMI}\left(\langle w,d\rangle,\langle v,g\rangle\right)\\&\times\frac{C\left(\langle w,d\rangle,\langle y,f\rangle\right)}{C\left(\langle w,d\rangle,\langle y,f\rangle\right)+1}\times\frac{\min\left(C\left(\langle w,d\rangle,\langle y,f\rangle\right)\right)}{\min\left(C\left(\langle w,d\rangle,\langle y,f\rangle\right)\right)+1}\end{aligned} \tag{4-6}$$

当所有成对的叙述分数计算完成后，对于目标任务（例如推理决策），下一步可以将一个叙述事件链中所有的事件对任务中所有的候选事件生成一个反馈分数，作为全局叙述分数（Global Narrative Score），这样就可以选取分数最高的候选事件作为这个叙述事件链对应的最有可能发生的事件：

$$\text{chain\_score}\left(\text{Chain},\langle w,d\rangle\right)=\sum_{\langle v,g\rangle\in C}\mathrm{PMI}\left(\langle w,d\rangle,\langle v,g\rangle\right) \tag{4-7}$$

$$\max_{0<j<m}\left(\text{chain\_score}\left(\text{Chain},e_j\right)\right) \tag{4-8}$$

其中，Chain 是叙述事件链，e_j 是第 j 个候选事件。

此外，以顺承关系为例，可以更加精确地建模叙述事件之间的关系。当获得了具有叙述关系的叙述事件 A 和 B 后，需要判定二者之间的关系是正序还是逆序。对于顺承关系的判断，近年来有许多方法：（1）基于频率的特征，例如二者在语料库中的共现频率、在语料库中单独出现的频率，以及事件中谓词和宾语在整个语料库中的出现频率；（2）基于上下文的特征，此类特征基于两个事件出现的上下文统计得到，例如二者共现的不同上下文的频次、上下文的平均句子长度、二者出现在同一个句子中的频次，以及出现在两个句子中的频次。

4.2.2.2　基于叙述事件链聚合的事件模式自动归纳方法

上一节对叙述事件链的任务进行了介绍，本节将叙述事件链的概念扩展到叙述型事件模式自动归纳（以下简称叙述事件模式归纳）上。叙述事件模式归纳的表示由一系列连续的叙述事件及多个可以用实体集合来定义的论元角色组成。

由于叙述事件模式中需要对叙述事件链加入实体类别信息和语义角色信息，因此在叙述事件模式中，叙述事件链被表示为一个三元组(L,P,O)，其中L和O与叙述事件链相同，分别代表叙述事件和事件之间的顺序，P是一个实体集合，用来表示叙述事件链对应角色的论元类型，如下所示：

$$L = \{(\text{填写}, \text{X}), (\text{提交}, \text{X}), (\text{审核}, \text{X}), (\text{通过}, \text{X})\}$$

$$P = \{\text{财务报表，物料申请单，项目书，报税单}\}$$

$$O = \{(\text{填写，提交}), (\text{提交，审核}), (\text{审核通过})\}$$

本书对叙述事件模式的形式化定义如下：叙述事件模式N表示为二元组(E,C)，其中，E是事件，C是一组叙述事件链。最基础的叙述事件模式归纳方法是将不同的叙述事件链中的谓词聚合，生成叙述事件模式，下面将阐述这一聚合方法。

首先需要对论元类型对应的实体集合 P 进行生成，这里采用叙述事件链的共指论元技术，还需要找到共指论元对应的显著实体。首先在整个语料库中对每一个叙述事件对应的论元进行计数，对来自叙述事件链的词建立计数字典，然后针对计数字典中的每一个论元，选取其对应的使用较为频繁的词作为类型表示，这被称为选择偏好技术。

当获得了论元类型的表示后，下一步需要考虑如何确定叙述事件模式中的谓词。如果一个谓词的主语和宾语都和该模式对应的叙述事件链有较高的相似度，那么相较于只有主语或宾语对应的谓词，更应该计入该事件模式中。对于谓词v对应的叙述事件$\langle v,d_i\rangle$，可以借用叙述事件链中chain_score的概念，因为目前具有了论元的类型表示，所以可以进一步扩增这一概念。考虑其与该模式中所有的叙述事件链之间的相似度得分$\text{chainsim}'(\text{Chain},\langle v,d_i\rangle)$：

$$\text{chainsim}(\text{Chain},\langle v,d_i\rangle) = \sum_{i=1}^{n}\text{sim}(\langle e_i,d_i\rangle,\langle f,g\rangle) \tag{4-9}$$

可以加入论元类型信息a来扩增chain_score这一概念，即计算sim时有如下的定义，其中，$\text{freq}(b,b',a)$代表在语料库中a填充事件论元b和b'的计数：

$$\text{sim}(\langle e,d\rangle,\langle e',d'\rangle,a) = \text{PMI}(\langle e,d\rangle,\langle e',d'\rangle) + \tau\log(\text{freq}(\langle e,d\rangle,\langle e',d'\rangle,a)) \tag{4-10}$$

对于一个叙述事件链，可以计算其与论元的分数：

$$\text{score}(C,a) = \sum_{i=1}^{n-1}\sum_{j=i+1}^{n}\text{sim}(\langle e_i,d_i\rangle,\langle e_j,d_j\rangle,a) \tag{4-11}$$

最后可以得到 $\text{chainsim}'\left(C,\langle v,d_i\rangle\right)$ 的表达式：

$$\text{chainsim}'\left(C,\langle v,d_i\rangle\right)=\max\left(\text{score}\left(C,a\right)+\sum_{i=1}^{n}\text{sim}(\langle e_i,d_i\rangle,\langle f,g\rangle,a\right) \tag{4-12}$$

当计算出相似度 $\text{chainsim}'\left(C,\langle v,d_i\rangle\right)$ 后，对于相似度，设定相似度基础分 β，当叙述事件 $\langle v,d_i\rangle$ 与任何事件链的相似度小于基础分 β 时，将相似度得分设为该基础分。最后将谓词对应的所有角色类型的叙述事件的相似度得分进行相加，得到总相似度得分：

$$\text{narsim}\left(N,v\right)=\sum_{d\in D_v}\max\left(C,\max\left(\text{chainsim}'\left(C,\langle v,d_i\rangle\right)\right)\right) \tag{4-13}$$

基于式（4-13），可以对所有谓词进行总相似度计算，找到适合该模式的谓词集合：

$$\max_{j\in\left(0,|v|\right)}\left(\text{narsim}(N,v_j)\right) \tag{4-14}$$

4.3　相关任务

与事件模式归纳相关或类似的任务也引起了很多科研人员的关注，因为在每天都会有海量文本信息增加的当下，从无结构的文字中自动归纳得到有价值的结构化信息，将会极大地节约时间、人力和物力成本，也是事件抽取任务不断发展的重要动力。与事件模式自动归纳类似或相关的任务包括高阶关系模式归纳（Higher-order Relation Schema Induction）[11]、基于模式的事件分析（Schema-based Event Profiling）[12]、事件图模式归纳（Event Graph Schema Induction）[24]、复杂事件模式归纳（Complex Event Schema Induction）等，这些任务也能为事件模式自动归纳任务提供更开阔的解决思路，下面简要介绍上述相关任务。

（1）高阶关系模式归纳指以谓词为核心，归纳与谓词相关的主语、宾语，以及由与谓词经常同时存在的其他名词组成的多元组信息，作为高阶关系模式结果。相比高阶关系模式，常规的关系模式归纳只考虑“主语-谓词-宾语”的三元组信息。Nimishakavi 等人[11]通过开放域事件抽取工具 OpenIEv5[27]获得语料中句子的多元组结构，并根据多元组构建“主语-谓词-宾语-其他名词”的四维张量，通过对张量进行分解，提取张量的主成分，作为语料中的高阶关系模式结果，其模型简称为 TFBA。相对于直接将四维张量分解为单一的高阶张量，TFBA 在第一步选择将其分解为多个三模张量 $\boldsymbol{X}_1,\boldsymbol{X}_2,\boldsymbol{X}_3$，随后使用共享的潜在变量 $\boldsymbol{A},\boldsymbol{B},\boldsymbol{C}$ 进行因式分解，将生成的结果以二进制的形式存储在核心张量 $\boldsymbol{G}_1,\boldsymbol{G}_2,\boldsymbol{G}_3$ 中。最后 TFBA 将这些二进制张量进行连接以生成高阶关系事件模式。图 4-5 是 TFBA 生成二进制结果存储的流程图。

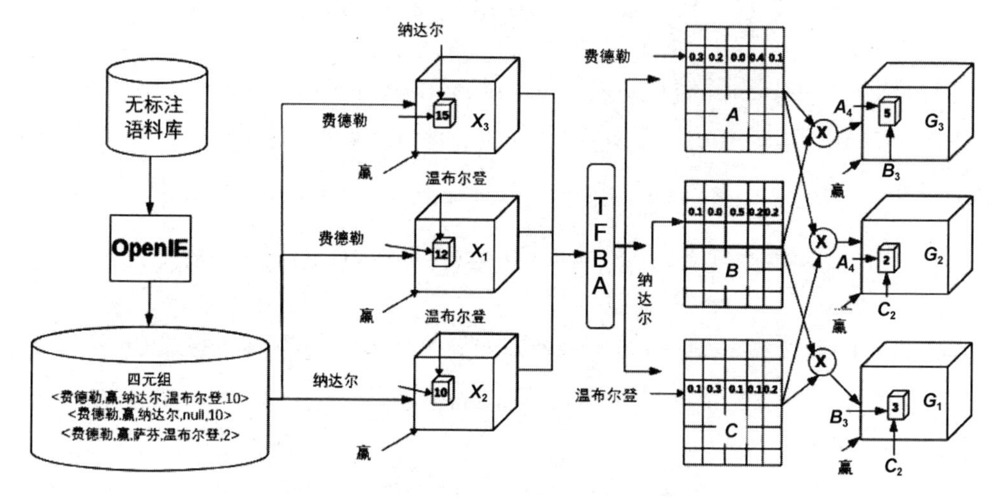

图 4-5　TFBA 生成二进制结果存储的流程图

（2）基于模式的事件分析是 Yuan 等人[12]于 2018 年定义的新问题，即对开放域新闻语料报道的事件进行建模，得到事件的槽-槽值对信息作为事件的建模结果，其槽-槽值对模板中的槽名如何对应一类具体事件是通过人工定义而非自动生成的。如对于“商业并购”事件，“百分数”一类的实体会被人工标注为“持股比例”或“股票涨幅”等。针对如下的“商业并购”事件：“微软公司以 26.2 亿美元的价格收购领英”，相应的槽-槽值对信息包括“买家-微软公司”、“被购买方-领英”和“价格-26.2 亿美元”等。对于 Yuan 等人[16]的方法，他们预先定义了 7 种实体，包括人员、组织、地点、日期、金额、数字和百分数，以及 9 种语义角色，包括主语、直接宾语、间接宾语、地点、源地点、目的地、路径、事件和数额，结合概率图方法、图网络和较大规模的冗余信息，得到较高质量的事件分析结果，归纳得到的事件信息在语法和语义上符合上述预定义的槽。

（3）事件图模式是在 2020 年由 Li 等人[24]提出的一个新研究任务，既往的事件模式归纳仅仅关心同一个事件类型下的事件模式，然而在实际的文字信息尤其是新闻信息中会包括多于一种类型的事件，而同篇文章中不同类型的事件会共享一些事件论元，事件图模式即针对两种事件类型构建一篇文档的事件模式路径的有向无环图，图中存在两个事件类型节点和若干事件论元节点，两个事件类型节点分别指向事件中存在的事件论元节点，事件论元节点之间通过一些关系连接，继而从一个事件类型节点出发，到另一个事件类型节点停止，可以得到若干路径。如图 4-6 所示，（a）和（b）是两个事件实例图，是分别从两个不同的文档中获取的，每个图都包含了两种类型的事件：“运输”和“攻击”，每个事件都有一系列事件论元角色及对应值，例如“攻击”事件的论元角色“武器”的对应值是“坦克”。由于“运输”事件和“攻击”事件在同一篇文章中会有事件论元的联系，例如“运输”事件的目的地是“攻击”事件的目标，所以两种事件类型会形成一个有向无环图的结构，通过“运输”事件类型和“攻击”事件类型组成多个图，希望能归纳出一个（c）所示的事件图模式，事件图模式中包含了两种事件类型及它们的事件论元角色。Li 等人[24]首先使用现有的事件抽取工具或者采用人工标注的方式，得到实体、实体间的关系、事件及事件论元，进行实例图的构建，然后经过处理，得到显著且连贯的路径，接着训练一个路径语言模型（Path Language Model）对某一路径进行打分，某一路径的得分构成是自身得分和邻居路径得分的加权，最后对于两种不同的事件类型，他们选取路径得分前 K%的路径来构成两种事件类型之间的图模式。

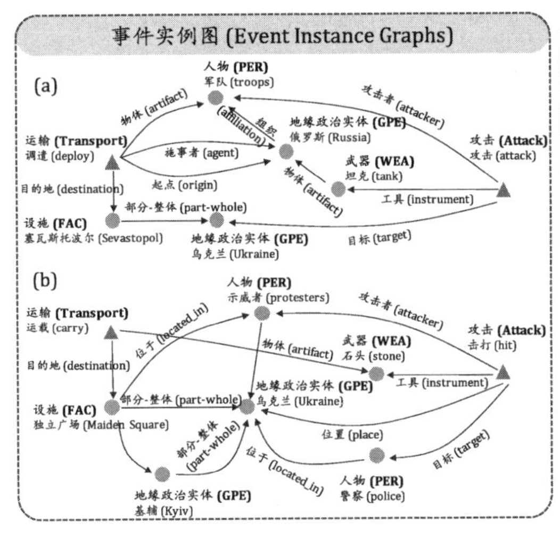

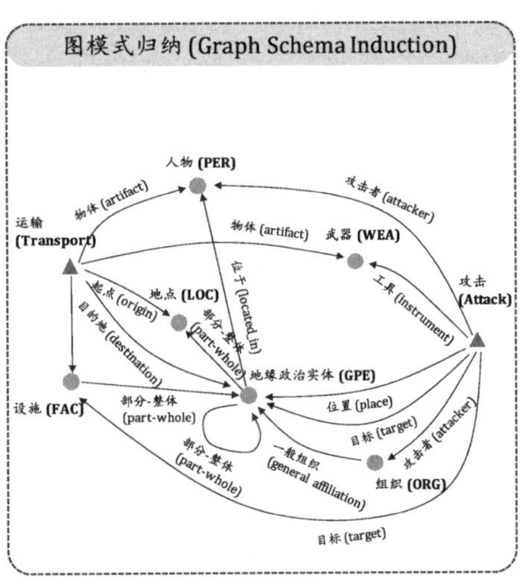

图 4-6 事件图模式归纳[24]

（4）Li 等人[28]在 2021 年进一步提出时间复杂事件模式（Temporal Complex Event Schema）的新概念：一种基于图的模式表示，包括事件、时间元素、时间连接和事件论元关系。并且他们发布了一个新的事件图模式学习的语料库——人工事件图模式的黄金标准。最后通过模式匹配和实例图的复杂度进行内在评估，证明了他们的概率图模式与线性表示相比拥有更高的质量。

4.4 本章小结

本章介绍了事件模式自动归纳任务的内容、意义，以及事件模式自动归纳的两个子类：模板型事件模式自动归纳和叙述型事件模式自动归纳。在模板型事件模式自动归纳中，主要介绍了基于概率图的类主题模型法和基于表示学习的方法；叙述型事件模式自动归纳则介绍了叙述事件链和叙述事件模式自动归纳的实现方法。还介绍了与事件模式自动归纳相关的任务。在前人的探索工作中，事件模式自动归纳一般是事件相关任务（如事件抽取任务）的子问题，同样也由于其任务结果的特点，事件模式自动归纳方法的评价仍是较难解决的问题。此外，在通过各种方法聚合得到同类事件后，自动对聚类得到的同一类型的事件论元进行标签化也尚未有较好的解决方案。事件模式自动归纳是指导构建结构化的事件信息的基础，也是构建以结构化具体事件为主的事件图谱，以及以泛化事件和事理逻辑知识为主的事理图谱的基础，将来自动归纳的事件模式和事理图谱也将会赋予机器更强的自动理解事件的能力。

参考文献

[1] DODDINGTON G R, MITCHELL A, PRZYBOCKI M A, et al. The automatic content extraction (ace) program-tasks, data, and evaluation[C]//Lrec, 2004, 2(1): 837-840.

[2] CHAMBERS N. Event schema induction with a probabilistic entity-driven model[C]//Proceedings of the 2013 Conference on Empirical Methods in Natural Language Processing, 2013: 1797-1807.

[3] MINSKY M. A Framework For Representing Knowledge[M]//Frame Conceptions and Text Understanding. De Gruyter, 2019: 1-25.

[4] SCHANK R C, ABELSON R P. Scripts, plans, goals, and understanding: An inquiry into human knowledge structures[M]. Psychology press, 2013.

[5] HUANG L, CASSIDY T, FENG X, et al. Liberal event extraction and event schema induction[C]//Proceedings of the 54th Annual Meeting of the Association for Computational Linguistics (volume 1: Long Papers), 2016: 258-268.

[6] CHAMBERS N, JURAFSKY D. Unsupervised learning of narrative event chains[C]//Proceedings of ACL-08: HLT, 2008: 789-797.

[7] CHAMBERS N, JURAFSKY D. Unsupervised learning of narrative schemas and their participants[C]//Proceedings of the Joint Conference of the 47th Annual Meeting of the ACL and the 4th International Joint Conference on Natural Language Processing of the AFNLP, 2009: 602-610.

[8] CHAMBERS N. Event schema induction with a probabilistic entity-driven model[C]//Proceedings of the 2013 Conference on Empirical Methods in Natural Language Processing, 2013: 1797-1807.

[9] BALASUBRAMANIAN N, SODERLAND S, ETZIONI O. Generating coherent event schemas at scale[C]//Proceedings of the 2013 Conference on Empirical Methods in Natural Language Processing, 2013: 1721-1731.

[10] SCHMITZ M, SODERLAND S, BART R, et al. Open language learning for information extraction[C]//Proceedings of the 2012 joint conference on empirical methods in natural language processing and computational natural language learning, 2012: 523-534.

[11] NIMISHAKAVI M, GUPTA M, TALUKDAR P. Higher-order Relation Schema Induction using Tensor Factorization with Back-off and Aggregation[C]//Proceedings of the 56th Annual Meeting of the Association for Computational Linguistics (volume 1: Long Papers), 2018: 1575-1584.

[12] YUAN Q, REN X, HE W, et al. Open-schema event profiling for massive news corpora[C]//Proceedings of the 27th ACM International Conference on Information and Knowledge Management, 2018: 587-596.

[13] PENG H, LI J, GONG Q, et al. Fine-grained Event Categorization With Heterogeneous Graph Convolutional Networks[C]//IJCAI International Joint Conference on Artificial Intelligence, 2019: 3238.

[14] BAKER C F, SATO H. The framenet data and software[C]//The Companion Volume to the Proceedings of 41st Annual Meeting of the Association for Computational Linguistics, 2003: 161-164.

[15] PALMER M, GILDEA D, KINGSBURY P. The Proposition Bank: An Annotated Corpus of Semantic Roles[J]. Computational Linguistics, 2005, 31(1): 71-106.

[16] CHAMBERS N, JURAFSKY D. Template-based information extraction without the templates[C]//Proceedings of the 49th annual meeting of the association for computational linguistics: human language technologies, 2011: 976-986.

[17] 刘建伟, 黎海恩, 罗雄麟. 概率图模型表示理论[J]. 计算机科学, 2014, 41 (9) : 1-17.

[18] PAPADIMITRIOU C H , RAGHAVAN P , TAMAKI H , et al. Latent Semantic Indexing: A Probabilistic Analysis[J]. Journal of Computer and System Sciences, 1998, 61(2): 217-235.

[19] BLEI D M, NG A Y, JORDAN M I. Latent dirichlet allocation[J]. Journal of machine Learning research, 2003, 3(Jan): 993-1022.

[20] CHEUNG J C K, POON H, VANDERWENDE L. Probabilistic Frame Induction[C]//Proceedings of the 2013 Conference of the North American Chapter of the Association for Computational Linguistics: Human Language Technologies, 2013: 837-846.

[21] NGUYEN K H, TANNIER X, FERRET O, et al. Generative event schema induction with entity disambiguation[C]//Proceedings of the 53rd Annual Meeting of the Association for Computational Linguistics and the 7th International Joint Conference on Natural Language Processing (volume 1: Long Papers), 2015: 188-197.

[22] LIU X, HUANG H Y, ZHANG Y. Open Domain Event Extraction Using Neural Latent Variable Models[C]//Proceedings of the 57th Annual Meeting of the Association for Computational Linguistics, 2019: 2860-2871.

[23] SHA L, LI S, CHANG B, et al. Joint Learning Templates and Slots for Event Schema Induction[C]//Proceedings of the 2016 Conference of the North American Chapter of the Association for Computational Linguistics: Human Language Technologies, 2016: 428-434.

[24] LI M, ZENG Q, LIN Y, et al. Connecting the dots: Event graph schema induction with path language modeling[C]//Proceedings of the 2020 Conference on Empirical Methods in Natural Language Processing (EMNLP), 2020: 684-695.

[25] LAU J H, NEWMAN D, BALDWIN T. Machine reading tea leaves: Automatically evaluating topic coherence and

topic model quality[C]//Proceedings of the 14th Conference of the European Chapter of the Association for Computational Linguistics, 2014: 530-539.

[26] WEBBER W, MOFFAT A, ZOBEL J. A similarity measure for indefinite rankings[J]. ACM Transactions on Information Systems (TOIS), 2010, 28(4): 1-38.

[27] MAUSAM M. Open information extraction systems and downstream applications[C]//Proceedings of the twenty-fifth international joint conference on artificial intelligence, 2016: 4074-4077.

[28] LI M, LI S, WANG Z, et al. The Future is not One-dimensional: Complex Event Schema Induction by Graph Modeling for Event Prediction[C]//Proceedings of the 2021 Conference on Empirical Methods in Natural Language Processing, 2021: 5203-5215.

[29] HUANG L, JI H. Semi-supervised new event type induction and event detection[C]//Proceedings of the 2020 Conference on Empirical Methods in Natural Language Processing (EMNLP), 2020: 718-724.

[30] SHEN J, ZHANG Y, JI H, et al. Corpus-based Open-Domain Event Type Induction[C]//Proceedings of the 2021 Conference on Empirical Methods in Natural Language Processing, 2021: 5427-5440.

[31] MIKOLOV T, CHEN K, CORRADO G, et al. Efficient estimation of word representations in vector space[J]. arXiv preprint arXiv:1301.3781, 2013.

[32] PETERS M E, NEUMANN M, IYYER M, et al. Deep contextualized word representations[J]. arXiv preprint arXiv:1802.05365, 2018.

[33] PENNINGTON J, SOCHER R, MANNING C D. Glove: Global vectors for word representation[C]//Proceedings of the 2014 conference on empirical methods in natural language processing (EMNLP), 2014: 1532-1543.

[34] VASWANI A, SHAZEER N, PARMAR N, et al. Attention is all you need[C]//Advances in neural information processing systems, 2017: 5998-6008.

[35] DEVLIN J, CHANG M W, LEE K, et al. BERT: Pre-training of Deep Bidirectional Transformers for Language Understanding[C]//Proceedings of the 2019 Conference of the North American Chapter of the Association for Computational Linguistics: Human Language Technologies(Volume 1: Long and Short Papers), 2019: 4171-4186.

[36] RADFORD A, WU J, CHILD R, et al. Language models are unsupervised multitask learners[J]. OpenAI blog, 2019, 1(8): 9.

[37] LIU Y, OTT M, GOYAL N, et al. Roberta: A robustly optimized bert pretraining approach[J]. arXiv preprint arXiv:1907.11692, 2019.

[38] LAN Z, CHEN M, GOODMAN S, et al. Albert: A lite bert for self-supervised learning of language representations[J]. arXiv preprint arXiv:1909.11942, 2019.

[39] YANG Z, DAI Z, YANG Y, et al. Xlnet: Generalized autoregressive pretraining for language understanding[J]. Advances in neural information processing systems, 2019, 32.

[40] RAFFEL C, SHAZEER N, ROBERTS A, et al. Exploring the limits of transfer learning with a unified text-to-text transformer[J]. arXiv preprint arXiv:1910.10683, 2019.

[41] BROWN T B, MANN B, RYDER N, et al. Language models are few-shot learners[J]. arXiv preprint arXiv:2005.14165, 2020.

[42] JORDAN M I. An Introduction to Probabilistic Graphical Models[J]. University of California, Berkeley, 2003.

[43] FRIEDMAN N, GEIGER D, GOLDSZMIDT M. Bayesian network classifiers[J]. Machine learning, 1997, 29(2): 131-163.

[44] KOK S, DOMINGOS P. Learning the structure of Markov logic networks[C]//Proceedings of the 22nd international conference on Machine learning, 2005: 441-448.

[45] BOYD-GRABER J, BLEI D, ZHU X. A topic model for word sense disambiguation[C]//Proceedings of the 2007 joint conference on empirical methods in natural language processing and computational natural language learning (EMNLP-CoNLL), 2007: 1024-1033.

[46] BAUM L E, PETRIE T, SOULES G, et al. A maximization technique occurring in the statistical analysis of probabilistic functions of Markov chains[J]. The annals of mathematical statistics, 1970, 41(1): 164-171.

[47] CHAMBERS N W. Inducing Event Schemas and their Participants from Unlabeled Text[D]. Palo Alto: Stanford University, 2011.

[48] 李忠阳. 面向文本事件预测的事理图谱构建及应用方法研究[D]. 哈尔滨: 哈尔滨工业大学, 2021.

5

第 5 章 事件关系抽取

事件是特定人、物、事在特定时间和特定地点相互作用的客观事实。然而，事件的发生往往不是孤立现象，一个事件的发生必然存在与之相关的其他事件，例如与该事件相关的原因事件、结果事件、并发事件等。事件与其相关事件之间相互依存和关联的逻辑形式，被称为事件关系[59]。事件关系抽取以事件为主题元素，通过分析事件文本的结构信息及语义特征，挖掘事件之间深层的逻辑关系，进而辅助事件的演化、发展及信息的推理与预测。本章主要对以下几种公认的事件关系即事件因果关系、事件时序关系、子事件关系和事件共指关系进行介绍。

5.1 事件因果关系抽取

事件因果关系不仅是语篇理解的重要组成部分，对于问答等各种自然语言处理应用也具有重要意义。它包括两部分：原因和结果。例如，“公共汽车没有出现。因此，我开会迟到了。”这里的原因是“公共汽车没有出现”，结果是“我开会迟到”。因果关系可以是显式的，也可以是隐式的。通常，显式因果关系可以包含相关的触发词，如原因（Cause）、结果（Effect）、后果（Consequence），也可以包含模糊的触发词，如生成（Generate）、诱导（Induce）等。隐式因果关系比较复杂，涉及基于语义分析和背景知识的推理。一个隐式因果关系的例子："飓风卡特里娜星期一早上沿着墨西哥湾海岸肆虐。早些时候有报道说沿岸有建筑物倒塌。"这里飓风"肆虐"导致了建筑物"倒塌"。因此，因果关系的抽取极其复杂和困难[1]。该任务常用的评价指标有：准确率（Acc）、精确率（Precision，P）、召回率（Recall，R）、F 值[62]。

5.1.1 任务语料与知识库

典型的事件因果关系语料与知识库如表 5-1 所示。针对事件因果关系抽取任务，早期工作大多集中在抽取句内的显式因果关系上。例如 Do 等人[1]基于 English Gigaword 语料标注了一个小规模的 EventCausality 语料，语料中仅对事件间谓词是否具有因果关系或相关关系进行标注，这些谓词之间可以包含任意数量的句子，且不受固定句子窗口大小的限制。Mirza 等人[28]在 TempEval-3 语料中标注事件因果关系，并创建 CausalTimeBank 语料。他们指出，结合时间信息能够提高因果关系分类的性能[29]，并且利用基于规则的多筛方法（Multi-sieve）和基于特征的分类器来识别因果关系[30]。然而，CausalTimeBank 中的因果关系很少，且只对句内的因果关系进行了明确的标注。此外，Mostafazadeh 等人[15]对来自 ROCStories 语料的 320 个短篇故事（每个故事都包含 5 个句子）进行了时间关系和因果关系的标注，得到 CaTeRS 语料，表明因果关系和时间关系之间存在很强的相关性。Caselli 和 Vossen 等人[31]创建了 EventStoryLine 语料，其中包含 258 个文档和 5000 多个因果关系。EventStoryLine 语料具有包括句内和句间的全面的事件因果关系标注，为因果关系识别带来了更大的挑战。该数据集中只有 117 条标注的因果关系是由显式因果线索短语表示的，其他都是隐式的。Li 等人[63]提出了一种基于模板匹配的无监督因果抽取方法，通过前人工作总结了一套因果触发词模板，如表 5-2 所示。这些模板被用于 Common Crawl 语料。通过一些过滤操作，如移除重复因果、移除否定因果、移除被动语态的动词模板表达的因果等，构建了一个大规模因果平行语料 CausalBank，共计 314M 因果对。通过人工评估了 1000 条随机挑选的因果对，发现 90%～95%的句子表达了一条有意义的因果关系。

---

1 该任务涉及许多因素，如事件的上下文特征（如词汇项、动词时态、动词的论元等）、事件的语义和语用特征、背景知识、世界知识、常识等。

表 5-1　典型的事件因果关系语料与知识库

因果数据集	因果对数	隐式因果	跨句因果	标注级别	构建方式
TCR[36]	172	包含	包含	词汇级别	人工
SemEval-2007 Task4[66]	220	包含	不包含	词汇级别	人工
CausalTimeBank[28]	318	包含	不包含	词汇级别	人工
CaTeRS[15]	488	包含	包含	词汇级别	人工
EventCausalityData[1]	580	包含	包含	词汇级别	人工
RED[12]	1147	包含	包含	词汇级别	人工
SemEval2010 Task8[67]	1331	包含	不包含	词汇级别	人工
BECauSE 2.0[68]	1803	不包含	不包含	句子级别	人工
EventStoryLine[31]	5519	包含	包含	词汇级别	人工
PDTB 2.0[69]	8042	包含	包含	句子级别	人工
Altlex[35]	9190	不包含	不包含	句子级别	自动
PDTB 3.0[70]	13 K	包含	包含	句子级别	人工
DisSent[71]	167 K	不包含	不包含	句子级别	自动
CausalBank[63]	**314 M**	不包含	不包含	句子级别	自动
Event2Mind[72]	25 K	不包含	不包含	句子级别	人工
ConceptNet 5.7[73]	473 K	包含	不包含	句子级别	人工
ASER Core[74]	494 K	不包含	不包含	句子级别	自动
ATOMIC[75]	877 K	不包含	不包含	句子级别	人工
CausalNet[76]	13.3 M	不包含	不包含	词汇级别	自动
Cause Effect Graph[63]	**89.1 M**	不包含	不包含	词汇级别	自动

表 5-2　构建CausalBank数据集使用的因果触发词模板

使用的因果触发词模板
as, as a consequence/result of, as long as, because, because of, caused by, due/owing to, in response to, on account of, result from
accordingly, consequently, bring on/about, give rise to, induce, in order to, lead to, result in, prevent/stop...from, and for this reason, cause, for the purpose of, if...then, so, so that, thereby, therefore, thus, hence

还有一些学者，围绕事件因果关系等事理知识展开研究，尝试构建事理知识库，并利用事理知识库在因果推理、事件预测、股市预测等下游任务上取得了引人瞩目的效果。2016年，Luo 等人[76]从文本中抽取因果事件对，构建了词级别的因果网络 CausalNet。CausalNet

是由一系列因果对构成的有向网络。节点之间的有向边表示因果关系，边上还提供了因果共现的次数。此外，该工作提出了数据驱动的因果强度计算方法，从“必要性”“充分性”两方面对词对的因果强度进行建模，再由单词的因果强度推断事件间的因果强度。Zhao 等人[77]提出用抽象事件的因果关系解决下游任务，从新闻标题抽取满足因果关系的具体事件后，使用 VerbNet[78]和 WordNet[79]对事件短语的动词、名词进行泛化，构建抽象事件网络，并提出 Dual-CET 模型在网络中的学习事件表示，在事件预测、事件聚类、股市预测上取得了较好的结果。Li 等人[63]沿用 Luo 提出的构建因果网络的方法，从无监督构建的大规模因果平行语料 CausalBank 自动构建了最大规模的因果知识库 Cause Effect Graph，极大地丰富了知识库中的因果知识。

5.1.2 显式因果关系抽取

当前，已有工作涵盖有监督/无监督的抽取方法，包含针对语言模式、统计方法和监督分类器等的建模方式，从文本语料中获取事件因果关系的知识。例如 Kaplan 等人[2]提出基于手工编码的、特定领域的知识推理，从文本中提取句子间隐含的因果关系，将文本表示为命题的集合，每个命题都包含一个谓词（通常为动词）和多个论元，通过定义命题模板的方式抽取命题中的因果关系，但在实际应用中较难扩展。Khoo 等人[3]使用预定义的语言模式（Linguistic Pattern）从商业和医学报纸文本中识别明确的因果关系，而不需要任何基于知识的推理。Girju 等人[4]设计了一种自动检测表达因果关系的词汇句法模式的方法。使用名词-动词-名词的词汇句法模式来捕捉“蚊子引起疟疾”这样的例子，用一种常见的机器学习算法（C4.5 决策树）判断名词-动词-词汇元组是否构成因果关系，其中提到的因和果是名词，不一定是事件。Do 等人[1]设计了一种最小监督方法，利用因果线索和事件间的统计关联识别语境中的事件因果关系。基于 Do 等人的工作，Riaz 和 Girju 等人[80]探究了哪些类型的知识有助于动词（事件）间的因果关系识别。他们提出了一种无监督方法，基于一套知识丰富的关联度量指标来学习动词（事件）之间的因果关系。利用这些度量指标，能够自动生成一个知识库（KB），其中标识三种类型的动词对：强因果的、模糊的和强非因果的。和 Do 等人[1]提出的 CEA 相比，Riaz 和 Girju 等人引入了知识丰富的关联度量指标，利用自动生成的训练语料库的监督来学习因果关系。同时，针对无监督方法，他们定义了 3 种涵盖显式、隐式因果关系的评价指标。Hashimoto 等人[27]提出一种利用事件的词汇语义信息建模的有监督方法（基于大量的手工特征训练有无因果关系的二分类器）。利用该方法能够从互联网上抽取得到如“从事刀耕火种的农业”导致“加剧沙漠化”的因果关系。这些关系可被看作未来可能发生的事件，进而帮助人类实现情景规划（Scenario Planning）。Gao 等人[32]针对文档级的因果关系进行建模，抽取了包含句内和跨句的所有因果关系。因果关系具有方向性，文中仅识别两个事件是否存在因果关系，并不对二者间的方向做判断。由于事件因果关系稀疏且很少被显式表达，整数线性规划（Integer Linear Programming，ILP）分别被用于建模全局的因果结构和细粒度的因果结构。在全局上，因果关系，特别是跨句因果关系，往往涉及文档中的一两个主要事件。主要事件是故事的焦点，通常在文章标题中提到，并在整个文档中被反复提到。此外，Gao 等人利用特定的句子句法关系、篇章关系、事件因果关系和事件相关关系对细粒度因果结构进行建模。由于句内因果关系和句间因果关系在本质上不同，因此构建两个独立的分类器分别用于句内和句间的因果关系检测。

现有工作仅利用了标注数据，缺乏使用有助于该任务的相关外部知识的能力，通常对新的、之前未见过的数据表现不佳。针对这个问题，Liu 等人[33]提出带知识感知的因果推理机（Knowledge-aware Causal Reasoner），利用 ConceptNet 引入外部知识进行推理，在很大程度上丰富了事件表示。又由于知识库本身具有不完备的缺陷，Liu 等人提出指称掩码推理机（Mention Masking Reasoner）挖掘与事件无关的、基于特定上下文的模式，能够大幅增强模型处理新的、之前未见过的数据的能力。这里基于一种假设：在包含因果关系的表述中，往往包含事件无关的语言模式，这对识别新事件的因果关系很有帮助。在此基础上，Liu 等人又提出细心哨兵（Attentive Sentinel）模块，对以上两个推理机进行权衡，是一个句子级别的两两事件之间的因果关系抽取模型。其模型与推理过程如图 5-1 所示，既利用了已有的事件知识，又关注了与事件无关的上下文表示，具有泛化性。

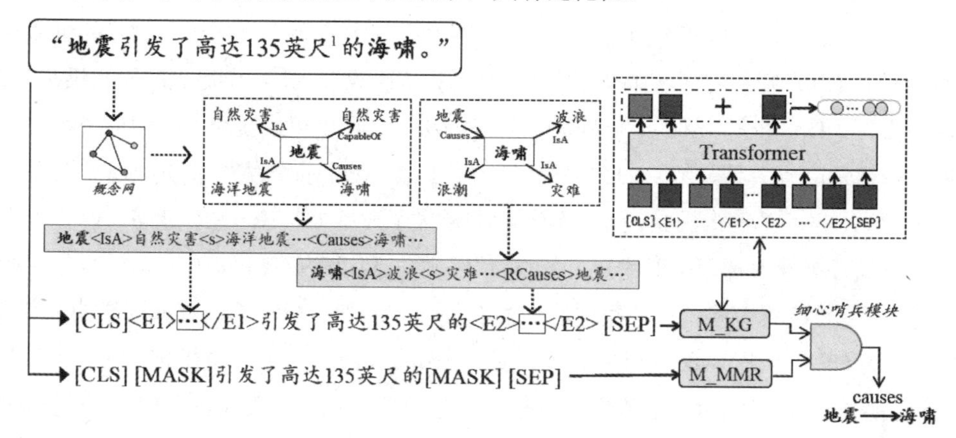

图 5-1 模型与推理过程

M_KG：知识感知因果推理机；M_MMR：指称掩码推理机；细心哨兵模块对两推理机进行权衡[33]

1 1英尺=30.48厘米。

除了把外部知识库作为知识源，另一种常被作为知识源的是被广泛使用的语言模型。Kadowaki 等人[34]提出了一种基于 BERT 的抽取事件因果关系的方法，作为基于大语料进行预训练的语言模型。BERT 在预训练过程中可以学习一些事件因果关系的背景知识。此外，在标注事件因果关系时，通常需要对来自多个标注者产生的多个标注结果依照多数投票的方式确定关系标签。这种标注方式忽略了每个标注者的独立判断结果。通过训练多个分类器捕捉每个标注者的标注策略，结合产生的分类器输出来预测最终标签，可以进一步提升模型性能。Li 等人[64]提出预训练因果模型 CausalBERT，通过将因果知识注入预训练语言模型，使预训练语言模型具备因果推理能力。具体地，通过设计因果对分类任务为 BERT 等预训练语言模型注入因果知识。利用 CausalBank 语料[63]，构建正负例因果对，并把合页损失函数作为训练目标。

因果关系抽取还可以建模为序列标注问题，用 BERT + CRF（Conditional Random Field，条件随机场）端到端范式为每个单词预测其对应的因果标签：B-cause, I-cause, B-effect, I-effect, B-trigger, I-trigger, O。同时，由于标注数据的匮乏，需采用自监督方法训练，用有标注文本训练模型并预测无标注语料，筛选无标注语料中高置信度的预测结果，逐步加入训练语料中。这缓解了标注数据稀缺的问题，但可能会放大无监督数据中模型预测的误差。为了缓解噪声传播问题，可以利用噪声模型建模真实标签到观察得到的噪声标签的转移过程，同时可以尝试利用 CRF、RNN 等方法及不同位置噪声分布不同的假设来建模同一序列标签的前后转移过程，其中采用 CRF 建模序列标签转移过程的噪声模型 NLCRF 如图 5-2 所示。实验验证，使用全局统一的噪声矩阵建模噪声反而使结果下降，这说明建模噪声时不能忽视位置信息；使用全连接神经网络与循环神经网络建模噪声都能带来提升，但循环神经网络的结果低于全连接神经网络，可能是全连接神经网络的结构比较简单，能够更好地学习正确的噪声分布。同时，经验证，加入自训练数据后，CRF 层的转移概率更加合理，说明大规模自训练数据能帮助 CRF 学习转移概率，让 CRF 层输出更合理的标签序列。该工作较好地解决了由于标注数据稀缺、自标注数据存在错误等影响模型性能的问题，可以应用于各领域的具体因果对抽取工作。

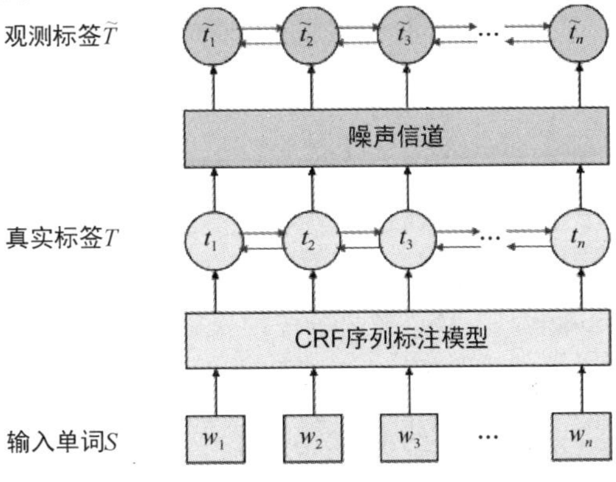

图 5-2　噪声模型 NLCRF 示意图

5.1.3 隐式因果关系抽取

与显式因果关系往往可通过一个封闭集合中的显式因果标记（Marker）识别不同，隐式因果关系对应一个开放集合中的语言标记，这些标记在语言形式上有显著的不同，因此更难抽取。Hidey 等人[35]利用平行 Wikipedia 语料来识别新的语言标记（如因果连接词），它们是已有的因果短语的变体，并通过远程监督机制创建一个训练集。在此基础上，使用开放类标记的特征和语义特征训练一个因果分类器。PDTB 中表达的篇章关系可以被显式标记，也可以被隐式表达，其中包含了 28 个显式因果标记（如 because、as a result 等）。显式因果标记可以被精确地识别出来，但数量少，存在稀疏性问题，隐式因果关系更常见，但很难被识别出来。除此之外，还有一种开放的标记 AltLex，其表达方式存在巨大差异，对应的标记集合可被认为是无限大的。在 PDTB 中，非因果 AltLex 标记如"相比之下"(That compares with)、"无论如何"（In any event）等，因果 AltLex 标记如"这可能有助于解释为什么"（This may help explain why）、"这种活动产生"（This activity produced）等。虽然 AltLex 标记的多样性使得因果关系相较于显式因果标记更难被识别，但它的标记集合足够大，仍能改善因果关系识别的性能。Hidey 等人扩展了 PDTB 标记中 AltLex 的定义，使得 AltLex 可以同时存在于句内和跨句情况。识别新的因果连接词（新的因果 AltLex）基于一种假设：如果一个短语是因果 AltLex，则它将在某些上下文中作为至少一个已知的显式因果连接词的替代出现。因此，期望在平行语料中找到一些句子对，除连接词外，这些句子的单词非常相似。通过平行语料因果特征和词汇语义特征挖掘这些连接词，即新的因果 AltLex，它们可能含蓄地表达因果关系，如"with the goal of"。

然而，不是所有含因果关系的句子都包含因果含义的连接词或触发词，可能需要从其他角度挖掘。由于原因事件要早于结果事件发生，所以事件时序关系和因果关系往往同时存在且关系非常紧密。如表 5-3 所示，样本中并没有明确的因果指示词，且从语义上推测，"发怒了"和"镇压"可能互为因果，但是其存在的时序关系限制了"镇压"只可能是"发怒了"的原因，而不是结果。针对这个特点，Ning 等人[36]利用约束条件模型（Constrained Conditional Models，CCMs）解决事件因果关系和时序关系的联合推理。具体地，对已有的 EventCausality 增加时序关系的标注，并将该问题建模为一个整数线性规划问题，执行时序关系及因果关系需满足的固有约束，即原因-结果满足时间先后顺序，以及时序关系的对称性、传递性。联合推理框架在从文本中抽取事件时序关系和因果关系方面有着显著的改善效果。

表 5-3　由时序关系决定的因果关系[36]

例
米尔・侯赛因・穆萨维（*e1:发怒了*），在政府努力（*e2:镇压*）抗议者之后。
由于*e1:发怒了*在*e2:镇压之后*，所以*e2*是*e1*的*原因*。

5.2　事件时序关系抽取

5.2.1　任务概述

事件时序关系抽取是一项重要的自然语言理解任务，对后续任务如问答、信息检索和叙事生成等都有重要的作用。该任务可以被建模为针对给定文本构建一个图结构，图中节点表示事件，边表示事件时序关系，如图 5-3 所示。已有工作一般将该任务分为两个独立的子任务，即事件抽取和事件时序关系分类。这种做法假设在训练关系分类器时，已经给定了正确抽取的事件结果。该任务包含以下 3 种常用的评价指标[60]。

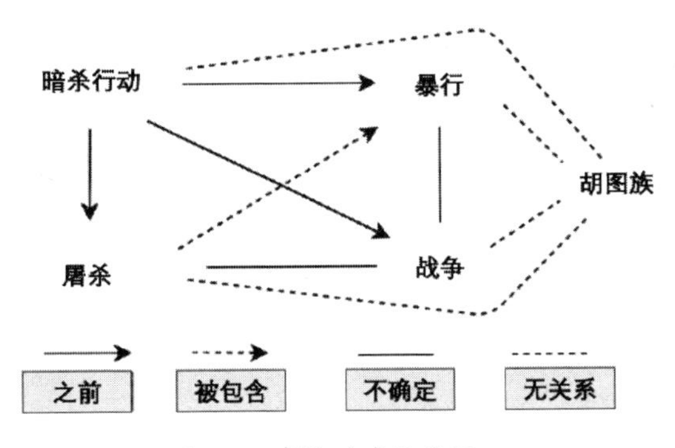

图 5-3　事件时序关系图

- 准确率（Acc）。
- 精确率（Precision，P）、召回率（Recall，R）、F 值。
- 时序感知得分（Temporal Awareness Score）：从精确率、召回率和 F 值方面捕捉标注的时序意识（Temporal Awareness），能够更好地捕捉事件时序关系图有多“有用”。精确率、召回率的计算公式如下：

$$P=\frac{\left|G_{\text{sys}}^{-}\cap G_{\text{true}}^{+}\right|}{\left|G_{\text{sys}}^{-}\right|},\quad R=\frac{\left|G_{\text{true}}^{-}\cap G_{\text{sys}}^{+}\right|}{\left|G_{\text{true}}^{-}\right|}$$

其中，G^+ 表示图 G 的闭包，G^- 表示图 G 的约简，即去掉图中的冗余关系。$\cap$表示两图中时序关系的交集，$|G|$ 表示图 G 中边的数量（即时序关系的数量）。给定两个系统 1 和 2，如果系统 2 仅为系统 1 的传递闭包，则两个系统会产生相同的评价结果。这里，时序间的模糊关系（vague）常被视作不存在的时序边，且在评价过程中不被考虑在内。

5.2.2 数据集简介

近年来，事件时序关系抽取在自然语言处理领域引起了广泛关注。该任务的一个标准数据集是基于 TimeML 标准[1]标注的 TimeBank（TB）语料[7]。在此之后，一系列时序关系数据集被收集起来，包括但不限于 Bethard 等人[10]利用动词从句对 TB 的扩展、TempEval1-3 数据集[1][8][9]、TimeBank-Dense（TB-Dense）数据集[13]、EventTimeCorpus 数据集[14]、包含多轴时序关系的 MATRES 数据集[17]，以及同时包含时序关系和其他类型关系的多标注数据集（例如包含事件共指关系和因果关系），如 CaTeRs[15]、RED[12]等。2020 年，Ning 等人[81]针对阅读理解任务对样本的隐式时序关系、时间描述不敏感的问题，用众包的方式让标注者用多个不同语态的问答标注样本中包含的隐式时序关系，构建了阅读理解时序关系问题集 TORQUE，Roberta-large 在测试集上仅取得 51%的正确率，与人类识别结果有约 30%的差距，说明时序关系的阅读理解能力亟待提高。

现有的标注方法均采用事件在时序上的区间表示，令$\left[t^1_{开始},\ t^1_{结束}\right]$和$\left[t^2_{开始},\ t^2_{结束}\right]$分别表示两个事件对应的事件区间（隐含 $t_{开始} \leqslant t_{结束}$ 的假设）。两个区间之间共包含 13 种时序关系，如图 5-4 所示。为了进一步缓解标注的负担，一些工作经常仅使用 13 种关系约简后的集合。例如 Verhagen 等人[8]将所有重叠的关系合并为一个单一的关系：重叠（overlap）。Bethard 等人[10]、Do 等人[11]、O'Gorman 等人[12]均采用了这种策略。Cassidy 等人[13]进一步将重叠分解为包含（includes）、被包含（included）和相等（equal）。除了使用时序上的区间表示，Ning 等人[16]显式比较事件发生的时间点，将标签集合减少到仅包含之前（before）、之后（after）和相等 3 种时序关系。此外，其提出的多轴建模的标注方法[17]区分了不同维度的时序关系，只有同维度的事件才可以比较时序关系，这能够更好地捕捉事件间的时序关系，显著提升标注者之间的一致性指标，使大规模的众包标注方法可以被使用。

1 查看http://www.timeml.org获取语言规范和注释指南。

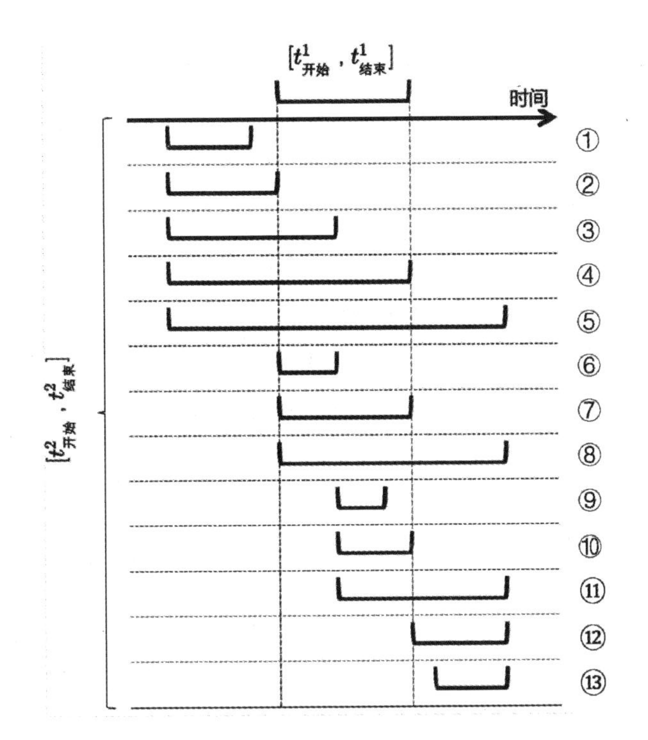

图 5-4　事件间的 13 种时序关系

两个事件对应的时序范围分别为 $\left[t^1_{开始}, t^1_{结束}\right]$ 和 $\left[t^2_{开始}, t^2_{结束}\right]$，从上至下依次为①之后（after）、②立即之后（immediately after）、③之后且重叠（after and overlap）、④同时结束（ends）、⑤被包含（included）、⑥以…开始（started by）、⑦相等（equal）、⑧同时开始（starts）、⑨包含（includes）、⑩以…结束（ended by）、⑪之前且重叠（before and overlap）、⑫立即之前（immediately before）、⑬之前（before）

早期工作，如 Verhagen 等人[8]提出使用两两事件间（pairwise）的时序关系作为该任务的评价指标，通过间接定义三个子任务避免了直接使用整个文本建模。由于整个文本对应了一个完整的时序关系图，这种评价方法除实现模型评估外，还大大降低了时间解析的复杂性，这里假设已经给定了正确抽取的事件结果。在此基础上，Verhagen 等人[9]为该任务构建了多语言数据集，涵盖了汉语、英语、法语、意大利语、韩语和西班牙语。此外，将子任务数量由 3 个扩展为 6 个，在原有的两两事件间时序关系抽取子任务的基础上，增加了事件抽取子任务。UzZaman 等人[1]进一步扩大了数据集的规模，并使用了 TimeML 标准中完整的时序关系集合（共 13 种）。

5.2.3　事件时序关系抽取方法

传统的事件时序关系抽取方法存在两个主要的问题。首先，这些工作均聚焦于文本中事件及时间表达式的偏序研究，由于这些方法的评价指标仅评价事件中指定事件对之间的时序关系抽取性能，使得语料存在标注缺失的问题，进而模型仅关注了部分时序关系标签，例如Bethard 等人[22]在 TempEval2013 测评任务中排名第一，但其仅对特定句法结构中的特定关系类型进行分类。这些问题使得很少有研究工作对完整的事件图进行建模。其次，时序关系抽取问题常被建模为两两分类问题（Pairwise Classification）（每一对事件被检查是否有时序关系并分类）。这种局部方法，即仅训练模型在事件对之间进行两两判断，这将导致全局的不一致问题（在整个事件图中无法满足对称性规则或传递性规则）。Do 等人[11]利用整数线性规划方法实现强制的全局一致性约束，将事件时序关系抽取问题建模为一个 ILP 问题，对稠密连通图的局部方法进行了改进。该方法通过在预训练的局部分类器（Local Classifier，L）的基础上实现推断（Inference，I），通常称之为 L+I。

针对该问题，Chambers 等人[21]提出 CAEVO 架构并利用 TimeBank-Dense 语料对其进行评价。TimeBank-Dense 语料[13]在一定程度上解决了当前语料标注的稀疏性问题，通过在邻近句子上标注局部完整的事件图来近似完整的事件图。CAEVO 是一种基于筛选的架构，它手工设计了很多规则，并定义了一系列时序关系分类器，每次运行一个分类器用于标注事件图上的时序关系类型。每个分类器都将它预测的时序关系传递到下一个分类器中，每个分类器的输入都是前一个分类器部分标记的事件图。分类器按精度排序，先运行最精确的模型，假定事件已使用标准的属性完成了标注。这种架构类似于上文中的 L+I，但它是一种基于贪婪的推断架构，其优点是可以无缝地执行传递性约束（Transitivity Constraints）。但对于独立的两两分类器，其预测的事件图中边的时序关系类型常常不一致。CAEVO 架构通过在事件图传递到下一个分类器之前从每个分类器的输出中推断所有传递关系来避免不一致的事件图。

尽管 L+I 方法在推理阶段施加了全局约束，但这种约束产生的全局考量在学习阶段也是必要的，且 L+I 方法过于依赖局部分类器的性能，因此当局部分类器性能不佳时，这显然是 L+I 方法的障碍。针对这个问题，Ning 等人[16]提出了一种结构化学习方法（Structured Learning Approach），也被称为基于推断的训练（Inference Based Training，IBT）。与局部分类器是事先独立训练的、不知道邻近事件对预测知识的 L+I 方法不同，Ning 等人通过在每一轮学习过程中执行全局推理，用反映其他关系的反馈训练局部分类器。此外，已有的事件图仅利用几种简单的规则，如对称性规则（Symmetry）和传递性规则（Transitivity），进行约束，这使得事件图中的节点往往高度相关，导致时序关系抽取任务非常具有挑战性。这个问题对人类标注者同样存在，使得人类标注的一致性往往较低，语料存在标注缺失的问题。尽管部分缺失的时序关系可以基于已有的时序关系推断出来，但标注数量和事件图中的节点数呈二次关系，因此推断出的时序关系只占全部时序关系的小部分，剩余的大部分时序关系仍是未知的。因此，在训练和测试中，识别这些未知关系是严重伤害现有方法的主要问题。针对这个问题，文中在时序图固有的全局约束的基础上，进一步利用约束驱动学习（Constraint-Driven Learning，CoDL）算法实现了半监督结构化学习，CoDL 通过标记未标记的样本反复生成反馈，改进了从少量标记数据中学习到的模型，这实际上是 IBT 的半监督版本。进一步采用一种后过滤（Post-Filtering）方法，将模型预测结果和预设的固定阈值比较，当高于阈值时则采信为预测结果，否则视为一种模糊关系（Vague）。

早期的工作大都采用手工构建的特征进行建模，由于手工构建特征的成本高昂，近年来越来越多的工作尝试利用神经网络建模事件时序关系抽取任务，例如 Tourille 等人[24]利用循环神经网络（RNN）对该任务进行建模，Lin 等人[25]利用卷积神经网络对该任务进行建模。但这些工作仅建模了孤立事件对之间的时序关系。解决不一致性的一般方法即应用一些特殊的约束来解释时序关系的基本属性（例如传递性），但通常不考虑文本本身的内容。Meng 等人[23]提出了一种用于抽取事件时序关系的上下文感知的神经网络模型，模仿人类阅读文本时，遇到局部信息不足会从更广泛的背景中考虑相关信息，并尽快解决歧义。具体地，引入一个预先训练的全局上下文层，用于存储已处理的叙事顺序的关系，并在遇到相关实体时检索它们。存储的信息也可以在必要时进行更新，允许自我纠正。

已有工作将事件时序关系抽取任务看作由两个单独的子任务构成的管道，一般做法是首先构建端到端的系统抽取事件，然后预测这些事件间的时序关系，这会导致上游任务的错误传播到下游任务，且无法修正。针对这个问题，Han 等人[20]提出一种基于共享表示学习和结构化预测的联合事件和时序关系的抽取模型，针对非事件对之间的无事件关系进行训练，模型具备潜在的纠正事件抽取错误的能力。此外，模型通过允许事件和事件关系共享相同的表示学习模块及上下文嵌入，改进了事件表示。文中利用最大后验估计（MAP）对目标建模，将其描述成整数线性规划问题。在使用 ILP 进行全局推理时，同时分配事件和时序关系标签。利用 ILP 对时序关系建模的方法总是假设约束是完全正确的，即使用的都是硬约束（Hard Constrain），如传递性等。但当引入的领域知识存在不确定性时，这种方法无法对这种不确定性进行建模。Han 等人[26]提出一种软约束，即分布式约束（Distributional Constrain），利用拉格朗日松弛对问题建模。利用语料本身的统计信息作为领域知识，更好地缓解因数据集规模受限带来的有偏估计问题。

外部事理知识可以用来进行时序关系的推理。例如“张三被指控谋杀了李四，李四于六月十日死于自己家中”，仅凭上下文无法推断“谋杀”和“死”的先后顺序，但是结合常识，就可以知道“谋杀”肯定是先于“死”发生的。可以将外部事理知识与预训练语言模型结合起来进行时序关系推理，先将大规模的外部事理知识通过模板转化为文本形式，输入预训练语言模型中一同编码，完成事件的表示学习，最后基于对时序知识的指导，在输出层与模型的输出进行融合，最终生成每个类别标签的置信度分数，实现时序关系的分类。其整个模型框架如图 5-5 所示，包含 3 个模块，分别为（a）外部知识查询模块、（b）表示学习模块和（c）时序知识指导的分类模块。在（a）外部知识查询模块，该工作引入了两个外部事理知识库，一个是经典的外部知识库 ConceptNet，包含了丰富的开放域事件及其关系知识，第二个是针对时序关系推理任务提出的时序知识库 TEMPROB。对于输入的事件，在知识库中查找其相关的事件及关系，利用模板改写上下文中的事件原型，使其融入该事件原本的文字表示中。（b）表示学习模块使用 BERT 预训练语言模型对上下文和事件进行编码，从而获取每个事件上下文的相关表示。（c）时序知识指导的分类模块引入了时序知识辅助分类，先对 TEMPROB 时序知识库进行预处理，转化为“事件对-时序关系概率”的形式，并筛选出置信度高的事件对备用。对于输入的事件对，在知识库中查找它们之间的时序关系概率知识，用

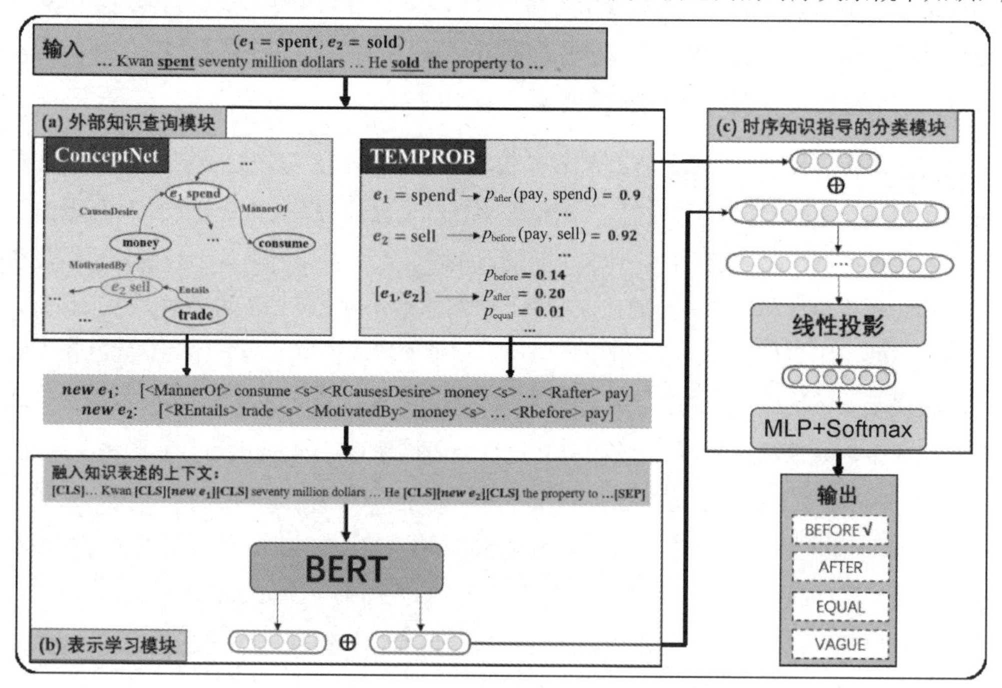

图 5-5 外部事理知识增强的时序关系推理模型框架

来生成一个低维向量，在模型的输出层与原本的输出结果拼接后通过前馈神经网络映射到最终的输出结果。最终，将拼接结果通过基于神经网络的分类器实现关系分类。经实验验证，该方法显著超过未使用预训练语言模型或未引入外部知识的方法，接近目前性能最高的结合使用知识图谱的嵌入方法 TransE 和图卷积神经网络 GCN 获取事件表示的 TIMERS 方法[82]，证明了引入外部事理常识知识、时序常识知识、利用预训练语言模型进行表示学习等方法的有效性。

5.3　子事件关系抽取

5.3.1　任务概述

给定事件对(A,B)，如果事件 B 是事件 A 的子事件，需要满足以下条件：（1）A 是一个复杂的活动序列，大部分由相同（或兼容的）代理（Agent）执行；（2）B 是活动序列中的一个；（3）B 与 A 发生在同一时间和地点。这里 A 扮演了一种事件集合的角色。这种关系使得不同的事件间形成了一个典型的事件序列（或脚本）[51]。例如："伊斯梅尔说，这场持续了几天的战斗加剧了，因为效忠伊戈尔的伊萨克人哈巴尔·阿瓦尔部族的部队**袭击**（E12）了他主要的反对派对手的一个民兵据点……声称自己是国防军的伊加勒民兵说，他们**占领**（E15）了反对派的两个哨所，**杀死**（E16）和**打伤**（E17）了许多战士，**摧毁**（E18）了三辆技术车（武装皮卡），**没收**（E19）了大炮和各种弹药。"我们进一步将例子中的事件构建了一个事件图，如图 5-6 所示。在图 5-6 中，事件 E15 是事件 E12 的子事件。事件 E15、E16、E17、E18、E19 在它们的父事件 E12 下形成了一个聚类。箭头表示从父事件指向子事件的一个子事件关系。该任务常用的评价指标有：BLANC、精确率、召回率、F 值[51]。

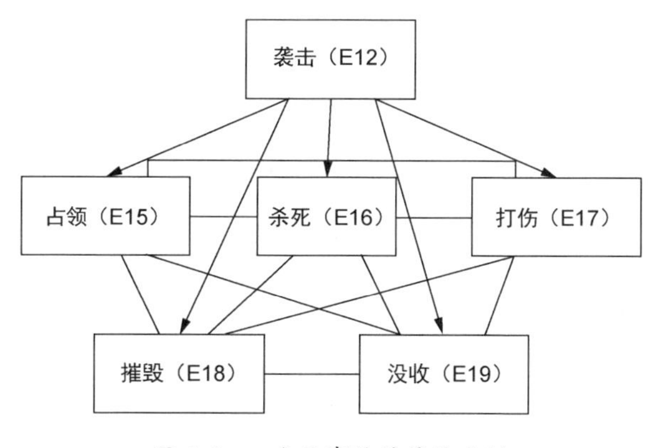

图 5-6　一个子事件关系的示例

5.3.2 数据集简介

子事件关系抽取常用的评估语料有 HiEve 语料[50]、IC 语料[49]、SeRI 语料[53]。

HiEve 语料关注于新闻故事中的子事件关系。由于新闻故事中包含大量表示不同时空粒度的真实事件，新闻故事中的叙述通常描述一些粗糙的具有空间、时间粒度的现实世界事件及其子事件。Glavaš 等人[50]基于新闻故事，提出了 HiEve 语料——一个识别事件之间时空包容关系的语料库。在 HiEve 中，叙事被表示为基于时空包容关系（即父事件-子事件关系）的事件层次，事件关系主要包含：父子事件关系（SUPERSUB），表示事件对中的第一个事件在空间或时间上包含第二个事件；子父事件关系（SUBSUPER），和父子事件关系对称；共指关系（COREF），表示两个事件指称指向了现实世界中的同一个事件；无关系（NORELATION），表示两个事件既无空时包含，也无共指关系。该语料包括 100 篇文档，包含 1354 个句子、33273 个词。

Hovy 等人[49]标注了一个情报系统（Intelligence Community，IC）语料库，包含暴力事件领域（如爆炸、杀戮、战争等）的文本。鉴于部分共指类型的稀疏性，该语料中注释了事件完全共指、子事件和成员关系的实例。

除了新闻领域等限定域，Ge 等人[53]基于 Wikipedia 中特有的关系模板（partof）及规则构建了一个 SeRI 语料，包含 3917 篇事件文章，共 7373 个候选子事件对。该语料共包含 3 种关系：父子事件关系、子父事件关系和无关系，可以用作从百科全书中挖掘子事件关系模型的训练及评估语料。

5.3.3 子事件关系抽取方法

由于子事件关系和事件共指关系的关系密切，很多工作会将这两种关系共同建模。Araki 等人[52]提出一种两阶段方法，用于挖掘和改进子事件结构。阶段 1：引入多分类的逻辑回归模型，能够同时检测子事件关系和共指关系。模型基于两两的共指模型，用于判断事件对之间是否包含以下几种关系：完全共指（Full Coreference，FC）、子事件父-子（Subevent Parent-child，SP）、子事件姐妹（Subevent Sister，SS）、无共指关系（No Coreference，NC）。一个父事件和它包含的所有子事件形成了一个子事件簇（Subevent Cluster）。阶段 2：基于模型检测得到的子事件簇改进子事件结构。利用在阶段 1 得到的高精度的 SS 关系和产生的子事件簇，使用投票算法来选择它们的父类，以提高系统在 SP 关系上的性能。具体地，对每个子事件簇，枚举簇外的所有候选父事件，使用阶段 1 中的逻辑回归模型计算候选父事件和簇中所有子事件之间 SP 关系的概率。挑选获得最高 SP 关系概率的候选父事件作为最可能的父事件。Glavaš 等人[58]利用逻辑回归模型将事件对分为父子事件关系、子父事件关系、无关系，并进一步增强了结构一致性，提升了模型性能。Aldawsari 等人[51]提出了一种自动识别子事件关系的有监督方法。在文献[52]的基础上，通过引入篇章和叙事特征，能够显著提升子事件关系抽取性能，这仍然是一种特征工程的方法。

此外，子事件抽取任务有助于很多下游任务的执行，一个典型应用即社交媒体中的应急管理（Emergency Management）问题。从社交媒体平台（如 Flickr、YouTube、Twitter、Facebook）收集不同类型（如图片、视频、文本信息）的数据（如持续状态更新、上下文信息）是一项有价值的技术，从这些数据中能够发现重要的子事件，这是应急管理中的重要问题。例如 Pohl 等人[55]使用了基于自组织映射（Self Organizing Map，SOM）的聚类方法来实现社交媒体中子事件关系的自动检测。其中，SOM 是没有隐层的神经网络的一种特例，它能够对输入矢量进行低维映射。Xing 等人[57]针对推特流简短、表达非正式且数据中包含噪声等问题，提出了一种基于主题标签（Hashtag）的相互生成的潜在狄利克雷分配模型（MGe-LDA）。模型考虑利用事件相关的标签增强子事件的发现性能，这些标签往往包含很多地点、日期和简洁的子事件相关的表述。此外，模型中的主题和标签是相互生成的。在相互生成的过程中对推文的标签和主题之间的关系进行建模，并强调了标签作为相应推文的语义表示的作用。Meladianos 等人[56]提出了一种基于图的方法识别推特流中的子事件关系检测的方法。通过将短时间内连续的推特序列表示为加权词图，使用图退化的概念识别组成事件的关键时刻（子事件）。Bekoulis 等人[54]设计了一种神经序列模型，能够实现社交媒体流中检测子事件的方法。该模型不仅可应用于单个帖子的层面，还可应用于信息流层面。通过将该问题建模为序列标记任务，能够有效利用社交媒体流有顺序的特点，采用神经序列架构显式建模社交流中帖子的事件顺序。

时序关系可以用来帮助子事件关系的推理工作，具体做法是构建引入 mix-hop 推理机制的异质事件图注意力模型（Heterogeneous Graph Attention model with Mix-hop Reasoning Mechanism，HGAM），模型框架如图 5-7 所示，主要分为 4 个模块，分别是（a）事件图构建模块、（b）节点编码模块、（c）信息传播和聚合模块及（d）关系预测模块。

首先，构建引入外部事理知识的异质事件图，“异质”指一张图中存在不同类型的节点，这里包含事件节点及事件关系节点。为了更好地建模上下文间的语义特征，决定采用事件图的形式进行表示学习，将“标题事件-段标题事件”“段标题事件-段内事件”用无向边进行层级连接，构建无向事件图。为了解决仅基于上下文构建的事件图的稀疏性问题，针对 SeRI 和 HiEve 两个不同的数据集，分别使用了两个外部常识知识库：EventWiki[83]和 Event Commonsense Knowledge[84]，并过滤掉了测试集上的所有事件，防止知识泄露。用 BM25 算法从知识库中检索数据集的相关事件及关系，事件作为节点被添加，事件间的关系作为边被添加，若有多个关系，则将关系的文本表示进行拼接，合并成一条有向边存储，如图 5-8 所示，标题事件、段标题事件、段内事件、知识库相关事件及其关系构成了有向事件图。

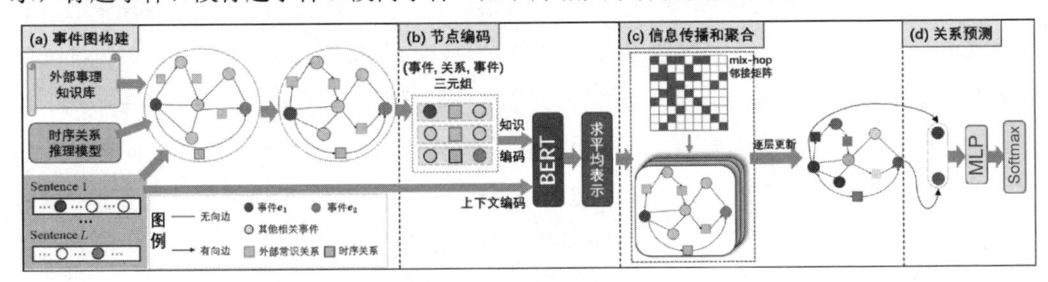

图 5-7　HGAM 模型框架

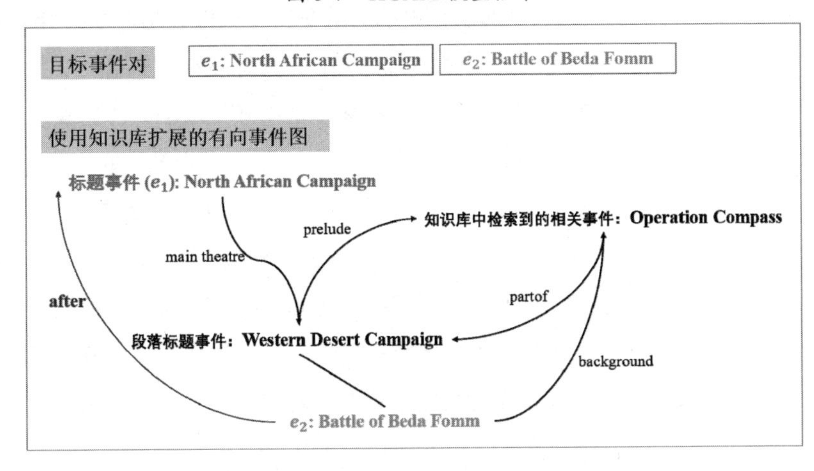

图 5-8　使用外部知识库扩展的有向事件图示例

其次，将表示事件关系的有向边转换为特殊节点，用无属性的有向边连接有关系的两事件，转换成一个异质事件图，并利用下列规则定义节点间的邻接关系：一跳邻居节点 N_i 为该节点一跳能到达的邻居节点（含自身），关系节点的多跳邻居节点 $\text{mix-}N_i$ 为其一跳邻居节点 N_i、事件节点的多跳邻居节点 $\text{mix-}N_i$（包含其一跳邻居节点中的事件节点）及一跳邻居节点中的关系节点的多跳邻居节点。如图 5-9 所示，e_1 为事件节点，$\text{mix-}N_i=\{e_1,r_{14},e_4,e_3,e_6\}$。通过上述工作，事件关系及外部知识就被编码进异质事件图中。

接着，在第二阶段，用预训练语言模型对节点的上下文和知识进行编码，上下文被送入 BERT 模型来获取上下文编码，而知识编码则基于构建的异质事件图中的邻接关系来实现，邻接信息以（事件，关系，事件）三元组的形式进行提取，用 BERT 模型获取它们的表示，并对参与的三元组表示取平均来获得该节点知识编码的结果。对事件节点，以上下文编码与知识编码结果的平均作为初始表示；对关系节点，直接以知识编码作为初始表示。在第三阶段，用两层图注意力机制实现信息的传播和聚合。在第四阶段，使用多层感知机进行推理，并结合交叉熵及基于向量余弦相似度的层次化损失进行训练。由于父事件通常早于子事件开始，晚于子事件结束，在第一阶段得到的事件图中，对两两事件进行时序关系推理，将时序关系作为知识融入。

经过实验，证明了时序知识对于子事件关系推理的指导意义，并且异质事件图注意力机制、mix-hop 推理机制、层次化损失函数、知识编码、上下文编码都有效地指导了子事件关系的识别。

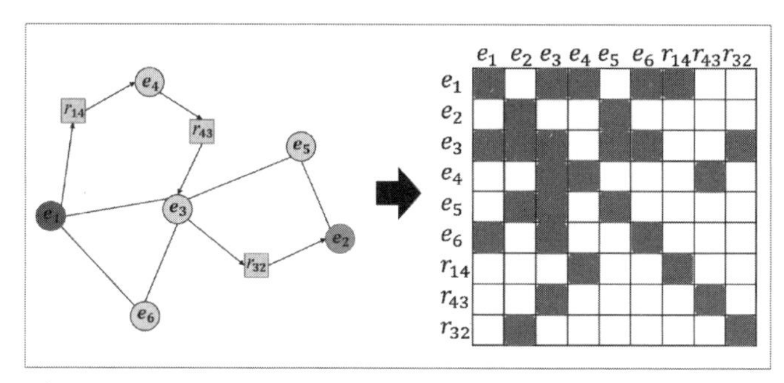

图 5-9　mix-hop 推理机制示例

5.4　事件共指关系抽取

5.4.1　任务概述

事件共指关系抽取的目的是对同一事件的文本指称（Textual Mentions）进行聚类。举一个例子来进一步说明事件共指关系："乔治斯·西普里亚尼{**离开**}$_{ev1}$了法国北部恩西海姆的一所监狱，并于周三获得假释。他乘坐一辆警车{**离开**}$_{ev2}$监狱，前往斯特拉斯堡附近的一所开放式监狱。"这个例子包含两个事件指称 ev1 和 ev2，分别由词"离开"和"离开"触发。这两个事件指称间具有共指关系，因为它们指的都是西普里亚尼离开监狱的事件。此外，该任务包含以下 4 种常用的评价算法：MUC、B^3、$CEAF_e$、BLANC[61]。

（1）MUC 算法是一种基于链的评价标准算法，它计算了将预测的共指链映射到标注的共指链所需插入或者删除的最少链接数量。其缺陷在于无法衡量系统预测单集（仅一个事件，不存在链关系）的性能。另一方面，所有的错误被均等看待，解释能力差（因为有的共指关系抽取错误对抽取性能危害更大）。

（2）B^3 算法可以克服 MUC 算法的缺点，可看作一种改进的 MUC 算法。该算法直接对事件计算，而非 MUC 指标中的基于链的计算。通过对每个事件指称分别计算精确率和召回率，以所有事件指称的平均值作为最终的评价指标。

（3）$CEAF_e$ 是一种基于相似度的评价指标，其核心思想是在预测结果和标注结果两个子集中对事件进行一对一匹配：在每一个标注事件最多与一个预测事件对齐，反之亦然的限定条件下，最大化事件相似度将事件对齐[65]。

（4）BLANC 算法正确地处理单个事件，并根据被提及的数量奖励正确的事件。它的一个基本假设是，对于给定的事件指称集合，所有共指链接和非共指链接的综合是不变的。

5.4.2 数据集简介

事件共指关系抽取可进一步划分为两个子问题。

（1）子问题 1：跨文档的事件共指关系（Cross-Document Event Coreference，CDEC），即在不同文档的事件中抽取共指关系。CDEC 常用的评估语料有两个，分别为 EventCorefBank（ECB）和 EventCorefBank+（ECB+）。

ECB 语料是 Bejan 等人[37]于 2010 年针对 CDEC 任务构建的首个语料，包含 GoogleNews 中被聚类为 43 个话题的 482 个文档，每个话题都包含特定的事件文档（如“2009 年印尼地震”），语料使用事件袋（Bag of Events）和实体方法进行标注，其中共指事件都与它们的相关实体一起放在同一个组中，但是不记录特定实体和事件间的关系。这种标注方法存在不能依据论元区分不同事件的局限性。

Cybulska 和 Vossen 等人[38]在 ECB 的基础上，通过额外扩充 500 个文档（共 982 个）包含相似但不相关的事件构建了 ECB+语料。因此对这些文档额外添加了不同的子话题，作者推荐使用语料中一个含 1840 个句子的子集，该子集额外检查了共指标注的正确性，是双重检验的句子集（Double-Checked Sentences）。这其中包含 5726 个事件、897 个共指链条（平均长度为 5.5 个事件，数据中的大多数共引用链都非常短，只有少数（大约 20 个）事件的长度大于 15 个）。

（2）子问题 2：文档内的事件共指关系（Within-Document Event Coreference，WDEC），即在同一个文档中抽取事件共指关系。WDEC 常用的评估语料有两个，分别为 KBP[39]和 ACE[40]，它们使用了与 ECB/ECB+不同的、更丰富的事件标注，包括事件类型和事件时序关系。但是，这些语料只提供 WDEC 注释（而且不是免费的，由语言数据协会 LDC 发布）。

5.4.3　事件共指关系抽取方法

早期，该任务的研究主要是基于标注语料的有监督方法。例如 Chen 和 Ji[41]关注 WDEC 任务，将该任务建模为一个谱图聚类问题，图中节点表示事件指称，边的权重表示事件间的共指关系强度。图的邻接矩阵被定义为共指关系矩阵，有两种方法计算矩阵结果，并使用实体约束指称 F 度量（Entity Constrained Mention F-measure，ECM-F）对标注的事件指称的聚类算法进行评价。这是一种局部的两两事件间的共指关系建模方法，无法在主题层面或文档集层面捕获全局事件分布，而且这种有监督方法依赖标注语料，导致模型泛化性能受限。针对这个问题，Bejan 等人[37]提出了一种无监督方法，利用非参数贝叶斯模型从一组未标记的文档中以概率推断出事件指称的共指聚合簇(Cluster)。该方法可以同时解决 CDEC 和 WDEC 任务。

最近针对 CDEC 的工作主要分为两类。一类是仅针对事件进行聚类，另一类针对事件和实体进行联合聚类。前者可能会利用实体信息来丰富特征集，但仅实现事件聚类。后者同时执行事件和实体的共指聚类。例如 Kenyon-Dean 等人[42]利用神经网络输出事件表示，提出了一个仅针对事件聚类的方法。

Vossen 和 Cybulska[43]提出了两个仅针对事件的系统（Event-Only System）：一个是基于管道设计的 NEWSREADER，用于追踪新闻中的事件，广泛使用基于规则的组件和基于机器学习的组件。另一个是设计简单的、仅针对事件进行聚类的事件袋系统，其能够在 ECB+上实现很好的性能。事件袋系统包含了基于文档级和基于事件级训练的两个决策树分类器。这两个分类器基于不同粒度的相同模板，使用相同的特征训练。首先运行事件袋系统中的文档级分类器，预测是否两个文档包含至少一对共指的事件。将具有共指事件对的文档聚合在相同的集合中。在完成文档聚类后，在每个聚类上运行事件级分类器，预测两个事件是否共指，然后计算传递闭包以找到最终的事件聚类。

Lu 和 Ng[44]针对事件触发词、回指事件关系（Anaphoric Event Relationship）、非回指事件共指关系进行联合学习，用于解决 WDEC 任务。通过显式利用文档内的篇章信息，构建了一个条件随机场实现分类。

Lee 等人[45]联合建模事件和实体进行共指解析，使用迭代方法谨慎地构造实体和事件的聚类，使用线性回归模型建模聚类合并操作。信息通过建模语义角色依赖关系的特征在实体和事件聚类之间流动，不仅可以处理实体，还可以处理名词或动词性事件，联合聚类允许利用事件共指的信息来帮助实体共指，反之亦然。

受文献[45]启发，Barhom 等人[46]首先利用 K-means 实现文档聚类，使用标注的事件触发词和实体产生事件和实体的向量表示，包括字符、词、上下文的表示，用这些已有表示定义一个新的概念：依存向量（Dependency Vector），用于捕获事件和实体指称间的依存关系。类似文献[45]，系统同样迭代计算事件聚类和实体聚类，并在簇被合并时重新计算更新依存向量。

作为对文献[43]的改进，Cremisini 等人[47]使用了一个小得多的特征集合来预测两两的事件共指，提出了一种独立于标注的不同的文档聚类方法；只使用事件触发词标注，设计了一种不同的事件聚类方法。在实现和文献[43]类似的性能情况下，对文献[43]做了大大的简化。作为一个管道模型，首先执行文档聚类，然后使用经过训练的成对事件共指分类器作为生成 CDEC 链的事件聚类过程的基本组件。

以上介绍的工作大多基于手动构建特征的一种管道架构方法，存在错误传播和泛化性能的问题。Lu 等人[48]提出了一种端到端的事件共指抽取方法（E^3C 神经网络），E^3C 的结构如图 5-10 所示，它能够对事件检测和事件共指解析进行联合建模，学习自动从文本中抽取特征。由于事件指称的内容多样化，事件共指受远距离的复杂控制，在 E^3C 神经网络中进一步提出了依赖语义的决策和类型引导的事件共指机制。

针对事件共指关系抽取任务，最近的工作表明，不仅需要抽取事件的完全共指，而且需要抽取事件的部分共指。部分共指指两个事件指称指的是同一个事件，但一个指称包含了另一个指称未包含的信息，二者在语义上是不完全相同的，但其核心部分是相同的。子事件关系可以看作一种事件部分共指关系，相关研究见 5.3 节。

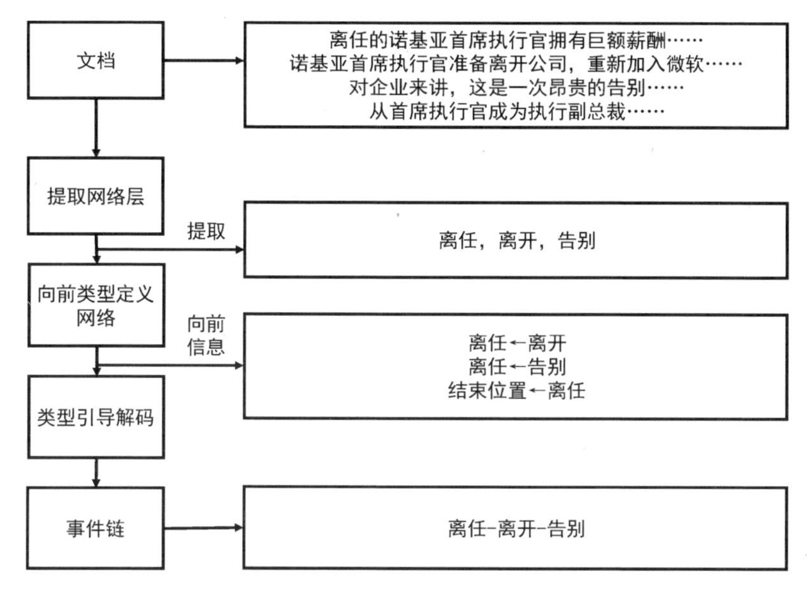

图 5-10　E^3C 结构图

5.5　本章小结

本章分别介绍了事件因果关系、事件时序关系、子事件关系和事件共指关系等几种公认的事件关系及对应的抽取技术。此外，还介绍了每种技术的主流训练及评估语料。最后分别介绍事件关系抽取的典型方法。事件之间的因果关系、时序关系、子事件关系、共指关系对于理解事件的演化缘由与趋势、认识事件的发展规律、科学制定事件预案具有重大意义。事理逻辑关系的抽取能从海量数据中梳理事件发展的本质规律或线索，并积累到知识库中。

随着深度学习的发展，几种事件关系的抽取视角也逐渐演变，特征由人工设计转为预训练语言模型学习，数据和知识库由人工构建转为自动构建，上下文和外部知识逐步引入，用树或图结构获得事件背景表示，抽取范围由句内变为篇章，训练模式由单任务变为多任务联合约束训练等。不过，事件关系抽取由于事件关系的隐晦性、灵活性、上下文相关性等特性，模型与人工识别存在较大差距，依旧存在许多挑战，值得研究者耐心探寻。

参 考 文 献

[1] DO Q, CHAN Y S, ROTH D. Minimally supervised event causality identification[C]//Proceedings of the 2011 conference on empirical methods in natural language processing, 2011: 294-303.

[2] KAPLAN R M, BERRY-ROGGHE G. Knowledge-based acquisition of causal relationships in text[J]. Knowledge Acquisition, 1991, 3(3): 317-337.

[3] KHOO C S G, CHAN S, NIU Y. Extracting causal knowledge from a medical database using graphical patterns[C]// Proceedings of the 38th annual meeting of the association for computational linguistics, 2000: 336-343.

[4] GIRJU R. Automatic detection of causal relations for question answering [C]// Proceedings of the ACL 2003 workshop on Multilingual summarization and question answering, 2003: 76-83.

[5] SUPPES P. A Probabilistic Theory of Causality[M]. Amsterdam: North-Holland Publishing Company, 1970.

[6] UZZAMAN N, LLORENS H, DERCZYNSKI L, et al. Semeval-2013 task 1: Tempeval-3: Evaluating time expressions, events, and temporal relations[C]//Second Joint Conference on Lexical and Computational Semantics (* SEM), Volume 2: Proceedings of the Seventh International Workshop on Semantic Evaluation (SemEval 2013), 2013: 1-9.

[7] PUSTEJOVSKY J. The TIMEBANK Corpus[C]//Proceedings of Corpus Linguistics 2003, 2003: 647-656.

[8] VERHAGEN M, GAIZAUSKAS R, SCHILDER F, et al. Semeval-2007 task 15: Tempeval temporal relation identification[C]//Proceedings of the fourth international workshop on semantic evaluations (SemEval-2007), 2007: 75-80.

[9] VERHAGEN M, SAURI R, CASELLI T, et al. SemEval-2010 Task 13: TempEval-2[C]//Proceedings of the 5th international workshop on semantic evaluation, 2010: 57-62.

[10] BETHARD S, MARTIN J H, KLINGENSTEIN S. Timelines from text: Identification of syntactic temporal relations[C]//International Conference on Semantic Computing (ICSC 2007). IEEE, 2007: 11-18.

[11] DO Q, LU W, ROTH D. Joint inference for event timeline construction[C]//Proceedings of the 2012 Joint Conference on Empirical Methods in Natural Language Processing and Computational Natural Language Learning, 2012: 677-687.

[12] O'GORMAN T, WRIGHT-BETTNER K, PALMER M. Richer event description: Integrating event coreference with temporal, causal and bridging annotation[C]//Proceedings of the 2nd Workshop on Computing News Storylines (CNS 2016), 2016: 47-56.

[13] CASSIDY T, MCDOWELL B, CHAMBERS N, et al. An Annotation Framework for Dense Event Ordering[C]//Proceedings of the 52nd Annual Meeting of the Association for Computational Linguistics (volume 2: Short Papers), 2014: 501-506.

[14] REIMERS N, DEHGHANI N, GUREVYCH I. Temporal anchoring of events for the timebank corpus[C]//Proceedings of the 54th Annual Meeting of the Association for Computational Linguistics (volume 1: Long Papers), 2016: 2195-2204.

[15] MOSTAFAZADEH N, GREALISH A, CHAMBERS N, et al. CaTeRS: Causal and temporal relation scheme for semantic annotation of event structures[C]//Proceedings of the Fourth Workshop on Events, 2016: 51-61.

[16] NING Q, FENG Z, ROTH D. A Structured Learning Approach to Temporal Relation Extraction[C]//Proceedings of the 2017 Conference on Empirical Methods in Natural Language Processing, 2017: 1027-1037.

[17] NING Q, WU H, ROTH D. A Multi-Axis Annotation Scheme for Event Temporal Relations[C]//Proceedings of the 56th Annual Meeting of the Association for Computational Linguistics (volume 1: Long Papers), 2018: 1318-1328.

[18] ZHOU B, NING Q, KHASHABI D, et al. Temporal Common Sense Acquisition with Minimal Supervision[C]//Proceedings of the 58th Annual Meeting of the Association for Computational Linguistics, 2020: 7579-7589.

[19] KENTON J D M W C, TOUTANOVA L K. BERT: Pre-training of Deep Bidirectional Transformers for Language Understanding[C]//Proceedings of NAACL-HLT, 2019: 4171-4186.

[20] HAN R, NING Q, PENG N. Joint Event and Temporal Relation Extraction with Shared Representations and Structured Prediction[C]//Proceedings of the 2019 Conference on Empirical Methods in Natural Language Processing and the 9th International Joint Conference on Natural Language Processing (EMNLP-IJCNLP), 2019: 434-444.

[21] CHAMBERS N, CASSIDY T, MCDOWELL B, et al. Dense event ordering with a multi-pass architecture[J]. Transactions of

the Association for Computational Linguistics, 2014, 2: 273-284.

[22] BETHARD S. Cleartk-timeml: A minimalist approach to tempeval 2013[C]//Second joint conference on lexical and computational semantics (* SEM), volume 2: proceedings of the seventh international workshop on semantic evaluation (SemEval 2013), 2013: 10-14.

[23] MENG Y, RUMSHISKY A. Context-aware neural model for temporal information extraction[C]//Proceedings of the 56th Annual Meeting of the Association for Computational Linguistics (volume 1: Long Papers), 2018: 527-536.

[24] TOURILLE J, FERRET O, NEVEOL A, et al. Neural architecture for temporal relation extraction: A Bi-LSTM approach for detecting narrative containers[C]//Proceedings of the 55th Annual Meeting of the Association for Computational Linguistics (volume 2: Short Papers), 2017: 224-230.

[25] LIN C, MILLER T, DLIGACH D, et al. Representations of time expressions for temporal relation extraction with convolutional neural networks[C]//BioNLP 2017, 2017: 322-327.

[26] HAN R, ZHOU Y, PENG N. Domain Knowledge Empowered Structured Neural Net for End-to-End Event Temporal Relation Extraction[C]//Proceedings of the 2020 Conference on Empirical Methods in Natural Language Processing (EMNLP), 2020: 5717-5729.

[27] HASHIMOTO C, TORISAWA K, KLOETZER J, et al. Toward future scenario generation: Extracting event causality exploiting semantic relation, context, and association features[C]//Proceedings of the 52nd Annual Meeting of the Association for Computational Linguistics (volume 1: Long Papers), 2014: 987-997.

[28] MIRZA P, SPRUGNOLI R, TONELLI S, et al. Annotating causality in the TempEval-3 corpus[C]//Proceedings of the EACL 2014 Workshop on Computational Approaches to Causality in Language (CAtoCL), 2014: 10-19.

[29] MIRZA P, TONELLI S. An analysis of causality between events and its relation to temporal information[C]//Proceedings of COLING 2014, the 25th International Conference on Computational Linguistics: Technical Papers, 2014: 2097-2106.

[30] MIRZA P, TONELLI S. CATENA: CAusal and Temporal relation Extraction from NAtural language texts[C]//Proceedings of COLING 2016, the 26th International Conference on Computational Linguistics: Technical Papers, 2016: 64-75.

[31] CASELLI T, VOSSEN P. The event storyline corpus: A new benchmark for causal and temporal relation extraction[C]// Proceedings of the Events and Stories in the News Workshop, 2017: 77-86.

[32] GAO L, CHOUBEY P K, HUANG R. Modeling document-level causal structures for event causal relation identification[C]//Proceedings of the 2019 Conference of the North American Chapter of the Association for Computational Linguistics: Human Language Technologies(volume 1: Long and Short Papers), 2019: 1808-1817.

[33] LIU J, CHEN Y, ZHAO J. Knowledge enhanced event causality identification with mention masking generalizations[C]//Proceedings of the Twenty-Ninth International Conference on International Joint Conferences on Artificial Intelligence, 2021: 3608-3614.

[34] KADOWAKI K, IIDA R, TORISAWA K, et al. Event causality recognition exploiting multiple annotators' judgments and background knowledge[C]//Proceedings of the 2019 Conference on Empirical Methods in Natural Language Processing and the 9th International Joint Conference on Natural Language Processing (EMNLP-IJCNLP), 2019: 5816-5822.

[35] HIDEY C, MCKEOWN K. Identifying causal relations using parallel Wikipedia articles[C]//Proceedings of the 54th Annual Meeting of the Association for Computational Linguistics (volume 1: Long Papers), 2016: 1424-1433.

[36] NING Q, FENG Z, WU H, et al. Joint Reasoning for Temporal and Causal Relations[C]//Proceedings of the 56th Annual Meeting of the Association for Computational Linguistics (volume 1: Long Papers), 2018: 2278-2288.

[37] BEJAN C A, HARABAGIU S. Unsupervised event coreference resolution with rich linguistic features[C]//Proceedings of the 48th Annual Meeting of the Association for Computational Linguistics, 2010: 1412-1422.

[38] CYBULSKA A, VOSSEN P. Using a sledgehammer to crack a nut? Lexical diversity and event coreference resolution[C]//Proceedings of the Ninth International Conference on Language Resources and Evaluation (LREC'14), 2014: 4545-4552.

[39] GETMAN J, ELLIS J, STRASSEL S, et al. Laying the groundwork for knowledge base population: Nine years of linguistic resources for tac kbp[C]//Proceedings of the Eleventh International Conference on Language Resources and Evaluation (LREC 2018), 2018.

[40] DODDINGTON G R, MITCHELL A, PRZYBOCKI M, et al. The Automatic Content Extraction (ACE) Program-Tasks, Data, and Evaluation[C]//Proceedings of the Fourth International Conference on Language Resources and Evaluation (LREC'04), 2004.

[41] CHEN Z, JI H. Graph-based event coreference resolution[C]//Proceedings of the 2009 Workshop on Graph-based Methods for Natural Language Processing (TextGraphs-4), 2009: 54-57.

[42] KENYON-DEAN K, CHEUNG J C K, PRECUP D. Resolving Event Coreference with Supervised Representation Learning and Clustering-Oriented Regularization[J]. NAACL HLT 2018, 2018: 1.

[43] VOSSEN P, CYBULSKA A. Identity and granularity of events in text[C]//Computational Linguistics and Intelligent Text Processing: 17th International Conference, CICLing 2016, Konya, Turkey, April 3-9, 2016, Revised Selected Papers, Part II 17. Springer International Publishing, 2018: 501-522.

[44] LU J, NG V. Joint learning for event coreference resolution[C]//Proceedings of the 55th Annual Meeting of the Association for Computational Linguistics (volume 1: Long Papers), 2017: 90-101.

[45] LEE H, RECASENS M, CHANG A, et al. Joint entity and event coreference resolution across documents[C]//Proceedings of the 2012 Joint Conference on Empirical Methods in Natural Language Processing and Computational Natural Language Learning, 2012: 489-500.

[46] BARHOM S, SHWARTZ V, EIREW A, et al. Revisiting Joint Modeling of Cross-document Entity and Event Coreference Resolution[C]//Proceedings of the 57th Annual Meeting of the Association for Computational Linguistics, 2019: 4179-4189.

[47] CREMISINI A, FINLAYSON M. New insights into cross-document event coreference: Systematic comparison and a simplified approach[C]//Proceedings of the First Joint Workshop on Narrative Understanding, Storylines, and Events, 2020: 1-10.

[48] LU Y, LIN H, TANG J, et al. End-to-end neural event coreference resolution[J]. Artificial Intelligence, 2022, 303: 103632.

[49] HOVY E, MITAMURA T, VERDEJO F, et al. Events are not simple: Identity, non-identity, and quasi-identity[C]// Workshop on events: Definition, detection, coreference, and representation, 2013: 21-28.

[50] GLAVAŠ G, ŠNAJDER J, KORDJAMSHIDI P, et al. HiEve: A corpus for extracting event hierarchies from news stories[C]//Proceedings of 9th language resources and evaluation conference. ELRA, 2014: 3678-3683.

[51] ALDAWSARI M, FINLAYSON M A. Detecting subevents using discourse and narrative features[C]//Proceedings of the 57th Annual Meeting of the Association for Computational Linguistics, 2019.

[52] ARAKI J, LIU Z, HOVY E, et al. Detecting Subevent Structure for Event Coreference Resolution[C]//Proceedings of the Ninth International Conference on Language Resources and Evaluation (LREC'14), 2014.

[53] GE T, CUI L, CHANG B, et al. Seri: A dataset for sub-event relation inference from an encyclopedia[C]//Natural Language Processing and Chinese Computing: 7th CCF International Conference, NLPCC 2018, Hohhot, China, August 26-30, 2018, Proceedings, Part II 7. Springer International Publishing, 2018: 268-277.

[54] BEKOULIS G, DELEU J, DEMEESTER T, et al. Sub-Event Detection from Twitter Streams as a Sequence Labeling Problem[C]//Proceedings of NAACL-HLT, 2019: 745-750.

[55] POHL D, BOUCHACHIA A, HELLWAGNER H. Automatic sub-event detection in emergency management using social

media[C]//Proceedings of the 21st international conference on world wide web, 2012: 683-686.

[56] MELADIANOS P, NIKOLENTZOS G, ROUSSEAU F, et al. Degeneracy-based real-time sub-event detection in twitter stream[C]//Proceedings of the international AAAI conference on web and social media, 2015, 9(1): 248-257.

[57] XING C, WANG Y, LIU J, et al. Hashtag-based sub-event discovery using mutually generative lda in twitter[C]//Proceedings of the AAAI conference on artificial intelligence, 2016, 30(1).

[58] GLAVAŠ G, ŠNAJDER J. Constructing coherent event hierarchies from news stories[C]//Proceedings of TextGraphs-9: the Workshop on Graph-Based Methods for Natural Language Processing, 2014: 34-38.

[59] 杨雪蓉, 洪宇, 陈亚东, 等. 事件关系检测的任务体系概述[J]. 中文信息学报, 2015, 29(4): 25-32

[60] NING Q, ZHOU B, FENG Z, et al. CogCompTime: A tool for understanding time in natural language[C]//Proceedings of the 2018 Conference on Empirical Methods in Natural Language Processing: System Demonstrations, 2018: 72-77.

[61] LU J, NG V. Event coreference resolution: a survey of two decades of research[C]//Proceedings of the 27th International Joint Conference on Artificial Intelligence, 2018: 5479-5486.

[62] YANG J, HAN S C, POON J. A survey on extraction of causal relations from natural language text[J]. Knowledge and Information Systems, 2022, 64(5): 1161-1186.

[63] LI Z, DING X, LIU T, et al. Guided generation of cause and effect[C]//Proceedings of the Twenty-Ninth International Conference on International Joint Conferences on Artificial Intelligence, 2021: 3629-3636.

[64] LI Z, DING X, LIAO K, et al. Causalbert: Injecting causal knowledge into pre-trained models with minimal supervision[J]. arXiv preprint arXiv:2107.09852, 2021.

[65] 史树敏, 黄河燕, 刘东升. 自然语言文本共指消解性能评测算法研究[J]. 计算机科学, 2008, 35(9): 168-171, 177.

[66] GIRJU R, NAKOV P, NASTASEV, et al. Semeval-2007 task 04: Classification of semantic relations between nominals[C] // Proceedings of the Fourth International Workshop on Semantic Evaluations (SemEval-2007), 2007: 13-18.

[67] HENDRICKX I, KIM S N, KOZAREVA Z, et al. Semeval-2010 task 8: Multi-way classification of semantic relations between pairs of nominals [J]. arXiv preprint arXiv:1911.10422, 2019.

[68] DUNIETZ J, LEVIN L, CARBONELL J. The BECauSE corpus 2.0: Annotating causality and overlapping relations[C] // Proceedings of the 11th Linguistic Annotation Workshop, 2017: 95-104.

[69] PRASAD R, DINESH N, LEE A, et al. The Penn Discourse TreeBank 2.0[C] // LREC, 2008.

[70] WEBBER B, PRASAD R, LEE A, et al. The penn discourse treebank 3.0 annotation manual[J]. Philadelphia, University of Pennsylvania, 2019, 35: 108.

[71] NIE A, BENNETT E, GOODMAN N. DisSent: Learning Sentence Representations from Explicit Discourse Relations[C] // Proceedings of the 57th Annual Meeting of the Association for Computational Linguistics, 2019: 4497-4510.

[72] RASHKIN H, SAP M, ALLAWAY E, et al. Event2mind: Commonsense inference on events, intents, and reactions[J]. arXiv preprint arXiv:1805.06939, 2018.

[73] SPEER R, CHIN J, HAVASI C. ConceptNet 5.5: An Open Multilingual Graph of General Knowledge[C] // Proceedings of the AAAI conference on artificial intelligence, 2017, 31(1).

[74] ZHANG H, LIU X, PAN H, et al. ASER: A large-scale eventuality knowledge graph[C]// Proceedings of The Web Conference 2020, 2020 : 201-211.

[75] SAP M, LE BRAS R, ALLAWAY E, et al. ATOMIC: an atlas of machine commonsense for if-then reasoning[C] // Proceedings of the AAAI conference on artificial intelligence, 2019, 33(01): 3027-3035.

[76] LUO Z, SHA Y, ZHU K Q, et al. Commonsense causal reasoning between short texts[C] // Knowledge Representation and Reasoning, 2016.

[77] ZHAO S, WANG Q, MASSUNG S, et al. Constructing and embedding abstract event causality networks from text snippets[C] // Proceedings of the Tenth ACM International Conference on Web Search and Data Mining, 2017: 335-344.

[78] SCHULER K K. VerbNet: A broad-coverage, comprehensive verb lexicon [M]. Philadelphia: University of Pennsylvania, 2005.

[79] MILLER G A. WordNet: a lexical database for English[J]. Communications of the ACM, 1995, 38(11) : 39-41.

[80] RIAZ M, GIRJU R. Toward a better understanding of causality between verbal events: Extraction and analysis of the causal power of verb-verb associations[C]//Proceedings of the SIGDIAL 2013 Conference, 2013: 21-30.

[81] NING Q, WU H, HAN R, et al. TORQUE: A Reading Comprehension Dataset of Temporal Ordering Questions[C]//Proceedings of the 2020 Conference on Empirical Methods in Natural Language Processing (EMNLP), 2020: 1158-1172.

[82] MATHUER P, JAIN R, DERNONCOURT F, et al. TIMERS: Document-level Temporal Relation Extraction[C]// Proceedings of the 59th Annual Meeting of the Association for Computational Linguistics and the 11th International Joint Conference on Natural Language Processing (Short Papers), 2021: 524-533.

[83] GE T, CUI L, CHANG B, et al. Eventwiki: A knowledge base of major events[C]//Eleventh International Conference on Language Resources and Evaluation, 2018: 499-503.

[84] YAO W, DAI Z, RAMASWAMY M, et al. Weakly supervised subevent knowledge acquisition[C]//Proceedings of the 2020 Conference on Empirical Methods in Natural Language Processing, 2020: 5345-5356.

第6章 事件表示学习

事件是现实世界信息的一种结构化表示形式，事件表示学习的目的是将这种结构化的信息表示为计算机可以理解的形式，以便应用于下游任务。事件表示学习是事件相似度度量、事件预测、股市预测等任务的基础，对人工智能的发展有着重要作用。

事件本身的表示范畴决定了事件的表示学习方法与其他文本单元的表示学习方法是不尽相同的。这里我们所说的事件，通常指的是包含参与者在内的某种动作或者情况的发生，或者状态的改变。因此，在粒度上，事件介于词与句子之间。与词相比，事件通常包含多个词，用来描述事件的发生及事件的组成要素，是一种语义更为完备的文本单元；与句子相比，事件更关注对现实世界的动作或者变化的描述，是对现实世界一种更细粒度的刻画。因此，事件的表示与词、句子级别的文本单元表示方法有本质区别。而在形式上，事件的组成要素包含多种事件元素，如事件的触发词或者事件类型、事件参与者、事件发生的时间或者地点等，这些多元异构的不同信息要素的融合表示方法对下游任务的意义重大。

6.1 任务概述

事件表示学习的任务旨在将离散的事件表示为低维、连续、实数值向量，使得在向量空间中，语义相似的事件距离相近。总体而言，事件表示学习的发展经历了若干阶段。早期的研究主要对离散的事件表示进行学习和推理；随着深度学习的发展，人们开始尝试使用深度神经网络来为事件学习连续的向量表示，同时逐渐有研究探索将事件内信息、事件间信息、外部知识等多种类型的信息融入事件表示中。而最近，预训练语言模型技术的发展，也使事件表示技术达到了新的高潮。

6.1.1 任务难点

1. 事件类型的开放性

在事件表示学习中，事件类型往往是无限的，所以无法像学习知识库中的多元关系数据连续表示那样，直接用一个矩阵或者张量建模学习某一个特定的关系类型。这是由于在关系三元组(e_1,R,e_2)中，两个命名实体e_1和e_2之间的关系类型R是有限的。本书作者将事件词P也表示成与施事者O_1和受事者O_2具有相同维度的向量，以摆脱事件类型无限的限制。

2. 事件角色的方向性

事件元素都是有特定角色的，具有很强的方向性，谁是事件的施事者、谁是事件的受事者，这是不可以随便改变的，一旦改变，则事件完全不同。例如，在事件“阿根廷队在 2022 年世界杯决赛中击败法国队”中，阿根廷队是施事者，法国队是受事者，两者之间具有明确的方向性，若无法区分其位置特征，则无法对事件进行准确理解。相比于知识图谱中关系三元组的表示学习，事件表示学习不仅需要辨别命名实体(e_1,e_2)与给定关系间的方向性，还需要处理更多的事件元素之间的相关关系，因此具有更大的挑战。

3. 深层次事件语义理解

深刻理解事件本身的语义往往需要我们更多地挖掘事件本身的构成元素以外的信息知识。在浅层特征的意义上相似的事件在实际语义上却往往千差万别，仅仅建模事件动作与事件论元字面上的语义信息往往是不够的，精准理解事件深层次的语义特征还需要事件动作与事件元素背后的领域知识与常识知识。例如，“乔布斯离开苹果公司”与“小明离开星巴克”可能会具有相似的向量表示，但考虑事件施事者与受事者间的实体关系，“乔布斯”是“苹果公司”的 CEO，而“小明”与“星巴克”并没有什么联系，因此两个事件会对其受事者造成完全不同的影响。再如，“某人甲扔篮球”与“某人乙扔炸弹”，“某人甲打破花瓶”与“某人乙打破纪录”在字面上依然有很高的相似度，即施事者的动作特征是相似的，但却有着截然不同的语义特征。掌握这种分辨能力，需要我们在学习事件本身的语义信息的同时，融入事件背后的场景、情感、意图、事件间的关系等多种信息来辅助模型的训练，这样才能学习到准确的深层次事件语义信息。

6.1.2 任务评价

事件表示学习的根本目的是将良好的事件表示应用到合适的下游任务中。一般而言，研究者会使用事件相似度度量、事件预测等任务来评价事件表示学习的效果。

事件相似度度量即自动判别两个事件是同一事件的概率，可以用于事件去重、聚类等场景。在构建事件相似度度量数据集时，为了充分考量事件表示模型的效果，人们往往按照如下原则构建两类数据：（1）构建字面上相似度很高但语义上相似度很低的事件对；（2）构建字面上相似度很低但语义上相似度很高的事件对。研究者们通常在这种称为 Hard Similarity 的数据集上进行事件表示学习效果的评价。

事件预测是事件表示的一类重要下游任务，其目的是建模社会生活中事件的演化关系、事件之间的因果关系。如图 6-1 所示，在标准的 MCNC 数据集中，包含了从 GigaWord 语料《纽约时报》部分中抽取的 160331 个事件链条，每个事件链条都包含多个上下文事件，并为链条中最后一个事件设置了 5 个选项，任务的形式是要求模型从中选择唯一正确的选项。Li 等人贡献了事件因果推理的 CausalBank 数据[1]，包含了 3.14 亿个利用因果模板从大规模文本中抽取的因果事件对，是目前最大的事件因果数据集。其任务形式是一个生成任务，希望根据给定的原因事件，直接生成后续的结果事件。

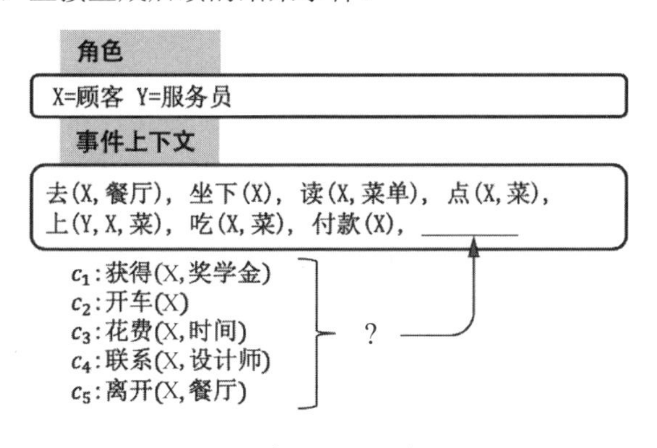

图 6-1　事件预测任务示例

事件驱动的股市预测即利用结构化的事件来预测股票的涨跌。例如“苹果公司的 CEO 乔布斯去世”事件，导致第二天苹果公司股价大跌；“谷歌公布财报收入好于预期”，导致谷歌股价大涨。这类新闻报道事件会对人们的决策产生影响，进而影响人们的交易行为与金融市场的波动。图 6-2 展示了 3 个事件对谷歌股价涨跌的影响，在事件发生的第二天，其影响达到峰值，其后随着时间的推移，影响力逐渐下降。

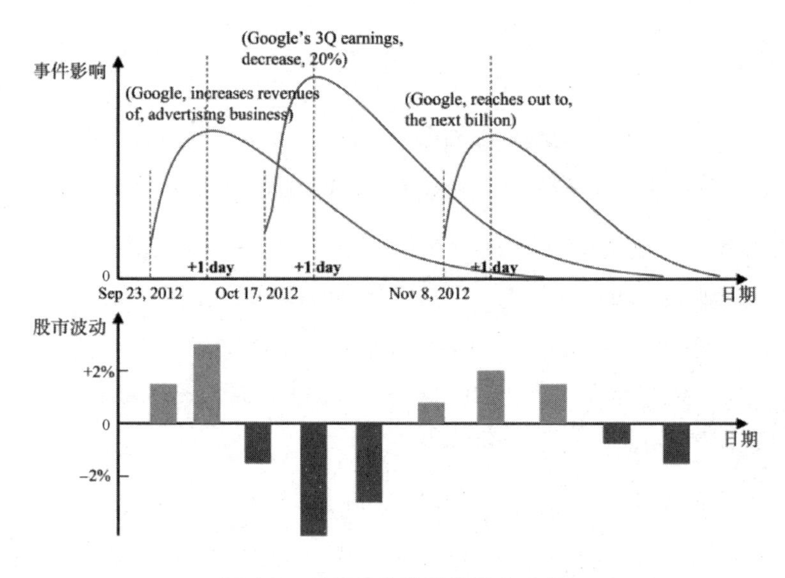

图 6-2 新闻对谷歌股价影响示例

典型地，可以将股市预测看作二元分类问题，即判断股价未来走势是上涨还是下跌。具体而言，预测模型的输入是结构化信息的事件，输出是预测当天股市的收盘价相对于开盘价是上涨还是下跌。显而易见，深层次理解事件语义对后续预测弥足重要。

6.2 事件的离散表示

事件的离散表示指的是传统的基于独热向量或者词袋模型等方案对事件进行表示的方法。其核心问题是要以何种模式来对事件进行表示。

直观地，我们可以用一个完整的句子来描述一个具体事件，例如“美军轰炸了阿富汗的一个军事仓库”“阿富汗美国军事基地遭到袭击”“位于喀布尔的一个恐怖组织基地被美军攻击”。尽管这种无结构化的表示有着直观且易于获取的优点，但是并不利于计算机理解。从人的角度看，我们能够理解第一个事件和第三个事件都是美军的军事行为，阿富汗和喀布尔都是事件发生的地点，第一个事件与第三个事件可能更为相似。但是从计算机的角度看，往往会认为前两个事件十分相似，这是因为这两句话中出现的词语十分接近。为了使事件的描述更为直观、清晰，易于后续任务的推理，研究者通常使用一种结构化的方式来对事件进行描述。即将事件描述为一个事件动作与多个事件元素构成的元组。

典型地，Radinsky[2]等人将一个事件表征为一个六元组(P,O_1,O_2,O_3,O_4,T)，每个构成元素的含义如下。

- P表示事件发生的动作或状态。
- O_1表示事件的施事者，即事件的实施者。
- O_2表示事件的受事者，即事件作用的对象。
- O_3表示使事件发生的工具。
- O_4表示事件发生的地点。
- T表示事件发生的时间戳。

例如，对于事件“今年8月份的时候，小明通过心肺复苏成功搭救了飞机上突然昏迷的患者”，$P=$搭救，$O_1=$小明，$O_2=$昏迷的患者，$O_3=$心肺复苏，$O_4=$飞机上。由于现实世界中表述事件的复杂性，O_1、O_2、O_3、O_4都可以是一个或者多个。虽然这种表征方式比较完备，然而由于涉及的事件元素较为具体，可能增大事件的稀疏性，也可能会导致从大规模文本中抽取事件的精度降低。所以，研究者往往会根据具体的事件表示所作用的下游任务有取舍地对事件元素进行筛选。如本书作者将这种表示方法简化为(O_1,P,O_2,T)，即去掉了使事件发生的工具和事件发生的地点，基于这种表示来研究事件对在股票预测任务中的作用[3]。在脚本预测任务中，Chambers与Jurafsky提出了Predicate-GR的事件表示方法，将该任务中与同一个角色相关的事件按照时间顺序整理成事件链，Predicate-CR将每个事件都表示为动作及动作与角色之间的依存关系所组成的二元组[4]，例如(逮捕,对象)代表一个逮捕事件，而且事件链关联的角色在该事件中为宾语，即被逮捕的对象。因为同一个事件链中的角色是相同的，所以无须将角色加入事件表示。

由于历史上发生的事件大多都很难以相同的方式再次发生，且文本表达本身十分多样，因此会导致事件具有严重的稀疏性，例如，“微软以72亿美元价格吞并诺基亚移动手机业务”和“微软出资72亿美元收购诺基亚移动手机业务”表达的是同一个事件。因此，对事件进行离散表示后，为了使事件表示能够在下游任务中有更强的泛化能力，也往往需要进一步使用事件泛化的技术对同一事件的不同表达进行归一化。一种典型的思路即使用广泛应用的语义词典，如WordNet、HowNet和VerbNet等，对事件元素进行泛化，将“吞并业务”和“出资收购”泛化为相同类型的上位事件。这部分的详细内容将在第7章介绍。

除了直接将事件看作施事者和受事者之间的相互作用，也有研究者对事件的模式进行了更细粒度的研究，即详细区分了不同事件的不同类型的事件元素。FrameNet语料就是这样一种英文语料库，由美国加州大学伯克利分校国际计算机科学所开发，基本思路是基于语义框架来理解单词的语义。这里所谓的语义框架是用于刻画一个小的抽象的“情境”（Scene）的，该“情境”可帮助理解一个动词的语义结构与该动词的基本句法属性要如何联系。例如，“做饭”这个“情境”可以抽象为做饭的人“厨师”、要做的饭的原材料“食材”、用来盛放食物的东西“容器”和用来加热的器皿“加热源”，这里“厨师”“食材”“容器”“加热源”即与事件“做饭”相关的事件元素。在 FrameNet 中，称“做饭”为一个 Frame，而与之相关的事件元素为 Frame Elements（FE）。同时，还标注了触发该 Frame 的词语，如与“Cook”相关的词可以是 bake、blanch、boil、broil、brown 等。目前，FrameNet 语料库包含了 1200 多个这样的语义框架，并与 WordNet、《牛津英语词典》等词汇资源建立了联系，在语义分析、机器问答、信息抽取、机器翻译等领域都起着重要的作用。因此，事件的离散表示问题就转化为对给定 Frame 的填槽问题。

尽管离散模型方法简单且有效，但是也存在两个重要的局限性：其一，WordNet、VerbNet 等语义词典的词覆盖有限，很多词难以在语义词典中找到相应的记录；其二，对于词语的泛化，具体到哪一级不明确，对于不同的应用可能会有不同的要求，很难统一。此外，即使对事件进行了泛化，还是无法解决独热的特征表示带来的维度灾难（Curse of Dimensionality）问题。例如，假设词典中有 10000000 个词，那么就需要用 10000000 维特征来表示一个词。由此带来的特征稀疏问题，会导致后续的应用难以取得较好结果，并且超高维度的特征空间也会消耗大量的实验时间和空间存储，增加了计算成本。这也催生了随后的基于连续数值进行事件表示的研究。

6.3 结构化事件的连续向量表示

事件的连续向量表示指的是为每一个事件学习如图 6-3 所示的一个低维、连续的向量表示，从而使相似的事件具有相似的向量表示，在向量空间中相邻。事件“微软诉讼三星”即表示为高维向量空间中的一个点，其每一维都为一个连续数。“小明吃馒头”与“小明啃馒头”虽然字面上用词不同，但有着相同的语义，因此在向量空间中相邻。向量表示方法可以极大地缓解事件表示的稀疏性，更便于构建针对事件的计算模型。目前，连续向量表示方法基本上已经取代了离散表示方法，也是本书所聚焦的重点。

事件的连续向量表示方法主要由两部分组成：在给定的事件离散表示的基础上，首先将每个事件元素都转化为连续向量，随后将各个事件元素的向量进行组合，最终得到针对整个事件的连续向量表示。本章将分别介绍不同类型的事件元素的表示方法和组合事件元素获取事件表示的方法。另外，还将对典型的学习方法进行梳理。

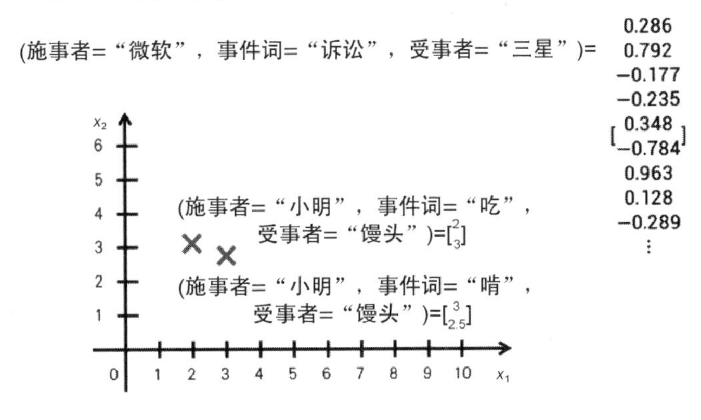

图 6-3　事件的连续向量表示示意图

6.3.1　事件元素的表示方法

6.3.1.1　基于预训练词向量的事件元素表示

自 2013 年起，随着深度学习技术的发展，人们开始探索为文本学习连续的语义表示。分布式的语义表示将基本文本单元（如字、词等）表示为一个静态的词向量，构建了一个查询表，其中，表中每一行都存储了一个特定词语的向量值，每一列的第一个元素都代表着这个词本身，即我们可以进行词和向量的映射。给定任何一个或者一组单词，都可以通过查询表将相应单词转化为向量。通过为相关性较强（语义相近）的文本单元学习相近的向量表示，可以极大程度地缓解文本单元表示的稀疏性。典型的代表工作是 2013 年 Mikolov 提出的 Word2Vec 算法[20]，可通过上下文来学习单词的向量表示，如图 6-4 所示，其基本假设是，词的语义由其上下文决定，词义相近的两个词汇应该具有相似的上下文。最终，每个文本单元的语义信息都是由所有语义单元在向量空间中的位置共同决定的。Word2Vec 算法包含两个经典模型，分别是 CBOW（Continuous Bag-of-Words）和 Skip-gram。其中，CBOW 根据上下文的词向量预测中心词，而 Skip-gram 根据中心词预测上下文。

在典型的事件离散表示中，每个事件元素均由少数几个单词组成。例如事件“服务员给顾客上菜”，符合典型的“主、谓、宾”结构，可以表示为三元组（服务员，上菜，顾客），每个事件元素均是一个（或几个）单词。针对这种词级别的事件元素，通常可以直接基于 Word2Vec 这一“利器”对词级别的事件元素进行表示（若事件元素由多个词组成，则该事件元素的表示通常被设置为所有词向量的均值）。

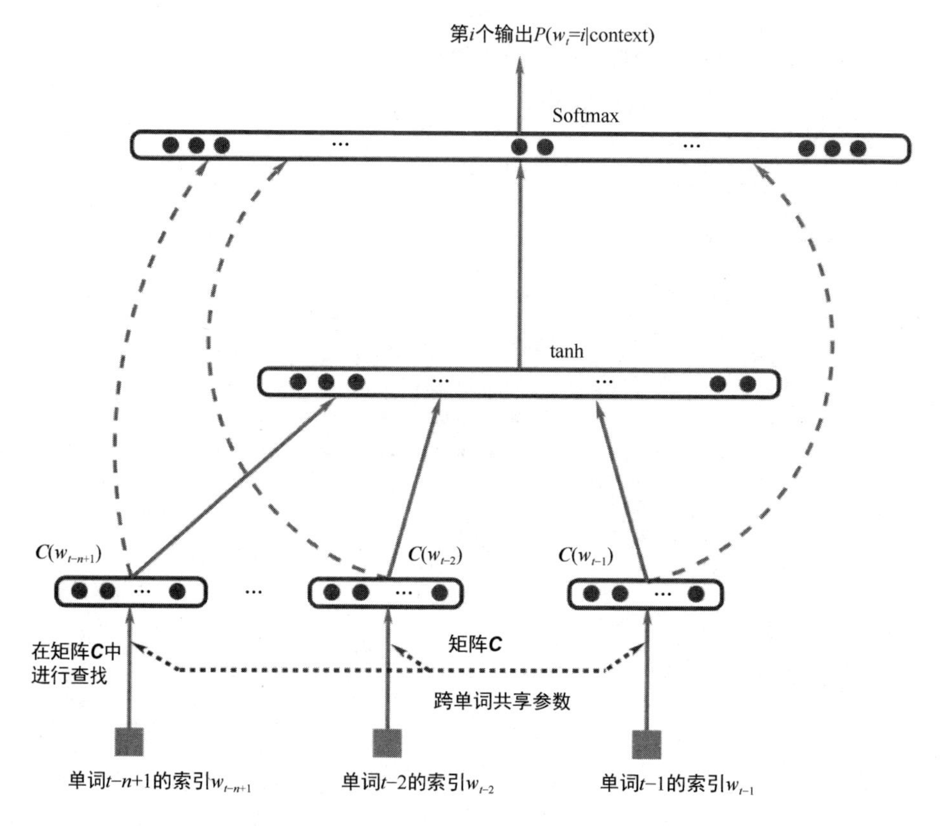

图 6-4　Word2Vec 算法

6.3.1.2　特殊类型的事件元素表示

并非所有的事件元素都可以基于分布式的词向量表示模型进行表示。事件的发生时间，作为一种特殊的数值类型的事件元素，在一些如事件时序关系抽取、时间敏感的事件检索和问答中弥足重要。但是，与通常的自然文本序列不同，时间表达式有着明确的数值上的大小和前后关系。在进行时间表达式的编码时，需要保留这种数值特征。例如，“5 月 7 日”的表示应当更接近于“4 月 30 日”，而非“5 月 20 日”，应当能够识别出“2021 年”处于“21 世纪”，“2021 年”先于“2030 年”等。而这种数值表示的能力正是传统的连续语义表示模型所欠缺的。

为了达到对时间表达式进行编码的目的，Goyal 提出了一种基于合成的数据进行时间表达式编码的方案[24]。首先基于时间语法模板生成大量的时间表达式，模板主要分为两类，一类是显式的日期表达，如“9 月 12 日”“10-12-2013”等，另一类是自然语言的时间提示词，如“5 年前”“明年”“两个月之后”等。通过为不同的语法模板采样不同的具体数字表达，可以生成大量的时间表达式，同时还可获得一对时间表达式之间的相对大小标签。在此基础上，作者设计了一个基于 character LSTM 的时间表达式编码器。如图 6-5 所示，该编码器以时间表达式发生的先后顺序为训练目标，对应的标签集为(之前,之后,同时)，以交叉熵损失函数进行训练。最终，通过大量合成数据的训练，该编码器可以将时间表达式表示为具有相对大小信息的连续向量。

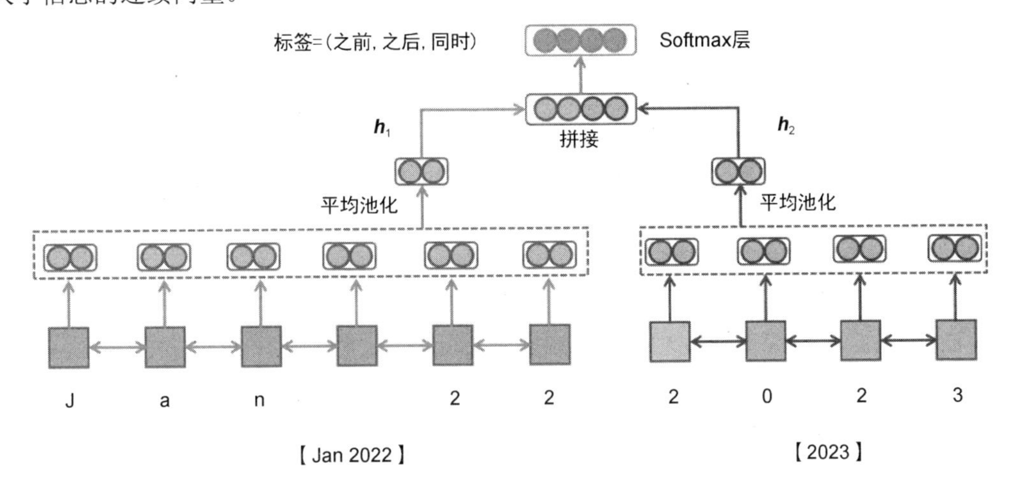

图 6-5　基于 character LSTM 的时间表达式编码器

除了针对时间表达式的编码，事件的“背景”要素往往也不能直接基于词向量进行编码。这里所说的“背景”指的是包含在描述事件对应的上下文文本中的信息。在典型的事件离散表示中，仅仅包含事件的触发词、参与的主体、时间、地点等信息，但是这种事件表示方法可能会带来一定的信息损失，在原先的事件所处的文本中，可能还会存在其他重要的事件属性，如参与者的状态、意图等背景信息。例如，在饭店点餐的场景中，对于事件“服务员给顾客上菜”，在其出现的原文文本中，可能还会交代服务员的态度、顾客的满意度等，这些信息都是对“主、谓、宾”的结构化事件的有益补充，可以看作事件的背景要素。由于背景要素的表达方式、内容特点都十分多样化，难以构建明确的分类体系以信息抽取的方式进行归纳抽取，因此，对于这一类要素，通常的处理方式是直接对事件所处的原文文本进行句子级的特征抽取。为此，传统的方案是基于如 LSTM 这类序列编码模型对背景要素进行编码，但是需要有监督的信息在具体的下游任务上学习编码模型的参数。最近，得益于预训练技术的发展，大型预训练语言模型如 BERT 在无监督的条件下，往往已经能得到不错的句子级的表示，因此，当前研究者更常使用预训练语言模型来直接获取事件背景要素的编码结果。

6.3.2 组合事件元素获取事件表示的方法

连续的事件表示以事件元素的连续表示为基础，根据事件结构对事件元素的向量表示进行语义组合，为事件计算低维连续的向量表示。根据组合的方式，可以分为基于词向量参数化加法的事件表示与基于张量神经模型的事件表示。

6.3.2.1 基于词向量参数化加法的事件表示

基于词向量参数化加法的事件表示方法指将事件元素的词向量进行相加或拼接后，输入一个参数化的函数，将相加或拼接后的向量映射到事件向量空间中。例如，Weber 等人对事件元素的词向量求均值[10]，Li 等人将事件元素的词向量进行拼接作为事件的向量表示[11]。Granroth-Wilding 等人提出了 EventComp 方法，将事件元素的词向量拼接后，输入多层全连接神经网络，对事件元素的词向量进行组合[12]，如图 6-6 所示。而作为词向量参数化加法的一种特例，Lee 等人直接使用 Predicate-GR 的向量作为事件的向量表示，故省略了将事件元素的词向量进行组合的步骤[13]。

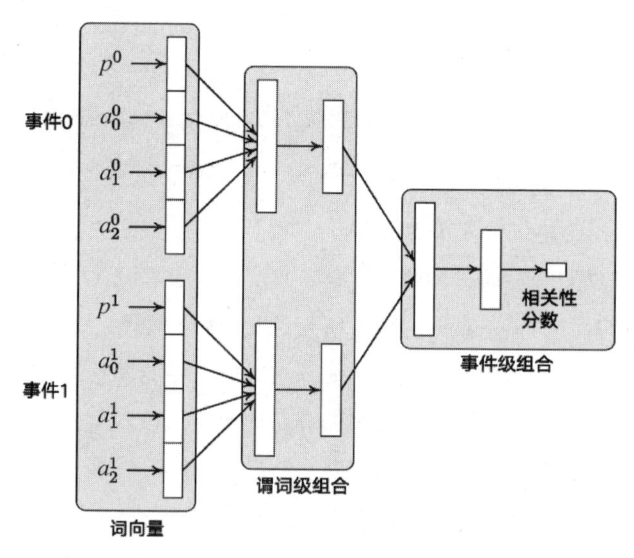

图 6-6 EventComp 模型结构

由于同一个词出现在事件的不同要素中时，可能会有不同的语义，因此 Tilk 等人与 Hong 等人在对事件元素向量求和或求平均时，额外考虑了事件元素的语义角色，即同一个词出现在事件的不同要素中时，使用不同的词向量[14,15]。若词表的大小为$|V|$，角色的数量为$|M|$，词向量维度数为H，那么不同角色的词向量构成了三维张量$\boldsymbol{T} \in R^{|V|\times|M|\times H}$。同时为了减少模

型的参数数量，可以进一步将该张量进行分解，即分解为 F 个一阶张量乘积的形式，便可以使用 3 个矩阵 $\boldsymbol{A}$、$\boldsymbol{B}$、$\boldsymbol{C}$ 来代替原本的三维张量 $\boldsymbol{T}$，如下式所示。

$$T_{i,j,k} = \sum_{f=1}^{F} A_{i,f} B_{j,f} C_{f,k}$$

设 $\boldsymbol{r}$ 为表示事件角色的独热向量，角色 r 对应的词向量矩阵 $\boldsymbol{W}$ 为 $\boldsymbol{T}$ 的一个切片，表示为

$$\boldsymbol{W}_r = \boldsymbol{A}\mathrm{diag}\left(\boldsymbol{rB}\right)\boldsymbol{C}$$

最终，对于每个事件元素，分别在该事件元素对应角色的词向量矩阵中查找其词向量，并将所有事件元素的词向量进行组合作为事件向量即可。

6.3.2.2　基于张量神经模型的事件表示

尽管线性的事件元素向量组合方法可以利用事件元素间的词向量信息，但是其在建模事件元素间的交互上较为薄弱，其加性本质使得难以对事件表面形式的细微差异进行建模。例如，在加法形式下，尽管“小明扔足球”和“小明扔炸弹”两个事件在语义上并不相似，但是由于其事件元素中重合部分较多，因此会得到相近的向量表示。为了解决这一问题，人们提出了基于张量神经模型的非线性事件表示方法。其主要思路为使用双线性张量运算组合事件的元素，使模型可以以乘性的方式捕获事件论元的交互，即使事件论元中只有细微的表面差异，也能在最终的事件表示中体现出来。设事件的两种元素的向量分别为 $\boldsymbol{v}_1, \boldsymbol{v}_2 \in \mathbb{R}^d$，三维张量 $\boldsymbol{T} \in \mathbb{R}^{k\times d\times d}$ 是张量神经模型的参数，则双线性张量运算的计算公式如下：

$$\boldsymbol{v}_{\mathrm{comp}} = \boldsymbol{v}_1^{\mathrm{T}} \boldsymbol{T}^{[1:k]} \boldsymbol{v}_2$$

其中，计算结果 $\boldsymbol{v}_{\mathrm{comp}}$ 是一个 k 维向量，它的每一个维度 i 上的元素是由向量 $\boldsymbol{v}_1$、矩阵 $\boldsymbol{T}_i$ 和向量 $\boldsymbol{v}_2$ 做矩阵乘法得到的。

本书作者在 2015 年提出了张量神经（Neural Tensor Network，NTN）模型，模型结构如图 6-7 所示。该工作考虑 O_1、P、O_2 这样的三元组形式的事件结构，O_1、P、O_2 分别表示事件的施事者、事件的动作或触发词和事件的受事者，此处用同样的符号表示 3 种事件元素的词向量。模型首先对施事者和动作词、动作词和受事者进行组合，再对得到的两个向量进行组合，得到最终的事件表示 U[16]。每次组合都由一个双线性张量运算和一个常规的线性运算与激活函数组成。下面展示了具体的计算公式，其中，$\boldsymbol{T}$、$\boldsymbol{W}$、$\boldsymbol{b}$ 均为训练参数。

$$R_1 = f\left(O_1^{\mathrm{T}} T_1^{[1:k]} P + W_1 \begin{pmatrix} O_1 \\ P \end{pmatrix} + b_1\right)$$

$$R_2 = f\left(P^{\mathrm{T}} T_2^{[1:k]} O_2 + W_2 \begin{pmatrix} P \\ O_2 \end{pmatrix} + b_2\right)$$

$$U = f\left(R_1^{\mathrm{T}} T_3^{[1:k]} R_2 + W_3 \begin{pmatrix} R_1 \\ R_2 \end{pmatrix} + b_3\right)$$

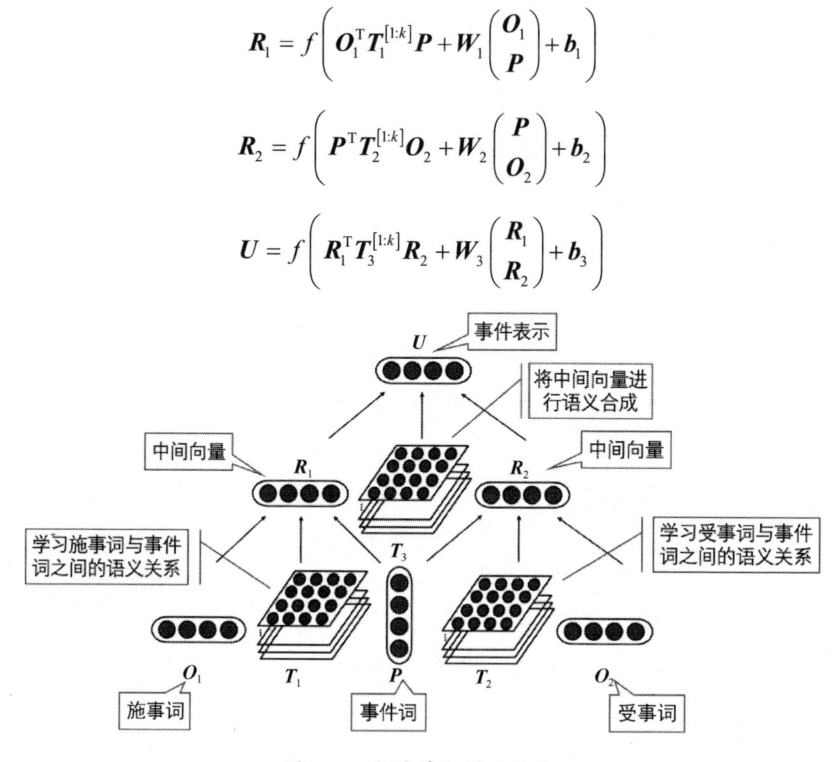

图 6-7　张量神经模型结构

Weber 等人在 2018 年提出了 Predicate Tensor 模型与 Role-Factored Tensor 模型，模型结构如图 6-8 所示。该工作同样考虑s、p、o三元组形式的事件，s、p、o分别表示事件的主语、谓语和宾语。其考虑使用三维张量$\boldsymbol{P}$来建模谓语p，并用该张量对主语和宾语进行语义组合来得到事件向量$\boldsymbol{e}$[10]，每个元素e_i的计算过程如下：

$$e_i = \sum_{i,k} P_{i,j,k} s_j o_k$$

由于这种方式需要为每个谓词都学习一个单独的三维张量，但是谓词的集合非常大，在实践中并不可行。因此，Predicate Tensor 模型提出由谓词的词向量$\boldsymbol{p}$动态地计算张量$\boldsymbol{P}$，并且用动态计算的张量对主语和宾语进行语义组合。其中，$\boldsymbol{W}$与$\boldsymbol{U}$为模型参数，设词向量的维度数为d，$\boldsymbol{W}$与$\boldsymbol{U}$均为$d \times d \times d$的三维张量，公式如下：

$$P_{i,j,k} = W_{i,j,k} \sum_a P_a U_{ajk}$$

$$e_i = \sum_{a,i,j,k} P_a s_j o_k W_{ijk} U_{ajk}$$

Role-Factored Tensor 模型单独对事件的主语及谓语、谓语及宾语进行组合，组合后的两个向量经线性变换后再相加得到事件向量，公式如下：

$$v_{s_i} = \sum_{j,k} T_{ijk} s_j p_k$$

$$v_{o_i} = \sum_{j,k} T_{ijk} s_j p_k$$

$$\boldsymbol{e} = \boldsymbol{W}_s \boldsymbol{v}_s + \boldsymbol{W}_o \boldsymbol{v}_o$$

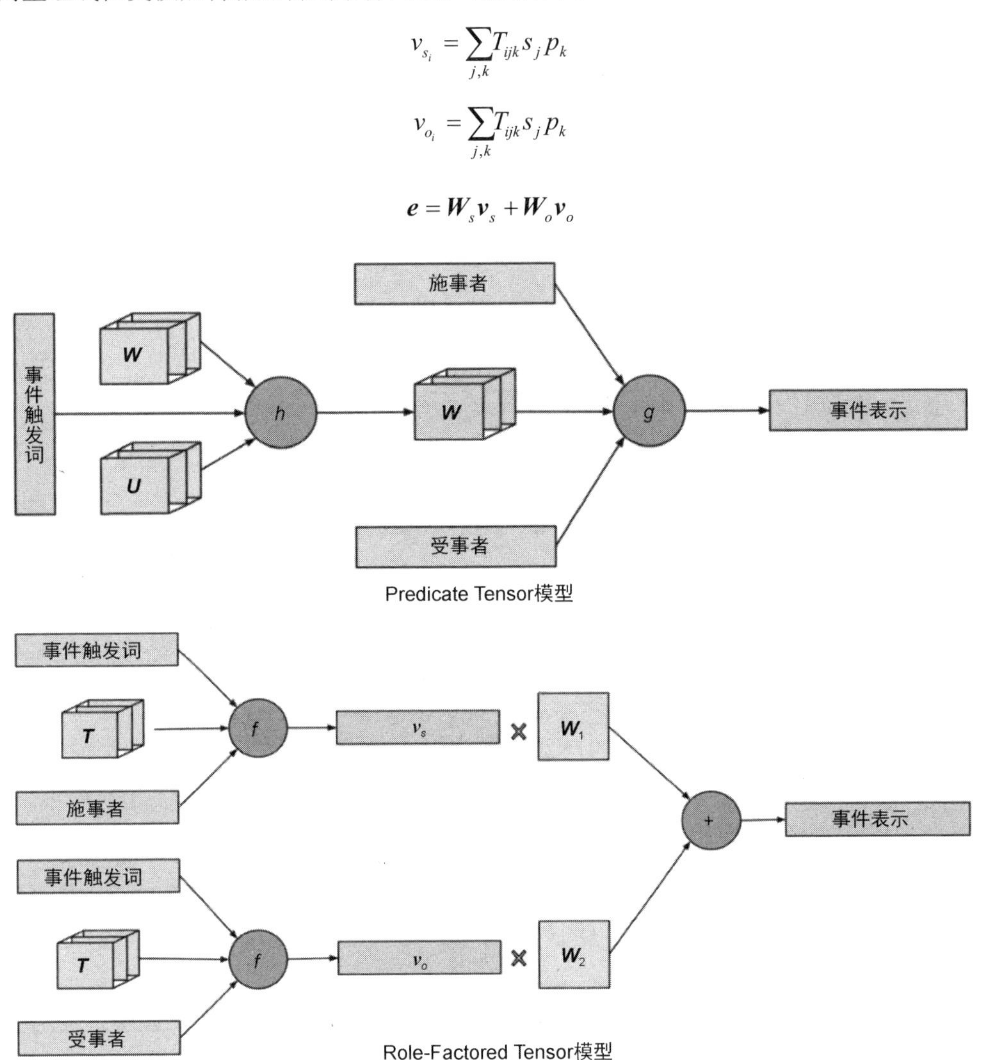

图 6-8　Predicate Tensor 与 Role-Factored Tensor 模型结构

基于张量神经网络的事件表示方法面临维度灾难的问题，限制了该方法在许多领域的应用。Ding 等人在 2019 年还提出了低秩张量分解的思路，即把张量神经网络中的三阶张量参数用维度较小的张量进行近似，也就是用若干小矩阵的乘积来拟合原本的大矩阵，这种做法可以显著减少模型的参数[17]。图 6-9 为低秩张量分解的示意图。具体地，将模型中的三阶张量参数 $\boldsymbol{T}$ 替换为 $\boldsymbol{T}_1 \in \mathbb{R}^{k \times d \times r}$， $\boldsymbol{T}_2 \in \mathbb{R}^{k \times r \times d}$， $\boldsymbol{t} \in \mathbb{R}^{k \times d}$ 这 3 个参数，使用 $\boldsymbol{T}_{\text{appr}}$ 作为 $\boldsymbol{T}$ 的近似，其每个切片$\boldsymbol{T}_{\text{appr}}^{[i]}$都通过如下公式计算得到：

$$\boldsymbol{T}_{\text{appr}}^{[i]} = \boldsymbol{T}_1^{[i]}\boldsymbol{T}_2^{[i]} + \text{diag}\left(\boldsymbol{t}^{[i]}\right)$$

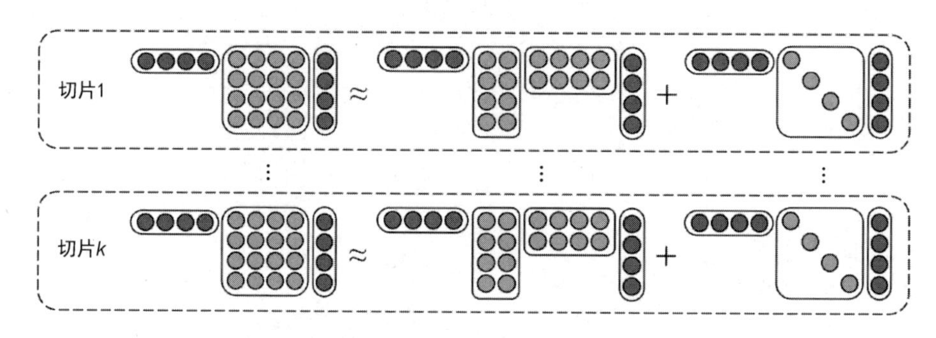

图 6-9　低秩张量分解的示意图

Ding 等人在事件相似度度量、事件预测、股市预测等多个任务上的实验结果表明：使用低秩张量分解，可以在减少模型参数的同时，取得与原模型相当的效果，在有些任务上甚至获得了比原模型更好的性能。

6.3.3　事件连续表示的学习方法

事件连续表示使用深度学习的方法，将事件嵌入向量空间，为了使嵌入后的向量保留丰富的语义信息，需要为事件表示设计合适的训练目标。当然，我们可以直接使用下游任务作为训练目标，但是通过这种方式学习得到的事件表示往往只在特定的任务上具有良好的效果，缺乏较好的泛化能力。为了得到更一般、通用的事件表示，一方面，我们可以基于事件本身的结构信息与事件在文本中的分布信息构造自监督的训练目标，在大量文本上进行预训练；另一方面，也可以使用外部知识库指导事件表示的学习，在事件表示中融入外部知识。本节我们将详细介绍不同训练目标的构建方法。

6.3.3.1　基于事件内信息的事件表示学习

基于事件内信息的事件表示学习充分利用了事件本身的结构信息，通常采用自编码的思想，由事件表示恢复事件元素，并由此构建训练目标，使事件表示中尽可能保留事件元素的信息。

受负采样方法的启发，Ding 等人[16]在 2015 年提出了将区分正确的事件元组和被破坏的事件元组作为事件表示的训练目标。首先使用开放域事件抽取工具 Reverb 从大规模新闻文本中抽取形如$E=\left(O_1,P,O_2\right)$的事件元组，其中，O_1是施事者，O_2是受事者，P是事件的动作。所谓被破坏的事件元组指的是，将事件论元中的单词随机替换为词表中的其他单词。以替换施事者为例，被破坏的事件元组可以表示为 $E' = \left(O_1^{'}, P, O_2\right)$。其设计了 NTN 模型来将事件元组嵌入向量空间，并进一步由函数 f 进行打分，训练的目标即使正确的事件元组分数高于被破坏的事件元组，使用最大边际损失函数进行反向传播。

Tilk 等人[14]在 2016 年提出了 NNRF 方法，使用事件表示预测事件角色作为训练目标。在该方法中，事件的结构被表示为包含施事者、受事者、谓词、时间、地点等语义角色的元组。每个事件论元（事件元素）都被限制为一个单词，并且被分配到一个语义角色上。事件元组首先由事件表示模型嵌入向量空间，得到事件向量 $\boldsymbol{h}$。之后，对于每个事件中的每个角色，都使用一个分类器对整个词表进行分类，以预测唯一正确的事件角色词作为训练目标。分类器会输出该角色上每个单词的概率分布，模型的训练目标会将概率分布的交叉熵损失最小化。

6.3.3.2　基于事件间信息的事件表示学习

事件的发生并不是独立的，而是按照事件演化规律接连地发生，因此，良好的事件表示不仅需要保留事件论元的信息，还应包含事件间的演化规律信息。为了捕获事件间的演化规律，一系列研究提出考虑事件间的交互，利用事件在文本中的分布信息指导事件表示学习。开放域事件抽取工作的进展，使得挖掘事件在文本中的分布信息成为可能，这正是这一系列研究工作的基础。具体地，这一系列研究工作可以分为基于事件对的方法、基于事件链条的方法和基于事件图的方法。

（1）Granroth-Wilding 等人[12]在 2016 年提出了基于事件对的 EventComp 方法，其将事件对的顺承关系作为事件表示的训练目标。该方法首先从大规模文本中自动抽取事件链条，将事件链条拆分为多个满足顺承关系的事件对，并通过随机采样的方法构造不满足顺承关系的事件对。之后，使用全连接网络对事件对是否满足顺承关系进行分类，使用分类器的输出计算交叉熵损失函数作为事件表示的训练目标。具体地，对于第 i 个训练样本中的事件对 $\left(e_0^i, e_1^i\right)$，使用全连接网络计算两个事件的相关性分数 $\operatorname{coh}\left(e_0^i, e_1^i\right)$，并与事件对的真实类别 $p_i \in \{0,1\}$ 计算交叉熵损失函数，公式如下：

$$L = \frac{1}{m}\sum_{i=1}^{m} -\log\left(p_i \times \operatorname{coh}\left(e_0^i, e_1^i\right) + \left(1-p_i\right) \times \left(\operatorname{coh}\left(e_0^i, e_1^i\right)\right)\right) + \lambda L(\theta)$$

Weber 等人[10]在该方法的基础上，在事件链条的窗口中采样满足顺承关系的事件对，并以余弦相似度度量事件向量的相关性分数，采用最大边际损失函数作为训练目标。具体地，

对于一个输入事件 e_i，e_t 为事件链条中 e_i 前后窗口中的一个事件，e_n 为从整个语料中随机采样的一个事件，$\mathrm{sim}(e_i,e_t)$ 为两个事件的余弦相似度，使用 (e_i,e_t) 和 (e_i,e_n) 两个事件对的余弦相似度计算最大边际损失函数，公式如下：

$$L=\frac{1}{m}\sum_{i=1}^{m}\max\left(0,\mathrm{margin}+\mathrm{sim}\left(e_i,e_n\right)-\mathrm{sim}\left(e_i,e_t\right)\right)+\lambda L\left(\theta\right)$$

（2）Wang 等人采用事件链条信息指导事件表示学习，其训练方式为给定事件链条中的上下文事件，从候选事件列表中预测下一个会发生的事件。为此，上下文事件和候选结尾事件首先被拼接为完整的事件链条，之后每个事件的向量表示都被输入长短时记忆网络（LSTM），得到上下文相关的事件表示。上下文相关的事件表示随后被用来计算候选事件与每个上下文事件的相关性分数，最后使用交叉熵损失函数作为训练目标[18]。具体地，对于上下文事件 $\mathrm{e}_1,\cdots,e_i,\cdots,e_{n-1}$ 与候选事件 e_{c}，采用如下公式计算其上下文相关的事件表示：

$$h_i=\mathrm{LSTM}\left(e\left(e_i\right),h_{i-1}\right)$$

$$h_{\mathrm{c}}=\mathrm{LSTM}\left(e\left(e_{\mathrm{c}}\right),h_{n-1}\right)$$

其中，$e\left(e_i\right)$、$e\left(e_{\mathrm{c}}\right)$ 为事件 e_i、e_{c} 的初始事件表示，h_i、h_{c} 为其上下文相关的事件表示。候选事件 e_{c} 与上下文事件 e_i 的相关性分数 s_i 由一个全连接神经网络计算得到，如下式所示：

$$s_i=\mathrm{sigmoid}\left(W_{si}h_i+W_{sc}h_{\mathrm{c}}+b_s\right)$$

其中，W_{si}、W_{sc}、b_s 为该网络的参数，候选事件 e_{c} 的概率 s 为其与所有上下文事件相关性的均值。最终将由该概率计算得到的交叉熵损失函数作为模型的训练目标。

（3）Li 等人进一步使用图神经网络在事件图上学习事件表示。该工作考虑事件间的顺承关系，从大规模文本中抽取事件链后构建叙事事件图，并使用门控图神经网络（GGNN）在事件图上学习事件表示，该模型的输入为事件节点的初始向量表示，输出为融合图结构信息的事件向量。与 Granroth-Wilding 等相同，该方法使用预测事件链条的后续事件作为训练任务，但将训练目标替换为最大边际损失函数[11]。

$$L=\sum_{I=1}^{N}\sum_{j=1}^{k}\max\left(0,\mathrm{margin}-s_{Iy}+s_{Ij}\right)$$

其中，N 为训练样本数，s_{Iy} 为第 I 个训练样本中正确候选事件的得分，s_{Ij} 为该样本中错误候选事件的得分。

6.3.3.3　融合外部知识的事件表示学习

基于事件内与事件间信息的事件表示学习方法，考虑了事件的结构信息及事件在文本中的分布信息，但忽略了文本中未显式提及的常识知识。这种隐式的常识知识往往会显著影响事件的语义，或者对下游任务的效果有重要影响。图 6-10 展示了关系型知识、意图、情感对事件表示的影响。一系列工作提出将外部知识融入事件表示学习中，为事件表示补充文本中没有显示提及的信息，这也是目前事件表示学习的发展趋势和最热门的话题。本节将介绍融合知识、意图、情感、主体是否有生命、时间等外部信息的思路动机和大体方法。

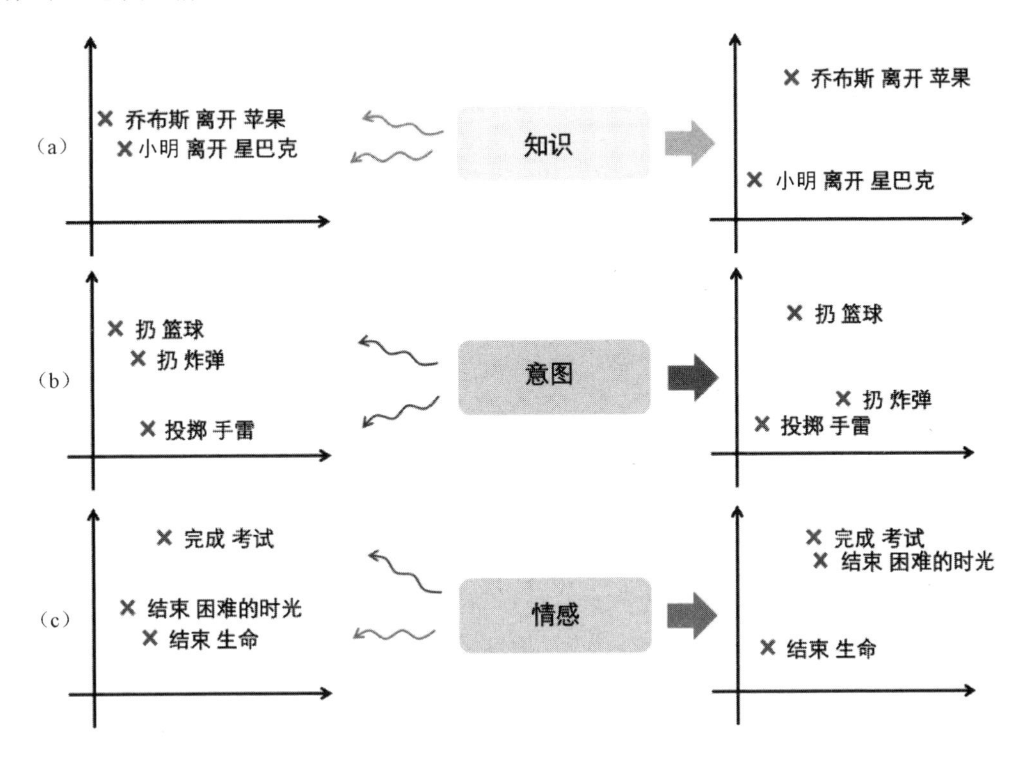

图 6-10　知识、意图、情感等外部信息对事件表示的影响

本书作者在 2016 年提出将实体关系知识融入事件表示，这种知识可以从知识图谱（如 YAGO、Freebase）中获取。如图 6-11 所示，“乔布斯离开苹果”与“小明离开星巴克”尽管具有相似的结构，但“乔布斯”是“苹果”公司的 CEO，而“小明”与“星巴克”并无特殊关系，因此两个事件会对它们的客体产生不同的影响，所以考虑实体关系对事件语义分析十分重要。同时，实体的类别知识也可以用于事件表示的增强。具体方法上，对于一个事件元组(A,P,O)，首先在知识图谱中找到包含事件施事者 A 或受事者 O 的三元组(e_1,R,e_2)，

其中，e_1为头实体，e_2为尾实体，R为两个实体间的关系。之后，通过张量神经模型方法为(e_1,R,e_2)三元组计算得分即可[19]。

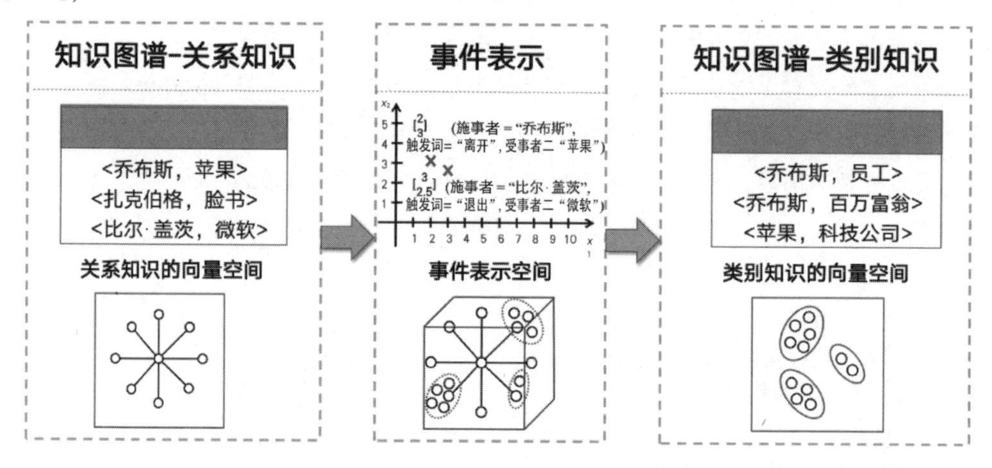

图 6-11　将实体关系知识融入事件表示

Lee 等人[13]在 2018 年提出将情感及事件主体是否是有生命的实体这类信息融入事件表示中。事件的情感极性会影响后续事件的发生。例如，带有积极情感的事件“小明很喜欢这个餐馆的食物”，后面往往不会发生带有消极情感的事件“他厉声呵斥了服务员”。在事件元素中，施事者、受事者是否是有生命的实体也是很有价值的信息，有些事件的主体只能是有生命的动植物，还有些事件的含义在主体是无生命事物时会发生变化。例如，“打水”与“打人”中两个“打”的含义是截然不同的。具体而言，该工作将情感极性划分为“消极”“中性”“积极”3 个类别，将是否有生命划分为“有生命”“无生命”“未知”3 个类别，并将每个类别都映射成一个嵌入向量，训练事件表示，使其与情感类别、生命类别的嵌入向量尽可能相似。

本书作者[17]在 2019 年提出将意图、情感等有关参与者心理状态的常识知识融入事件表示中，以便更好地建模事件语义。如图 6-10 所示，“扔篮球”与“扔炸弹”两个事件尽管在字面上相近，但考虑两个事件的意图，“扔篮球”可能是为了锻炼身体，“扔炸弹”可能是为了杀伤敌人，因此可以较好地区分两个事件；再如，“打破花瓶”“打破纪录”两个事件也在字面上相近，但“打破花瓶”带有消极的情感，“打破纪录”带有积极的情感，因此考虑情感极性信息，可以较好地区分两个事件。该工作提出了一种多任务（Multi-Task）学习方法，加入两个额外的训练目标，在事件表示中融入意图和情感的信息：对于意图信息，使用长短时记忆网络，将意图文本编码为一个向量，使用最大边际损失函数训练事件向量与意图向量尽可能相似；对于情感信息，使用全连接网络对事件向量进行情感分类，并与真实的情感极性标签计算交叉熵损失函数。两个额外的训练目标与基于事件内或事件间信息的训练目标进行加权平均，得到最终的损失。该方法的示意图如图 6-12 所示。事件的意图和情感信息可由 ATOMIC 事件常识数据集与 SenticNet 情感字典得到。实验结果表明，意图、情感信息在事件相似度度量、事件预测、股市预测等任务上都带来了有效的性能提升。

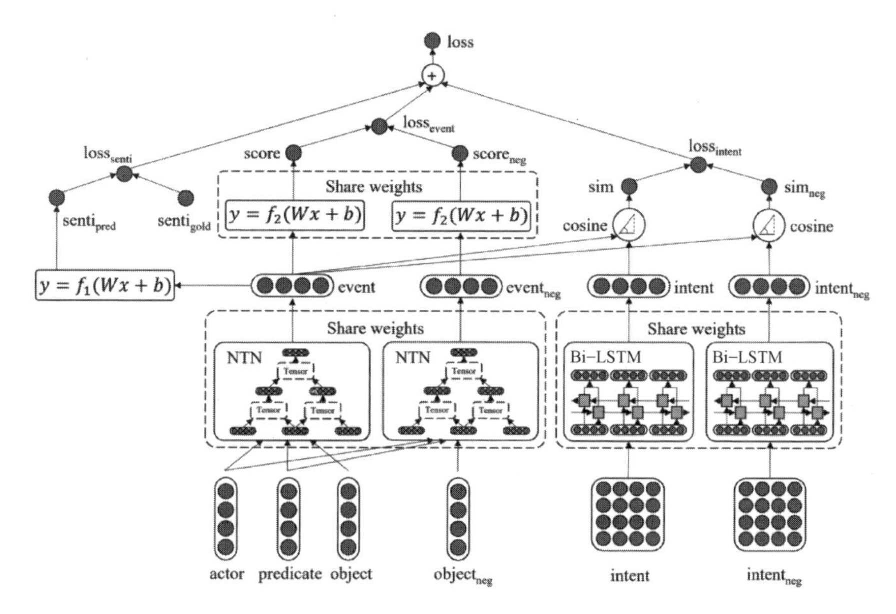

图 6-12　融合意图和情感信息的事件表示模型

6.4　基于预训练语言模型的非结构化事件向量表示方法

近年来，预训练语言模型逐渐成为自然语言处理领域的主流方法和模型，也广泛用于对以自然语言文本表述的非结构化事件的编码。通过在大量的无标注的开放语料上以自监督的模式进行预训练，预训练语言模型可以为一段自然语言文本中的每一个词都学习一个上下文相关的表示。更重要的是，其在预训练过程中往往能学习到一定的内在语言规则和常识知识，如词义、句法结构、词类，甚至语用学信息等。在预训练阶段完成后，通过在下游具体任务上的微调，可以将预训练阶段学习到的知识迁移到下游任务上，达到加快模型的训练并提高效果的目的。基于以上优点，预训练语言模型在充分挖掘事件的深层语义方面潜力巨大。

由于在预训练阶段，并没有专门针对事件表示设计预训练任务，原生的预训练语言模型直接得到的事件表示往往仍有较大的优化空间。得益于预训练语言模型的预训练-微调的通用范式，研究者往往会根据自己的任务需求，通过设计合理的预训练任务为模型注入特定的事件相关的常识知识，达到深层次事件语义理解的目的。本节将详细介绍若干面向事件表示的预训练语言模型的学习方法，分别为原生的预训练语言模型注入事件时间常识知识、动词语用知识、事件演化知识，以得到更好的事件表示。

6.4.1 事件时间常识知识增强的预训练语言模型

在许多事件相关的推理问题中，都需要理解事件的时间常识。例如，如下的“能”或者“不能”的填空问题：

教授刚出去散步了，____很快回来见你。

教授刚出国旅游了，____很快回来见你。

为了填入正确的选项，需要理解事件“散步”的持续时间通常为十几分钟到几小时，而“出国旅游”则往往要持续几天到几周的时间。因此前者为“能”，后者为“不能”。

而在如事件时序关系识别或者子事件关系识别等任务中，事件的持续时间属性也是很重要的信息。以如下文本为例：

*在下午三点的时候，小明不小心**打碎**了邻居家的玻璃，邻居**跑出来**的时候，他赶紧**逃跑**了。*

以上文为例，事件时序关系识别的目标是理解文本中涉及事件发生的时间顺序，恢复文档中事件演化的时间线，即将每个事件的起始时间和结束时间都投射到一个时间轴上，维持事件发生、结束时间的相对顺序。其中的一个难点是，由于在文本中很少会显式地说明事件的结束时间，所以很难区分是否当“打碎玻璃”事件结束时，“邻居跑出来”事件才开始。所以我们希望模型能够理解“打碎玻璃”事件的持续时间很短，是一瞬间的事情，故而模型才知道该事件迅速结束后，邻居听闻响声才跑出来。至于子事件关系识别，父事件的时间跨度应该是包含子事件的，这种辅助信息对子事件关系识别大有裨益。

在此背景下，Zhou[21]等人在 2020 年提出将事件的时间常识知识（如事件的持续时间、典型发生时间、发生频率等）融入预训练语言模型中，使其得到时间常识知识增强的事件表示，以提升某些特定的以事件为核心的信息抽取和时序常识推理任务中的表现。

为了在事件编码时融入时间常识知识信息，Zhou 等人首先基于精心设计的模板从大规模无监督语料中抽取了含有多种维度的事件时间常识知识的句子。随后的预训练即在这些包含时间常识知识的语料中展开。作者认为，传统的预训练语言模型的缺陷在于，一方面，其并不能识别当前文本所表达的时间常识知识具体属于哪一类时间维度，模型将各种维度的时间常识知识耦合在一起进行学习，势必会影响下游任务的具体使用。另一方面，事件的时间常识知识应该有一定的连续性，例如“出门散步”的持续时间的概率应呈现单峰的特性，即最有可能是“几十分钟”，与该持续时间距离越远，则相应的发生概率越低。传统的预训练语言模型也无法捕捉这种相关关系。最后，从文本中抽取的时间常识知识可能有一定的“报告偏差”问题，出于日常高效沟通的需要，可能许多事件的时间常识在文本中并不能显式地表达出来。

为了解决这些问题，Zhou 在经典的预训练语言模型 BERT 的基础上，重新设计了多维度时间常识知识联合学习的预训练模式，得到了 TacoLM 模型。具体地，对于每个训练样例，TacoLM 模型都预先识别出其所属的时间维度，并引入额外的指示词，以使模型能够联合利用多维度时间常识知识，增强时间常识知识的学习效果。图 6-13 展示了从大规模数据中构建训练样例的流程。其中，[M]、[SEP]均为特殊位置标记符，用于指示事件触发词的位置和事件描述的结束。[DUR]为时间维度标识符，代表本训练样例描述的是持续时间维度（Duration），随后的[小时]则为当前事件在给定时间维度下的归一化结果。在此基础上，与 BERT 模型训练类似，TacoLM 模型也采取了掩码-恢复的训练策略。由于同一事件往往包含多个维度和归一值，使得模型能够以多任务的方式学习多个时间维度之间的关系。作者还设计了针对时间常识的掩码策略，并提出了软交叉熵损失函数来捕捉事件时间常识知识的连续性。

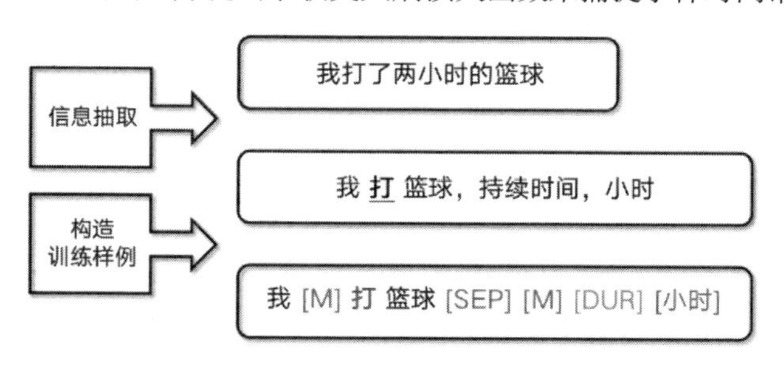

图 6-13　TacoLM 模型的训练样例

作者的实验证明，利用该预训练语言模型所得到的事件表示来构建计算模型，能够在时序关系识别、子事件关系识别和事件时间常识知识问答任务中都取得更好的效果。图 6-14 中分别展示了基于 BERT 模型得到的事件表示和基于 TacoLM 模型得到的事件表示的聚类结果。可以看到，TacoLM 模型可以为具有相似持续时间的事件得到相似的表示，说明其很好地将事件时间常识知识融入了事件表示中。

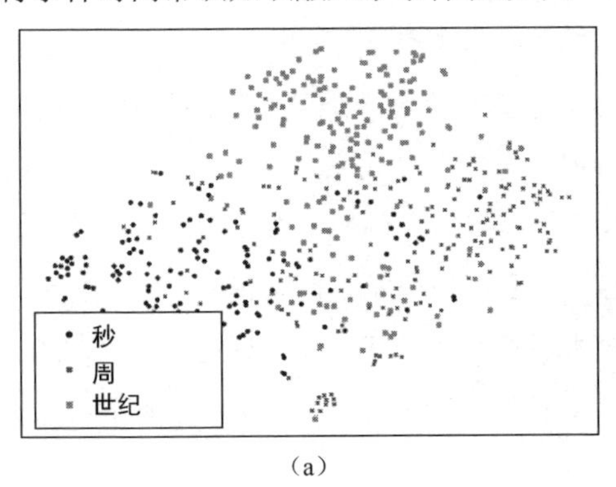

（a）

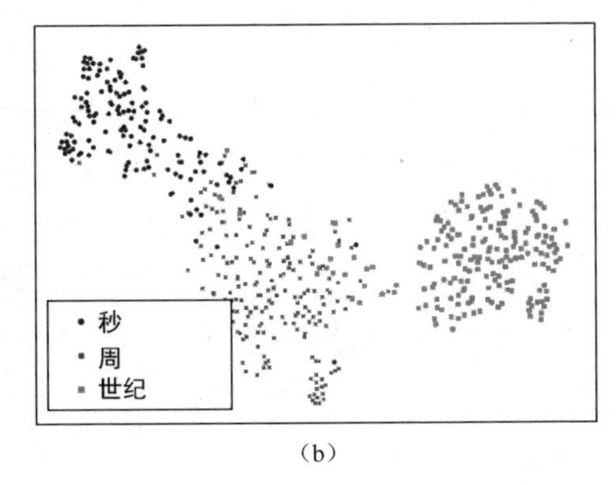

（b）

图 6-14　事件表示的聚类结果

（a）为 BERT 模型，（b）为 TacoLM 模型，不同颜色的点代表不同持续时间的事件

6.4.2　动词语用知识增强的预训练语言模型

动词（事件的触发词）是最重要的事件元素之一。动词的语义与句法的互动关系是一类重要的语言学知识。首先，对于每个动词，其在文本中遣词造句的句法模式、句式类型是受限的。其次，动词所能支配的论元角色也是受限的，对于动词“治疗”，其所能支配的论元角色包含“医生”“病人”“疾病”等，其施事者必须为“有生命的主体”。根据动词的语义-句法特征，可以将相似的动词进行聚类，这一类动词语用知识可能有助于预训练语言模型获得对事件的语义、组成结构的更深层次的理解，提升面向事件的下游任务（如事件抽取）的表现。

Majewska 等人[22]在 2021 年提出了一个基于适配器的预训练框架，将动词语用知识注入预训练语言模型。Majewska 注意到，FrameNet 和 VerbNet 这两种动词知识库提供了依据动词的语义-句法特征进行聚类的语义类。具有相同的句法行为的动词往往属于同一个语义类，而不同语义类的动词则一定具有不同的句法行为。在此基础上，作者提出了一个新的预训练任务来帮助预训练语言模型捕捉动词在句法行为上的相似性，即输入一个动词对，判定这两个动词是否属于同一个语义类。

如图 6-15 所示，在预训练阶段，作者冻结了预训练语言模型本身的参数，所有的动词知识都由适配器学习。而在下游的具体任务上微调时，作者提出了两种微调的模型方案，分别是图6-15（2a）对模型的全部参数都进行微调和图6-15（2b）引入新的任务适配器模块，只微调下游任务适配器的参数。

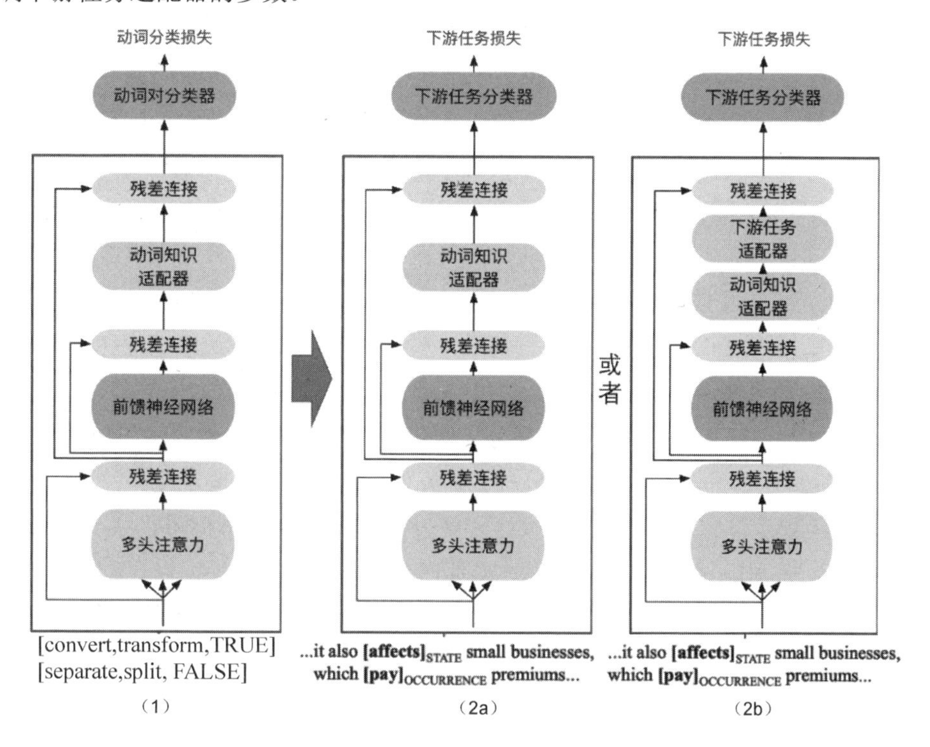

图6-15 为预训练语言模型注入动词知识

作者的实验结果证明，通过为预训练语言模型注入动词知识，得到的事件表示可以在事件抽取这样的下游任务上得到更好的表现。作者还注意到，动词知识具有跨语言的迁移性。尽管FrameNet和VerbNet都是英语的动词知识库，但是将英语的动词知识注入预训练语言模型，也能对西班牙语等低资源语系的事件抽取起到一定的正向作用。

6.4.3 事件演化知识增强的预训练语言模型

如前一节所述，良好的事件表示应当能够捕获事件间的演化规律，这对事件预测、常识推理等下游任务大有裨益。因此，研究者也考虑如何对现有的预训练语言模型进行改进，使其能够获得事件演化知识增强的事件表示。在结构化事件的连续向量表示中，研究者可以基于开放域事件抽取工具，从文本中挖掘结构化的事件及其演化的事件链条，从而设计相应的学习方法。但是，由于预训练语言模型更擅长处理自然语言文本而非结构化信息，这种方法并不能直接适配到针对预训练语言模型的优化上来。

Zhou 等人[22]在 2021 年提出了一种事件感知的预训练语言模型 ClarET。Zhou 认为，在自然语言文本中，存在大量的文本线索显式地指出了事件间的时序关系。例如，“在地震之后，大量的房屋倒塌了”，指示词“之后”就提示了事件“房屋倒塌”与事件“地震”的前后发生关系。但是，事实是尽管预训练语言模型在预训练阶段见过大量的相关语料，却没能很好地捕获这种演化关系。作者认为其关键在于预训练间断的掩码策略是随机掩码，没有对上下文中的事件触发词和时序关系的指示词进行特殊考虑。例如，若在上句中被掩盖的词为“大量”，则对模型捕获事件间关系没有帮助。为此，作者在 BERT 的基础上，引入了 3 个新的面向事件的预训练任务，其意图是增强预训练语言模型面向事件的推理能力，如图 6-16 所示。其中，第一个预训练任务为事件词全掩码后复原，其目标是让编码器-解码器架构的生成式模型还原被掩码的完整事件片段。由于文本中的一个完整事件描述往往较长，会在很大程度上影响模型学习目标事件与其上下文的关系，余下的预训练任务正好解决此问题，分别是在编码端增加事件相关的对比学习任务来增强上下文和目标事件之间的相关性，以及基于 Prompt 进行事件定位，它们的共同目标都是降低解码器端的生成难度。前者引入了对比学习，使得正确事件与负采样得到的错误事件在表示空间中的距离尽量远；而后者则是一种更直接的方案，即利用 Prompt，将原先的事件词全掩码目标简化为抽取式生成任务，模型仅需从 Prompt 中复制一个候选的 Prompt 出来即可。实验发现，通过引入所述的面向事件的预训练策略，可以获得更通用有效、富含常识知识的事件表示，能够在下游的生成式事件推理任务中，如溯因常识推理、反事实故事生成、故事结尾生成、常识故事生成等，取得优秀的效果。同时，实验证明，在低资源、缺少下游任务的训练数据的场景下，该事件表示模型能够发挥更大的作用。

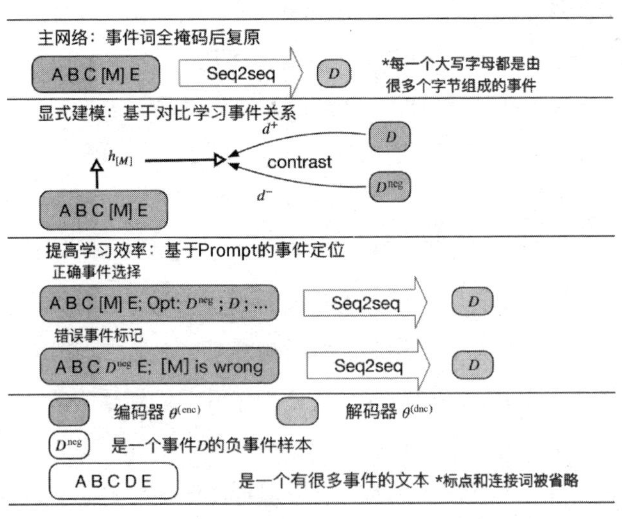

图 6-16　ClarET 的 3 个面向事件的预训练任务

6.5 本章小结

本章对事件表示方法的发展进行了概述。早期的研究大多基于事件的离散表示，随着深度学习的发展，人们开始探索事件学习的连续向量表示。在结构化事件的表示方法上，针对不同类型的事件元素，需要采取不同的方法进行事件元素的表示，而基于张量神经模型进行事件元素组合以获得事件连续向量表示的方法取得了令人瞩目的效果。此外，通过融合外部知识，结构化的事件表示技术可以取得进一步的突破，也是目前最受关注的方向之一。面向以自然语言文本表述的非结构化事件，其表示方法极大地依赖于预训练语言模型技术的进步。由于原生的预训练语言模型并非特意为事件表示设计，研究者又通过对预训练阶段的掩码策略、优化目标的调整，或者注入额外的知识库中的知识，来进一步对预训练语言模型进行优化，以使预训练语言模型能够更好地理解事件的深层语义特征，得到常识知识增强的事件表示，这往往能在事件抽取、事件时序关系抽取等任务中取得更优秀的性能。

最后，本章以比较结构化的事件向量表示和基于预训练语言模型的非架构化事件向量表示的优缺点收尾。作者认为，预训练语言模型的输入是一段连续的自然语言文本，这使得基于预训练语言模型进行事件表示时，缺少对结构信息的建模。另外，基于预训练语言模型的事件的连续向量表示往往对一些细微的变化并不敏感，因此，在一些强调区分不同类型的事件元素或者事件角色的任务中（如股市预测中需要明确施事者和受事者），往往难以给出令人满意的表示结果，而在经典的结构化事件的表示方法中，这一问题是能够得到较好的解决的。而在一些对事件角色不敏感的任务中，典型的例子如事件关系抽取、以事件为核心的阅读理解等任务，事件的触发词及其上下文即可较好地表征事件，在这样的问题上，基于预训练语言模型的事件表示方法往往表现更为优异。

参考文献

[1] ZHONGYANG LI, XIAO DING, TING LIU, et al. Guided generation of cause and effect[C]//Proceedings of the Twenty-Ninth International Joint Conference on Artificial Intelligence (IJCAI'20), 2021, 502: 3629-3636.

[2] RADINSKY K, DAVIDOVICH S, MARKOVITCH S. Learning causality for news events prediction[C]// Proceedings of the 21st international conference on World Wide Web, 2012: 909-918.

[3] DING X, ZHANG Y, LIU T, et al. Using structured events to predict stock price movement: An empirical investigation[C]// Proceedings of the 2014 Conference on Empirical Methods in Natural Language Processing

(EMNLP), 2014: 1415-1425.

[4] CHAMBERS N, JURAFSKY D. Unsupervised learning of narrative event chains[C]//Proceedings of ACL-08:HLT, 2008: 789-797.

[5] KIM J. Supervenience and Mind: Selected Philosophical Essays[M]. Cambridge: Cambridge University Press, 1993.

[6] RADINSKY K, DAVIDOVICH S, MARKOVITCH S. Learning causality for news events prediction[C]// Proceedings of the 21st international conference on World Wide Web, 2012: 909-918.

[7] DING X, ZHANG Y, LIU T, et al. Using structured events to predict stock price movement: An empirical investigation[C]// Proceedings of the 2014 Conference on Empirical Methods in Natural Language Processing (EMNLP), 2014: 1415-1425.

[8] CHAMBERS N, JURAFSKY D. Unsupervised learning of narrative event chains[C]// Proceedings of ACL - 08: HLT. 2008: 789-797.

[9] ZHAO S, WANG Q, MASSUNG S, et al. Constructing and embedding abstract event causality networks from text snippets[C]// Proceedings of the Tenth ACM International Conference on Web Search and Data Mining, 2017: 335-344.

[10] WEBER N, BALASUBRAMANIAN N, CHAMBERSN. Event representations with tensor - based compositions[C]// Thirty-Second AAAI Conference on Artificial Intelligence, 2018.

[11] LI Z, DING X, LIU T. Constructing narrative event evolutionary graph for script event prediction[J]. arXiv preprint arXiv:1805.05081, 2018.

[12] GRANROTH-WILDING M, CLARK S. What happens next? event prediction using a compositional neural network model[C]//Thirtieth AAAI Conference on Artificial Intelligence, 2016.

[13] LEE I-T, GOLDWASSER D. Feel: Featured event embedding learning[C]//Thirty - Second AAAI Conference on Artificial Intelligence, 2018.

[14] TILK O, DEMBERG V, SAYEED A, et al. Event participant modelling with neural networks[C]//Proceedings of the 2016 Conference on Empirical Methods in Natural Language Processing, 2016: 171-182.

[15] HONG X, SAYEED A, DEMBERG V. Learning distributed event representations with a multi - task approach[C]// Proceedings of the Seventh Joint Conference on Lexical and Computational Semantics, 2018: 11-21.

[16] DING X, ZHANG Y, LIU T, et al. Deep learning for event - driven stock prediction[C]//Twenty - fourth international joint conference on artificial intelligence, 2015.

[17] DING X, LIAO K, LIU T, et al. Event Representation Learning Enhanced with External Commonsense Knowledge[J]. arXiv preprint arXiv: 1909.05190, 2019.

[18] WANG Z, ZHANG Y, CHANG C Y. Integrating order information and event relation for script event prediction[C]// Proceedings of the 2017 Conference on Empirical Methods in Natural Language Processing, 2017: 57-67.

[19] DING X, ZHANG Y, LIU T, et al. Knowledge - driven event embedding for stock prediction [C]//COLING 2016 - 26th International Conference onComputational Linguistics, Proceedings of COLING 2016: Technical Papers. 2016.

[20] MIKOLOV T, SUTSKEVER I, CHEN K, et al. Distributed representations of words and phrases and their compositionality[C]//Advances in neural information processing systems, 2013: 3111-3119.

[21] ZHOU B, NING Q, KHASHABI D, et al. Temporal Common Sense Acquisition with Minimal Supervision[C]//

Proceedings of the 58th Annual Meeting of the Association for Computational Linguistics, 2020: 7579-7589.

[22] YUCHENG ZHOU, TAO SHEN, XIUBO GENG, et al. ClarET: Pre-training a Correlation-Aware Context-To-Event Transformer for Event-Centric Generation and Classification[C]//Proceedings of the 60th Annual Meeting of the Association for Computational Linguistics, 2022: 2559-2575

[23] EDOARDO MARIA PONTI, ANNA KORHONEN. Verb Knowledge Injection for Multilingual Event Processing[C]//Proceedings of the 59th Annual Meeting of the Association for Computational Linguistics and the 11th International Joint Conference on Natural Language Processing, 2021: 6952-6969

[24] TANYA GOYAL, GREG DURRETT. Embedding Time Expressions for Deep Temporal Ordering Models[C]// Proceedings of the 57th Annual Meeting of the Association for Computational Linguistics, 2019: 4400-4406

7

第 7 章 事件泛化及事理归纳

事件是事理图谱的核心要素，尽管目前对事件的定义还有不同的观点，但研究者普遍认同事理图谱中的事件应该是一个抽象的、泛化的事件，抽象事件是由具体事件泛化而来的，从而可以更好地记录事件的发展规律和模式，进而指导对事件发展趋势的推理和预测。如何将从大规模文本中抽取出来的具体事件泛化为抽象事件是当前事理图谱构建中的一个关键问题。

7.1 任务概述

为了研究事件之间的因果、顺承等逻辑关系，需要从大规模文本中抽取原因事件（结果事件）及顺承事件。这些从大规模文本中抽取得到的事件很可能是同一事件的不同表达，同时，这些原因事件（结果事件）及顺承事件由于是具体的事件表达，多数情况下是非常稀疏的，在探索成对事件之间的关系时，包含完全相同表达的事件的可能性非常小，很难构造出稠密的事理图谱。因此，需要采用事件泛化的方法从更高的层次对同一事件的不同表达进行归纳。同时，具体事件间的因果关系也很难直接用在事件预测和文本推理中，因为目标事件很可能没有出现在利用具体事件构造的事理图谱中，这样就无法进行预测和推理。因此，需要对抽取出的具体事件进行事件泛化，从具体事件间的因果关系或顺承关系上升到抽象事件间的因果关系或顺承关系，从而发现更为一般的事件间的演化规律。由此可见，事件泛化是构建事理图谱的关键步骤。

事件泛化指将事件类型相同但语言表达不同的事件映射到同一个抽象的事件类[1]，能降低事理图谱的事件规模，提升事理逻辑知识的描述能力和应用普适性。比如“ofo 出现资金链断裂危机”“投入导致资金链断裂”“小蓝出现资金问题”，这些具体事件都可以泛化成抽象事件“资金链断裂”。对于具体因果事件“周五日本东北部发生 8.9 级地震导致大量房屋倒塌”，其泛化的因果事件为“地震导致房屋倒塌”。这种泛化的因果模式对于发现隐藏在具体因果事件背后更深层次的因果律非常有帮助。

7.2　主要方法

7.2.1　基于统计的事件泛化方法

基于统计的事件泛化方法主要采用聚类的方式，将语义相近的事件泛化为一类事件。其中最典型的方法是采用扎根理论中的选择性编码进行事件泛化[2]，即通过选择性编码将事件之间的因果关系、顺承关系按照故事线的形式组织起来，然后对比各独立的因果链、顺承链之间的合理性，将能够相容的事件泛化为一个高层次的事件。此外，通过层次聚类方法对不同表达的事件进行合并泛化，可以将相似度较高的事件泛化为同一类事件[3]。另外，一个更加直接有效的思路是通过挖掘相似事件集合，从相似事件集合中提取相似事件的公共成分来进行事件泛化[4]。下面进行方法的详细介绍。

单晓红等[2]通过事件泛化的方法构建了政策影响抽象事理图谱。在进行事件泛化之前，由于模糊因果句无法采用规则模板匹配的方法提取事件，因此引入扎根理论方法抽取模糊因果句中的事件。扎根理论[5]由社会学家 Glaser 和 Strauss 于 1967 年提出。扎根理论把资料分析和归类的过程称为编码，它将收集的资料不断打碎、整理和重组，从而挖掘概念、提炼范畴，包括开放式编码、主轴式编码和选择式编码 3 种。

（1）开放式编码主要是使收集的数据概念化，用一定的概念和范畴来反映收集的资料的中心内容，然后把抽象出来的概念“打散”，重新进行整合、聚类的过程。以表 7- 1 中的数据为例，这里将原数据中体现事件发生的句子概念化，并提炼为一个范畴进行表示。在顺承事件对抽取过程中，对于一般的句子，同样采用扎根理论方法提取其中的事件对，该过程与从模糊因果句中抽取事件对相同。对于使用规则模板抽取明确因果句的过程中，结果不理想的因果句也采用扎根理论方法抽取事件对。这样抽取的事件对既有因果事件对，也有顺承事件对。

表 7-1　扎根理论抽取事件示例

原数据	概念化	范畴
中介刚发消息给我说周末不能看房了。	中介调整	中介调整
链家又要针对新政出一堆举措。	链家新措施	
黄绿中介调价好像是一起调价。	中介调价	
昨天中介没缓过神，今天全面反击了。	中介反击	

（2）主轴式编码旨在发现独立范畴之间的潜在联结关系。利用主轴式编码，判断抽取的事件对是因果关系还是顺承关系，进而确定边的类型。例如范畴“317 新政”“中介调整”“中介推房”之间，引起“中介调整”的原因是“317 新政”的发布，中介在调整后马上推出了“中介推房”的措施。因此，在范畴“317 新政”和“中介调整”之间存在因果关系，而范畴“中介调整”和“中介推房”之间存在顺承关系。

经主轴式编码生成的因果链和顺承链只关注特定事件之间的关系，但是却无法发现事件之间的一般性规律。为了更好地体现政策的影响，对事件进行泛化处理，使事件更具有代表性。

（3）选择式编码是寻找核心范畴，建立核心范畴与主范畴和其他范畴之间的联系，以故事线的形式呈现出来。在这一阶段，主要对比各独立的因果链、顺承链之间的合理性，将能够相容的事件泛化为一个高层次事件，有关系的事件链相互联结，最终形成事理图谱。如图 7-1 所示，关系链“A→B1→C1”和“A→B2→C2”经过主轴式编码，范畴 B1 和范畴 B2 可以用同一个核心范畴 B 表示；同理，范畴 C1 和 C2 可以用同一个核心范畴 C 表示，最终泛化得到的关系链为“A→B→C”

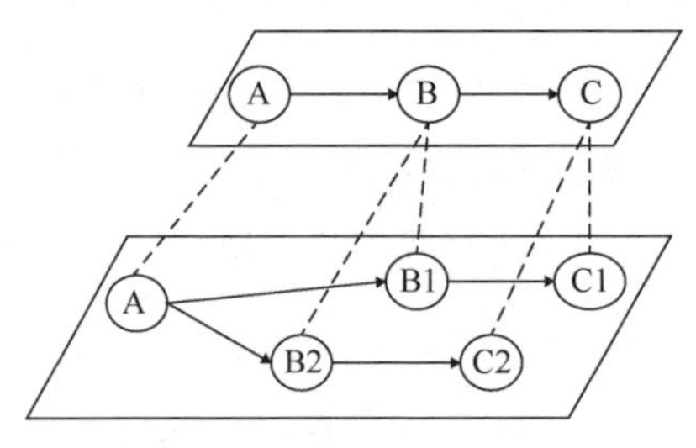

图 7-1　事件泛化示意图

对事件进行泛化处理后，事件之间的边就有了权重。在政策影响抽象事理图谱中，将因果关系和顺承关系区别开来，分别构建因果图谱和顺承图谱。其中，节点代表泛化事件，边代表因果关系或者顺承关系，边的粗细代表权重的大小。

在新政策颁布之时，很快形成大量的在线评论，包括理解的、不理解的、赞成的、反对的等多种情感倾向，均以文字、表情等形式发布，在这些繁杂的表达中蕴含着丰富的能够体现各利益相关者行为和市场变化的信息。利用事理图谱将这些信息表达出来，进而可以分析政策产生的影响。政策影响抽象事理图谱由具体事件经过泛化得来，在政策影响事理图谱中表示政策、利益相关者具体行为和市场具体变化之间因果顺承关系的边，在政策影响抽象事理图谱中则表示政策与某类利益相关者和市场之间的关系。如图 7-2 所示，节点 B21、B22、B23 可以抽象为事件 B2，其中由节点 A 到 B21 是顺承关系，由节点 A 到 B22、B23 是因果关系，所以在因果图谱中，A→B2 边的权重为 2，顺承图谱中权重为 1 。根据权重的大小，可以清楚地研究政策对利益相关者行为和市场变化的影响力大小。

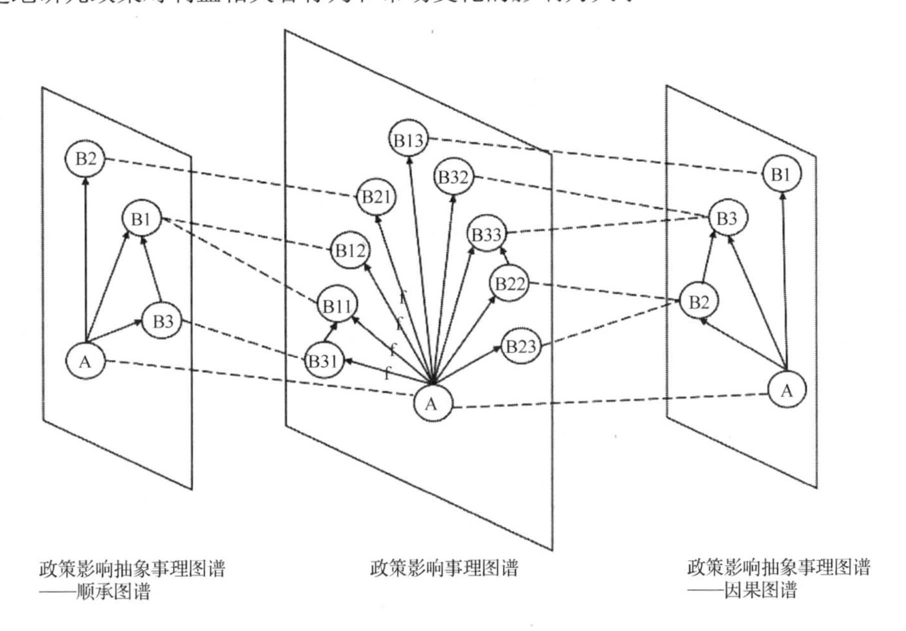

图 7-2　政策影响抽象事理图谱形成示意图

田依林等[3]以微博相关评论为研究对象，分别通过因果关系标识、事件影响因子和时间因子等维度识别事件间的关系，提取因果事件对和顺承事件对；采用层次聚类方法将相似度较高的事件泛化为同一类事件，构建新冠疫情网络舆情事理图谱，并对生成的舆情演化路径进行分析。将具有因果和顺承关系的事件对集合 $D=\left\{d_1,d_2,\cdots,d_p\right\}$，通过层次聚类方法对其进行合并泛化，将相似度较高的事件泛化为同一类事件。首先，采用 Word2Vec 词向量模型将事件集 D 中的事件结构化，表示为词向量形式 $d_i=\left\{d_{i1},d_{i2},\cdots,d_{ix}\right\}$，$d_j=\{d_{j1},d_{j2},\cdots,d_{jx}\}$；其次，以事件集 D 中的单个事件为一个初始簇，共生成 p 个簇，计算每个事件簇之间的语义相似度，计算公式如下：

$$\mathrm{sim}\left(d_i,d_j\right)=\frac{\sum_{k=1}^{x}d_{ik}\times d_{jk}}{\sqrt{\sum_{k=1}^{x}d_{ik}^2}\times\sqrt{\sum_{k=1}^{x}d_{jk}^2}}$$

其中，d_{ik} 表示事件 d_i 包含的第 k 个词向量；x 表示事件 d_i 或 d_j 中单词的数量。通过计算每个事件簇之间的语义相似度，得到初始相似矩阵 $\boldsymbol{p}\times\boldsymbol{p}$；第三，按照初始相似矩阵 $\boldsymbol{p}\times\boldsymbol{p}$ 的相似度进行排序，将相似的簇合并为一个簇。每次发生合并时，事件簇的数量都减 1；第四，重复上述步骤，直到处理完所有语义相近的事件簇。聚类后的事件包含较多单词，不利于事理图谱的可视化，因此采用名词和动词词组 $e=\{w_i \mid w_i\in \text{Verbs}\cup\text{Nouns}\}$ 的形式对事件进行简化。

对提取的 1138 个事件进行泛化处理，以“经济衰退”“封锁全国”“影院暂停营业”等 9 个事件间的泛化过程为例，首先计算第 1 层中 9 个初始事件簇的相似度，通过排序将相似度为 0.86 的“封锁全国”和“全国进入封锁状态”合并为一个簇，然后以此类推，经过 7 层聚类分别合并每一层次中语义相似度最高的事件簇，最后将生成的 3 个簇分别表示为“经济衰退”“封锁全国”“关闭电影院”的动名词形式，如图 7-3 所示。

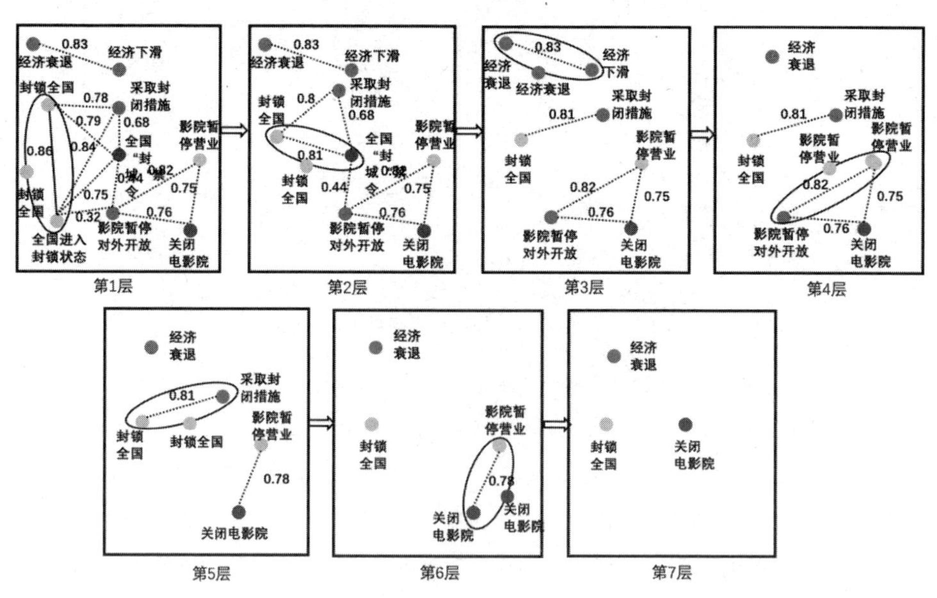

图 7-3　新冠疫情网络舆情事件泛化示意图

廖阔等[4]基于事件相似度的计算结果对抽取的具体事件进行泛化，如图 7-4 所示。首先对事件的可泛化性进行判断，若一个事件相似度大于 0.4 的相似事件数不足 3 个，则认为这个事件缺少一般性而不对其进行泛化。对于有较多相似事件的具体事件，文章提取这些事件中的公共成分作为泛化后的事件。具体地，作者筛选出在 5 个以上相似事件中出现过的单词，并判断公共词中是否包含至少一个动词或形容词词性的词，若是，则作者将其作为一个泛化后的事件。作者认为一些形容词（如“低房价”中的“低”）体现了事物处于某种状态，因此认为形容词也可以指示一个事件的发生。其次，作者对泛化后的事件进行因果关系判断，若两个具体事件间有一条因果关系边相连，则在其泛化后的事件间也加入一条泛化的因果关系边，进而对因果关系也进行了泛化。

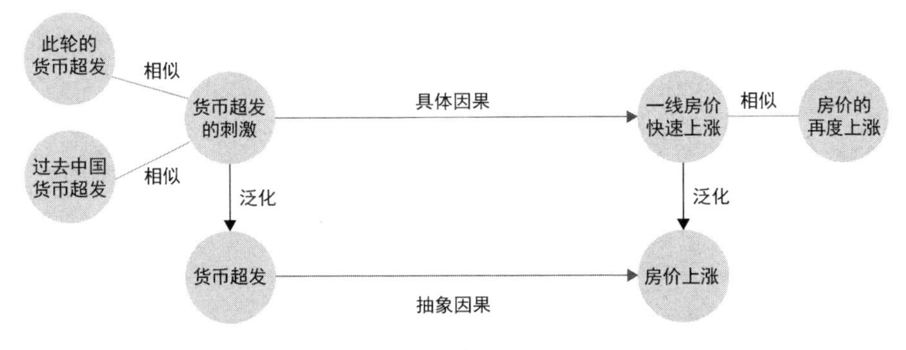

图 7-4 具体事件泛化样例

单晓红等人[6]针对网络舆情事理图谱提出了一种基于 K-means 聚类的事件泛化方法。该方法首先对每个事件都进行向量表示，并利用 K-means 聚类算法对所有的事件语句进行聚类，最终以出现频次较高的词作为该类事件的类名，进而实现事件的泛化。具体算法如下。

步骤一：将事件表示为机器能够识别的事件序列。事件是由词组成的，考虑使用词向量的方法将事件结构化。训练语料包括 Wikipedia 及样本数据，使用 Word2Vec 训练词向量，训练窗口（window）为 5，删除词频小于 5 的词（min_count = 5），词向量的嵌入维度为 60。

步骤二：获取整个事件的向量表示。给定一个事件 $e=\{w_i|w_i \in \text{Verbs} \cup \text{Nouns}\}$，通过映射函数 $f(e_i)=\{f(w_i)|w_i \in \text{Verbs} \cup \text{Nouns}\}$ 来获取整个事件的向量表示。作者使用平均值的方法映射获取整个事件的向量表示，即取事件中所有词向量的平均值。通过这种转换方法，所有事件最终均为 60 维的向量。

步骤三：选择欧氏距离计算方法。对于两个 m 维样本 $\boldsymbol{x}_i=(x_{i1},x_{i2},\cdots,x_{im})$ 和 $\boldsymbol{x}_j=(x_{j1},x_{j2},\cdots,x_{jm})$，其欧氏距离计算公式如下：

$$\text{dist}=\sqrt{\sum_{k=1}^{m}\left(x_{ik}-x_{jk}\right)^2}$$

步骤四：事件聚类。使用 K-means 聚类中的 K-means++算法选择初始质心，根据欧氏距离计算公式求得事件之间的距离，将与质心距离较近的事件划分到同一个簇中。

步骤五：泛化事件表示。经过 K-means 聚类的节点只能表明哪些事件在同一个类中，却不能直接给出每一类的类名。使用分词工具，对同一类中的事件进行分词，以出现频次较高的词作为该类事件的类名。

某一领域的网络舆情事件具有一定的相似性，将这些相似性较高的事件泛化在一起，形成网络舆情抽象事理图谱，抽象事理图谱展示的演化路径更具有领域代表性。从网络舆情抽象事理图谱中，可以发现领域中热议度较高的事件。首先，当该领域发生网络舆情事件时，可以找到其在抽象事理图谱中的相似节点，通过该节点事件演化的不同路径，分析不同路径产生的原因，管控和引导网络舆情的演化方向。其次，抽象事理图谱各事件代表的主体体现了不同部门之间的关联关系。当舆情事件发生时，根据抽象事理图谱的演化路径，采取相应的措施协调相关部门管控网络舆情，引导网络舆情朝着正向发展。最后，根据路径演化的多级传播性，可以对传播路径的每一级上的事件都采取合理措施，实现对舆情事件的精准引导。

在此基础上，单晓红等人[7]基于改进的聚类算法进行事件泛化，构建网络舆情抽象事理图谱。K-means 聚类的基本思想是距离越近的事件在同一个簇的可能性越大，距离越远的事件在不同簇的可能性越大。原始的聚类方法使用 TF-IDF 向量表示文本，不具有语义性，改进后的聚类算法利用 Word2Vec 向量对事件进行表示。

图 7-5 为事件泛化的示意图，其中，图 7-5（a）是构建的表示具体事件的事理图谱，边上的数字表示边在语料中出现的频次，图 7-5（c）表示最终形成的抽象事理图谱，边权代表该路径出现的概率。图 7-5（a）中的事件 e_{21} 和 e_{22} 经过聚类后划分到同一个簇 e_2 中。边 $e_1 \rightarrow e_{21}$ 的频次为 2，边 $e_1 \rightarrow e_{22}$ 的频次为 1，则在图 7-5（b）中，边 $e_1 \rightarrow e_2$ 的频次为 3。由图 7-5（b）到图 7-5（c）的边上的权重的计算是根据归一化求得的。

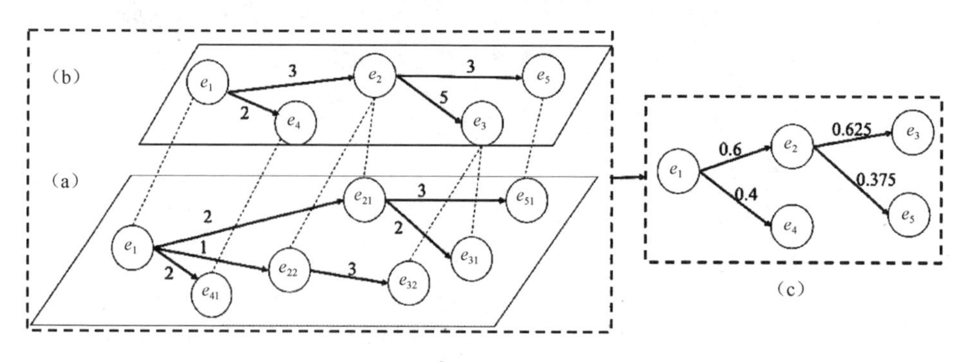

图 7-5　事件泛化的示意图

K-means 聚类在文本聚类方面具有很好的表现，其优点是计算速度较快，易于理解。作者对聚类算法进行改进，以更好地实现事件泛化的效果。原聚类算法较为常见，下面是作者提出的两个改进。

（1）改进向量表示的聚类算法泛化事件。原聚类算法使用 TF-IDF 向量表示样本，但其不具有语义性，且表示事件时向量会比较稀疏。Word2Vec 向量表示事件在语义上有较好的表现，因此考虑使用 Word2Vec 向量改进算法。改进向量的聚类算法与原算法的不同之处在于，事件表示时使用 Word2Vec 向量而非 TF-IDF 向量，其他过程与原来一致。具体而言，给出事件 $e_i = \{ w_i \mid w_i \in \text{Verbs} \cup \text{Nouns}\}$，通过获取事件中所有词的 Word2Vec 词向量，求得每一个事件中所有词向量的平均值表示事件。

（2）改进距离和质心计算的聚类算法泛化事件。由于样本点是文本，因此使用相似度计算距离替换原算法使用欧式距离计算方法。使用均值更新质心时会因为离群点的存在而出现偏差，因此选择样本中的某一个为质心。对于一个事件 $e_i = \{ w_i \mid w_i \in \text{Verbs} \cup \text{Nouns}\}$，找到其对应的 Word2Vec 词向量，根据单词在事件中的顺序来拼接词向量，进而表示事件。使用 K-means++算法选择初始质心。

（3）对剩余的每一个事件，计算其与质心的相似度，将其划分到相似度最高的事件所在的簇中。相似度的计算参考了郭鸿奇等人[8]提出的基于语义的句子相似度计算方法。设两个事件 e_1 和 e_2，$e_1 = \{ w_i \mid w_i \in \text{Verbs} \cup \text{Nouns}\}$，$e_2 = \{ w_j \mid w_j \in \text{Verbs} \cup \text{Nouns}\}$，其中，$i = 1,\cdots,n$，$j = 1,\cdots,m$，使用 Word2Vec 自带的相似计算方法，计算 e_1 和 e_2 中各个词语的相似度 $\text{sim}(w_i,w_j)$，共获得 $\min(m,n)$个最相似的词语对的相似度值，事件 e_1 和 e_2 的相似度由 w_i 和 w_j 之间的相似度 $\text{sim}(w_i,w_j)$综合计算得到。事件相似度计算公式如下：

$$\text{sim}(e_1,e_2) = \frac{2\sum_{q=1}^{\min(m,n)} \max\left(\text{sim}\left(w_i,w_j\right)\right)}{m+n}$$

其中，$\text{sim}(w_i,w_j)$表示事件 e_1 中的第 i 个单词 w_i 与事件 e_2 中的第 j 个单词 w_j 之间的相似度，$\sum_{q=1}^{\min(m,n)} \max\left(\text{sim}\left(w_i,w_j\right)\right)$ 表示最相似的 $\min(m,n)$ 个词语对的相似度之和。

（4）所有样本划分完毕后，更新质心。质心的更新准则为，当前簇中所有其他点到该中心点的相似度之和最大。

（5）重复步骤（3）和步骤（4），直到所有样本点的划分情况都保持不变，将运行结果返回。

7.2.2 基于规则的事件泛化方法

基于规则的事件泛化方法主要利用动词间或名词间的上下位关系，对事件短语进行泛化，这里的规则即单词之间的上下位关系。Zhao 等人[9]首先从新闻标题中抽取满足因果关系的具体事件，并利用 VerbNet 和 WordNet 中单词之间的关系，对事件短语中的动词和名词进行泛化，由此构建抽象事件网络。在该方法中，其主要思想是构建一个如图 7-6 所示的层次化因果关系网络。图中底层的网络是由具体因果事件组成的具体因果关系网络，顶层是从底层归纳、泛化而来的由抽象因果事件组成的抽象因果关系网络。

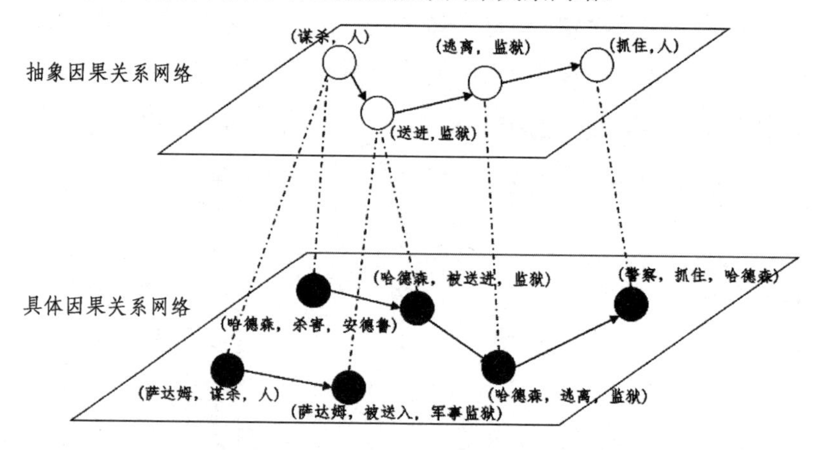

图 7-6 层次化因果关系网络示例图

首先，使用 WordNet 和 VerbNet 来泛化具体事件中出现的词。给定一个由名词、动词集合表示的具体事件，其中，每个名词都被泛化成它对应的 WordNet 中的上位词（例如，名词“安德鲁”被泛化成“人”），每个动词都被泛化成它在 VerbNet 中对应的动词类别（例如，“杀害”被泛化成“谋杀”）。这个词泛化的过程能够部分消除词的多样性带来的负面影响，进而有助于从大量的具体因果事件中发现高频的因果律。

其次，设计一个层次化的因果泛化方法，用于在具体因果事件网络上构造抽象因果事件网络。作者使用高频共现词对（Frequently Co-occurring Word Pairs，FCOPA）的形式来表示抽象事件，例如(谋杀,人)、(抓住,人)、(逃离,监狱)、(送进,监狱)。这种词对在形式上已经是泛化的，而且已经被证明在表示特定类型的事件时是非常有效的。其实根据抽象的层级，可以把这种词对扩展为三个或者四个词的集合。但是在《纽约时报》新闻标题上是非常困难的，因为从新闻标题抽取的每个具体事件文本的字数有限。作者使用词对作为抽象因果事件网络节点除了因为词对这种事件表示形式已经在其他工作中得到验证，还因为新闻标题的特殊性。高频词对本质上通过表征一种事件表达的高频模式来表征一类事件。给定一个抽象事件，任何包含同一个词对的具体事件都是词对所代表的抽象事件的具体事件。例如在图7-6中，(萨达姆,谋杀,人)和(哈德森,杀害,安德鲁)都是抽象事件表示(谋杀,人)的具体事件表现形式。抽象因果事件网络上的边都是根据具体事件之间的因果关系得到的。假如具体事件 A_i 和 B_j 分别是抽象事件 A 和 B 的实例化，并且 A_i 和 B_j 之间有一条边，那么抽象事件 A 和 B 之间也存在一条边，边的方向遵从具体事件节点之间边的方向。例如，因为在具体因果事件网络中有一条从(哈德森,杀害,安德鲁)到(哈德森,被送进,监狱)的边，那么在抽象因果事件网络中的(谋杀,人)到(送进,监狱)之间存在一条因果边。图7-6展示了一个层次化因果网络的示例。下层的实心节点与实心节点之间的有向边构成了具体因果事件网络。上层的空心节点与空心节点之间的有向边构成了抽象因果事件网络。从空心节点到实心节点之间的虚线无向边代表抽象事件到具体事件的实例化过程。

构建这种抽象因果事件网络的优点有三方面。

首先，这种抽象因果事件网络中包含了大量泛化的、高频的、简洁的因果模式。这些因果模式可以帮助人们理解隐藏在具体事件因果背后的更深层次的因果律，例如(谋杀,人)→(送进,监狱)→(逃离,监狱)→(抓住,人)。

其次，和具体因果事件网络相比，抽象因果事件网络更容易被泛化使用。给定一个从自然语言文本中抽取出来的全新的事件，然后用动词、名词集合来表示它，想要在具体因果事件网络中匹配出完全相同的事件几乎是不可能的。如果把这个具体事件表示泛化成一个抽象事件表示，那么在抽象因果事件网络中，匹配抽象事件并加以分析还是很可能实现的。

第三，抽象因果事件网络比具体因果事件网络在网络结构上更加稠密，这样就使得在抽象因果事件网络中学习好的事件向量表示成为可能，而在特别稀疏的网络结构中是很难学习到好的事件向量表示的。

Yu等人[10]构建大规模事件蕴含图（Eventuality Entailment Graph）的过程可以看成利用蕴含关系对事件进行泛化，如图7-7所示。首先，将事件分解为论元集合和谓词集合。其次，分别将论元集合和谓词集合投影到Probase和WordNet，进行局部推理。最后，利用传递规则进行全局推理，获得更多蕴含关系。文本蕴含是语义推断中的通用范式，其目标是判断从给定的文本中能否推断出目标语义。推断过程中一个重要的组成部分是大量的 Entailment Rule 资源，也被称为 Inference Rule，即指定文本块之间的一个有向的推断关系。这些规则的一个重要性质是指定谓词和论元之间的蕴含关系，对于规则“X 吞并 Y→X 掌管 Y”，能够确定文本“战国时期秦国吞并巴蜀等地”可以回答问题“战国时期哪个国家掌管巴蜀等地”。

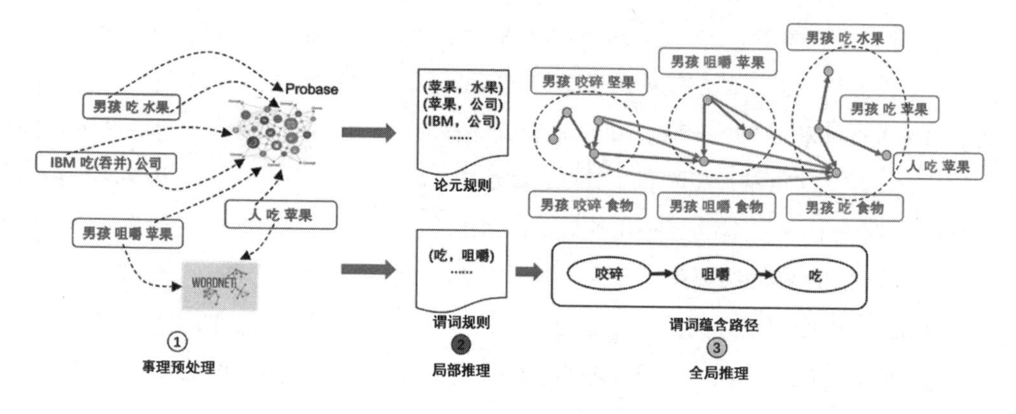

图 7-7　事件蕴含图构建框架

在蕴含图的构建过程中，对于节点的定义，有 3 种形式，分别是 Typed Predicate[11,12]、IE Proposition[13]和 Eventuality[10]，如图 7-8 所示。

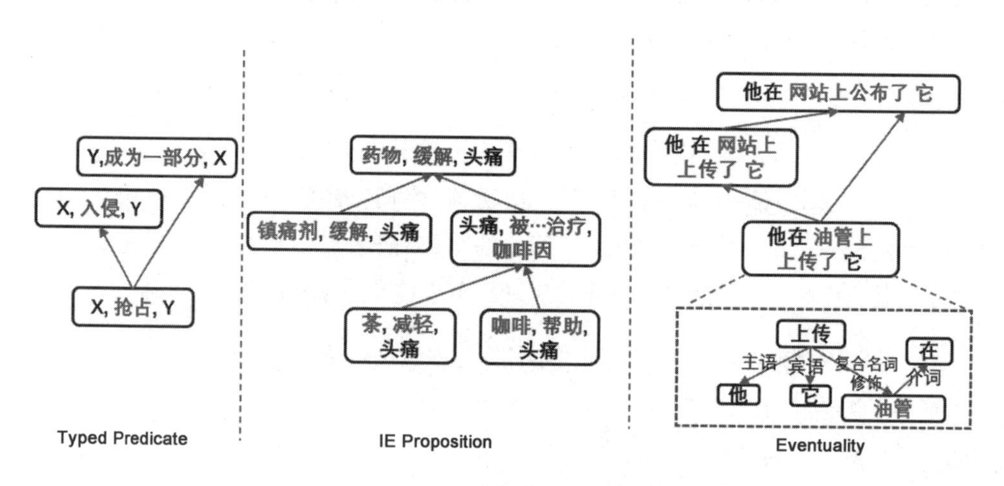

图 7-8　蕴含图的 3 种形式

（1）Typed Predicate 指 Predicate 的论元类型（city 或者 drug）被指定。Schoenmackers 等人[14]学习 Typed Predicate 之间的推理规则，利用 Typed Predicate 方法能够解决语义含糊这

一问题，并且能够去除噪声，但他们的方法仍然存在不能被大规模普及的问题。由于数据中的谓词数量太多，不能直接用整数线性规划来解决，所以他们仍采用局部学习方法。此后，Berant 等人[11]提出利用传递性约束方法对 Typed Predicate 的蕴含规则进行全局性的优化学习。文章将任务建模为一个图学习问题，并且其算法能够应用到更大的图谱上，采用的全局传递性约束能够大幅度地改进模型的性能。尽管如此，传递性约束也面临两个挑战，其一是语义含糊，即并不总是满足传递性，当谓词的语义含糊时，则不满足传递性规则。如“X buy Y → X acquire Y”，“X acquire Y → X learn Y”，但是“X buy Y ↛ X learn Y”，因为这两个局部规则利用的是“acquire”的不同语义。另一个挑战是可扩展性。整数线性规划的扩展性不好，因为它是一个 NP-完全问题。避免这个问题的一种方法是，谓词的论元中有一个论元进行实例化，如“X reduce nausea → X affect nausea”，这种方法对于在线学习小图是很有用的。尽管这种含有一个实例化论元的规则可以被有效学习，但是不能被大规模推广，还需进一步研究。

（2）蕴含图中节点表示的第二种形式是 IE Propostion。开放域事件抽取（如 Open IE）从文本中抽取自然语言命题不需要预定义的模式，这些命题由谓词-论元结构组成。但是由于自然语言的表达形式多样，阻碍了开放域事件抽取作为知识表示框架的可行性。在对 Open IE 得到的知识库进行查询时，因为并没有对自然语言表达形式进行合并，往往会造成信息匮乏及信息冗余。例如，对于同样的查询，“减轻头痛”和“治疗头痛”得到的实验结果不同。Levy 等人[13]提出利用蕴含图对开放域事件抽取得到的命题进行归纳组织。蕴含关系对相同的命题进行合一，产生一个由特殊到一般的结构。同时，他们也发现谓词的蕴含关系对上下文是十分敏感的。他们提出利用命题蕴含图（Proposition Entailment Graph）对命题进行泛化及合一。如图 7-9 所示，图中的每个节点都代表一个命题，每条有向边都代表蕴含关系。蕴含关系提供了一种有效的结构，将自然语言信息聚合在一起，语义相同的命题可以合并成一个集合，构建这些集合之间由具体到泛化的边，如（阿司匹林，消除，头痛）蕴含（头痛，用…应对，止痛药）。区别于 Typed Predicate，该方法的节点中的论元是具体的实例。

（3）蕴含图中节点表示的第三种形式是 Eventuality。对于每个事件 E_i，由于动词可以连接多个论元，与 Typed Predicate 和 IE Proposition 相比，Eventuality 句法树的结构是一个多路的树结构，而不是二叉树结构。仿照 IE Proposition 的方法，如果两个 Proposition 对齐的单词部分存在蕴含关系，那么 Proposition 之间也存在蕴含关系。Yu 等人[10]将二分 Proposition 的节点表示扩展到 *n*-ary 的事件，将每个事件 E_i 都拆分成 (p_i, a_i) 对，p_i 作为由这些拆分对组成的依存图的根节点（即中心动词），$a_i = \{t_l^i, l \in 1, \cdots, L\}$ 是论元的集合，这些论元与根节

点 p_i 由直接的边相连。表 7-2 总结了最常见的事件模板，论元的数量可以是 1、2、3。比如事件“he post it on youtube”，对该事件进行分解，谓词 p_i =post，论元集合 a_i ={he, it, youtube}。

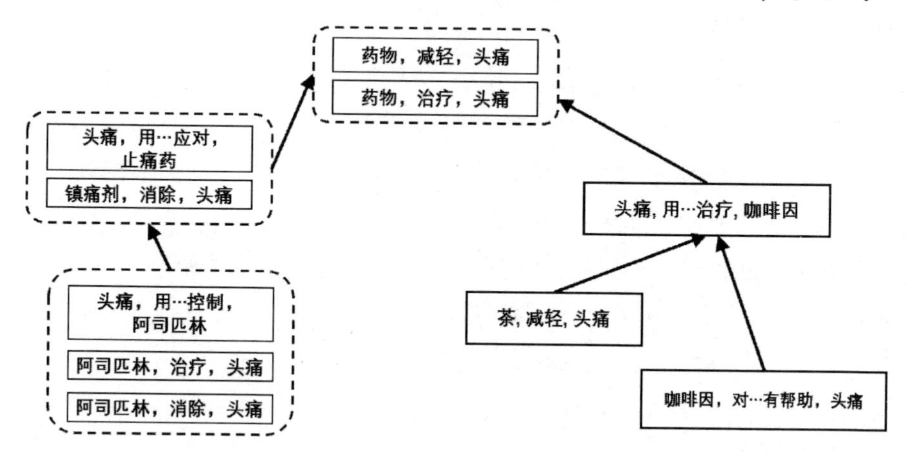

图 7-9 关于头痛的命题蕴含图

表 7-2 不同类型的事件模板

	模板	编码	谓词	论元集合
活动/事件	n_1-nsubj-v_1	s-v	v_1	$\{n_1\}$
	n_1-nsubj-v_1-dobj-n_2	s-v-o	v_1	$\{n_1,n_2\}$
	n_1-nsubj-v_1-nmod-n_2-case-p_1	s-v-p-o	v_1-p_1	$\{n_1,n_2\}$
	(n_1-nsubj-v_1-dobj-n_2)-nmod-n_3-case-p_1	s-v-o-p-o	v_1	$\{n_1,n_2,p_1\text{-}n_3\}$
状态	n_1-nsubj-v_1-xcomp-a	s-v-a	v_1	$\{n_1,a\}$
	n_1-nsubj-a_1-cop-be	s-be-a	be-a_1	$\{n_1\}$
	(n_1-nsubj-a_1-cop-be)-nmod-n_2-case-p_1	s-be-a-p-o	be-a_1	$\{n_1,p_1\text{-}n_2\}$

Yu 等人[10]首先对这些 Eventuality 类型的节点进行局部推断，计算对齐的单词级别成分的局部蕴含分数，分别计算论元及谓词的蕴含分数，然后将它们合并，作为最终的局部预测。

下面首先介绍构造论元蕴含规则，利用 Probase 查找上位词对，Probase 中每个记录的存储格式都是（concept, instance, frequency）。对于每一个论元 t，都对其进行概念化，挑选前 k 个上位词作为候选。“苹果”的概念化有{水果，公司，食物，品牌，新鲜水果}，这些上位词形成了可行的论元蕴含规则，例如苹果⊨水果，苹果⊨公司，苹果⊨食物。利用 Probase 中词共现的概率作为论元蕴含的分数 L_{ij}^t，根据预先设定好的阈值筛选掉蕴含分数很低的规则，这样确定蕴含规则 $\mathrm{TR}=\left\{\left(t_i,t_j,L_{ij}^t\right)t_i,t_j\in\mathcal{T},L_{ij}^t>\tau\right\}$。基于这些规则，可以计算两个对齐的论元集合之间的蕴含分数，给定论元集合 $a_i=\left\{t_l^i,l\in 1,\cdots,L\right\}$ 和 $a_j=\left\{t_l^j,l\in 1,\cdots,L\right\}$，定义论

元集合的蕴含分数 $L_{ij}^{a} = P\left(a_i \vDash a_j\right)$，论元集合蕴含的概率得分是利用逻辑“或”的方法计算得到的。

$$P\left(a_i \vDash a_j\right) = 1 - \prod^{L}\left(1 - P\left(t_l^i \vDash t_l^j\right)\right) = 1 - \prod^{L}\left(1 - L_{t_l^i t_l^j}^{t}\right)$$

其次构建谓词之间的蕴含关系。值得注意的一个地方是，除了单个动词，对于一些事件模板，也会考虑把动词的组合及相关联的介词作为谓词，这是因为动词本身可能语义并不完整。对于模板“s-v-p-o”中的“v-p”结构，可以看作“he takes over the company”中的谓词短语“take over”。去除谓词频率小于 5 的谓词集合，利用剩下的 5997 个单独的动词和 13469 个动词-介词对生成谓词推断规则。对于每个谓词 p_i，利用 WordNet 中的直接上位词构成谓词蕴含规则，如 know⊨remember。由于 WordNet 中的动词层级关系往往带有不可忽视的噪声，文章定义 L_{ij}^{p} 作为谓词 p_i 和 p_j 之间的蕴含分数，用来量化抽取得到的规则的可信度。由于谓词的蕴含关系取决于上下文，谓词与不同的论元结合可能会有不同的意思。所以，首先选择拥有相同论元的事件 p_i 和 p_j，然后逐渐丰富 p_i 的上下文，通过选择事件 $E_k = \left(p_k, a_k\right)$，该事件的谓词 p_k 与 p_i 一致，论元 a_k 由 a_i 蕴含得到，且蕴含得分高于阈值 λ，满足公式：$\left\{E_k \in \mathcal{E} p_k = p_i, L_{ik}^{a} = P\left(a_i \vDash a_k\right) > \lambda\right\}$。他们把扩展的论元及谓词 p_i 之间的点互信息作为谓词 p_i 的特征向量，记作 $\boldsymbol{P}_i$，$p_i \vDash p_j$ 之间的蕴含分数 L_{ij}^{p} 由 BInc($\boldsymbol{P}_i, \boldsymbol{P}_j$)计算得到。因此，得到谓词蕴含规则是 $\mathrm{PR} = \left\{\left(p_i, p_j, L_{ij}^{p}\right) p_i, p_j \in P\right\}$。

最终的事件蕴含得分通过论元蕴含规则和谓词蕴含规则组合得到，定义事件 $E_i = \left(p_i, a_i\right)$ 和事件 $E_j = \left(p_j, a_j\right)$ 之间的局部蕴含分数 L_{ij}^{e}，采用几何平均公式计算得到：

$$L_{ij}^{e} = \sqrt{L_{ij}^{p} \cdot f_{ij} \cdot L_{ij}^{a}}$$

尽管谓词蕴含分数 L_{ij}^{p} 是基于相似的上下文（近似相似的论元）计算得到的，但是种子事件对可能存在不正确的情况。例如，谓词推断规则 see⊨think 作为起始事件对，这些事件对具有相同的论元对，E_l=she see towel，E_r=she think towel，$L_{lr}^{e} = L_{lr}^{p}$，但显然 $E_l \vDash E_r$ 的蕴含分数应该很低。为了消除这种情况，提出一个惩罚项 f_{ij}，舍弃一词多义谓词的影响及不正确的事件抽取。f_{ij} 的公式如下：

$$f_{ij} = \frac{P\left(a_i p_i\right)}{P\left(a_j p_j\right)}$$

然后介绍如何进行全局推断获得更多的边，使蕴含图更加紧密。全局推断的主要依据是蕴含关系的传递性质，例如，已知 $E_i \vDash E_j$ 和 $E_j \vDash E_k$，那么极有可能 $E_i \vDash E_k$。由于事件的中心是动词，所以首先根据谓词构造蕴含链条，然后利用论元的蕴含链条进行丰富。因此，首先将整个图分解成以谓词为中心的子图，得到 15302 个谓词蕴含规则；然后将这些谓词蕴含规则组织在一起，得到像森林一样的结构（总计 437 个树结构）；多数树结构的高度很低，叶子节点也比较多。接下来从树的根节点开始遍历，得到传递路径，如(perceive,smell,sniff)、(perceive,see,glimpse)，以及(perceive,listen,hark)。利用谓词蕴含路径进行事件传递性推断。对于每一条边 (p_i, p_{i+1})，自动构建一个二部图：$G(p_i, p_{i+1}) = (U_{p_i}, V_{p_{i+1}}, \varepsilon)$。这个二部图需满足两个要求：（1）在 U_{p_i} 和 $V_{p_{i+1}}$ 中的所有事件都具有相同的论元或者是蕴含的论元；（2）出现在 U_{p_i} 和 $V_{p_{i+1}}$ 中的事件，其谓词分别对应 p_i 和 p_{i+1}。文章把边上的权重作为局部蕴含分数，例如(咀嚼,吃)是谓词蕴含路径(咬碎 ⊨ 咀嚼 ⊨ 吃)中的一条边，因此 U_{chew} ={男孩咀嚼苹果,男孩咀嚼食物}。V_{eat} ={男孩吃苹果,男孩吃食物}。遍历完路径中所有的边，开始由谓词蕴含路径到事件蕴含路径进行泛化，即男孩咬碎食物 ⊨ 男孩咀嚼食物 ⊨ 男孩吃食物。过滤掉蕴含分数低于阈值的事件对，减少低质量的边。构建完事件蕴含路径，进一步从论元规则中挑选局部推理事件关系对每个节点都进行扩展，即(男孩咬碎坚果 ⊨ 男孩咬碎食物)和(男孩咀嚼苹果 ⊨ 男孩咀嚼食物)。至此，完成了从谓词蕴含路径到事件蕴含关系的构建过程。

还有一种事件泛化的方法是利用自然逻辑进行事件泛化。相比于广为熟知的一阶逻辑，自然逻辑直接在自然语言表面通过单词替换进行逻辑推理。通过对事件的谓词和论元进行自然逻辑推理，同样可以达到事件泛化的效果。

自然逻辑定义了 7 种单词之间的语义关系，如表 7-3 所示。根据定义的 7 种语义关系，自然逻辑的推理过程如图 7-10 所示，图中展示的过程是在常识推理任务中，对给定的假设（“啮齿动物吃植物”）在知识库中寻找使假设成立的前提（如“松鼠吃松子”），图中所示的推理过程是自然逻辑的反向推理过程（由“啮齿动物吃植物”逐步推理到“松鼠吃松子”），其中节点之间的边代表相连的两个句子之间的自然逻辑关系。而事件泛化任务是由具体到泛化的过程，通过图 7-10 中的示例，从叶子节点到根节点的过程（即由“松鼠吃松子”到“啮齿动物吃植物”）可以看作对论元进行事件泛化的过程。自然逻辑的推理过程可以表示为一个有限状态自动机，如图 7-11 所示。在该有限状态自动机中，定义三个状态，分别是有效状态（$\varphi \Rightarrow \psi$）、无效状态（$\varphi \Rightarrow \neg\psi$）和未知状态（$\varphi \nRightarrow \psi$）。语义关系 ≡ 和 ⊑ 对应有效状态，语义关系 ⋏ 和 ⥮ 对应无效状态，语义关系 ⊒、⌣ 和 # 对应未知状态。从有效状态转移到无效状态只能通过语义关系 ⋏ 和 ⥮。相应地，从无效状态转移到有效状态只能通过语义关系人和⌣。从有限状态自动机中可以看出，转移到未知状态（$\varphi \nRightarrow \psi$）后，无法再转移到有效状态（$\varphi \Rightarrow \psi$）或无效状态（$\varphi \Rightarrow \neg\psi$）。

表 7-3　自然逻辑中单词之间的语义关系

关系	名字	样例
$x \equiv y$	等价	垃圾 ≡ 废物
$x \sqsubseteq y$	前向蕴含	猴子 ⊑ 动物
$x \sqsupseteq y$	反向蕴含	动物 ⊒ 猴子
x 人 y	反义	寻常 人 不寻常
x ⥮ y	替换	猴子 ⥮ 大象
x ⌣ y	覆盖	哺乳动物 ⌣ 非人类
x # y	独立	生气 # 冰箱

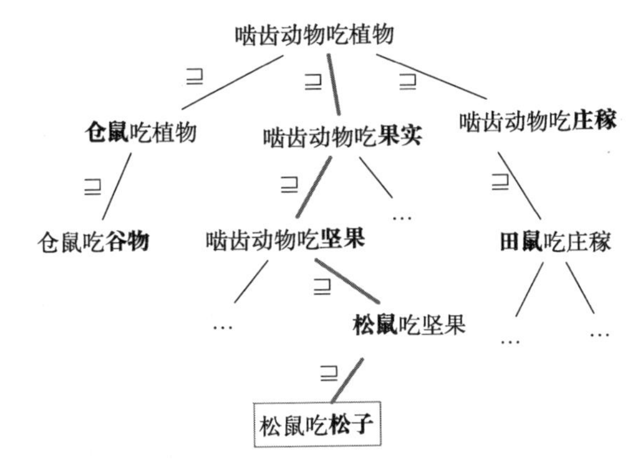

图 7-10　自然逻辑的推理过程示例

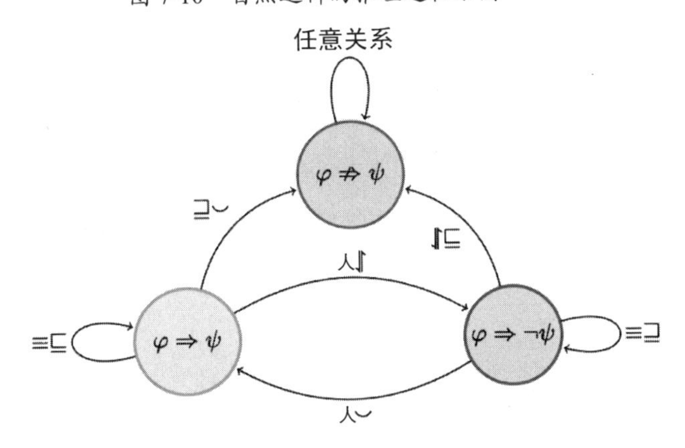

图 7-11　自然逻辑的推理过程表示为一个有限状态自动机

下面详细介绍利用自然逻辑进行反向推理的过程。首先，需要对事件中的单词进行替换，确定原始单词和候选单词之间的语义关系。例如，用候选单词"坚果"替换原始单词"果实"，根据大词林知，原始单词"果实"和候选单词"坚果"之间是反向蕴含关系。其次，根据原始单词的单调性，将单词之间的语义关系映射到句子之间的语义关系。句子中每个单词的单调性是由操作符（如"一些""所有""没有"）来控制的。对于句子中没有操作符的情况，默认单词的单调性是向上单调的。单词的向上单调性不改变原始句子与候选句子之间的语义关系，因此，由于句子"啮齿动物吃果实"中每个单词的单调性都是向上单调的，所以，将"果实"替换为"坚果"后，单词之间的反向蕴含关系映射到句子之间的语义关系仍然是反向蕴含关系，也就是说"啮齿动物吃果实"和"啮齿动物吃坚果"之间的语义关系是反向蕴含关系。最后，在自然逻辑的反向推理过程中，需要保证每一次替换单词后，句子的原始语义都保持不变，这样，我们才可以从叶子节点回溯到根节点。

7.2.3 基于神经网络的事件泛化方法

基于文本中抽取的因果事件对或顺承事件对构建事理图谱，需要对抽取得到的具体事件进行泛化，其中一个简单可行的方法是将事件表示为低维、稠密的向量，发现彼此相似的事件集合。基于聚类的事件泛化框架通过无监督聚类算法先将限定域的事件集合划分为多个簇，再邀请领域专家评估聚类结果，并确定各个簇的事件类型，从而建立事件类型框架，然后计算新事件与簇中事件的关系，最终确定事件类型。现有方法产生的结果往往与特定领域内的用户认知相差较大，事件泛化框架的稳定性和迁移性也较弱。曹高辉等人[15]提出了一个基于深度语义匹配的限定域事件泛化框架（图 7-12），以旅游领域数据为例，证明该事件泛化框架较聚类和分类框架具有更好的准确性、稳定性和迁移能力。

下面具体介绍曹高辉等人[15]提出的基于深度语义匹配的限定域事件泛化框架。具体地，该框架是以专家预干预和有监督学习为核心、以面向限定域为目标的深度语义种子匹配事件泛化框架。该框架主要包含两个核心部分：深度语义计算模块和种子事件匹配模块，能够有效解决领域知识动态融合和事件语义对齐等问题。深度语义计算模块采用有监督学习中的深度神经网络技术，将事件泛化问题转化为语义相似度计算问题，实现同类事件不同表达的事件语义对齐。

首先，收集一个训练事件集合 $T=\{(e_i,c_i)\},i\in[1,m]$，$m$ 表示训练集样本数，e_i 表示事件文本，c_i 表示 e_i 的事件类型且 $c_i\in \mathrm{CT}$，CT 表示训练事件集合中所有事件类型的集合。其次，对 T 中的事件文本随机进行两两采样，若两个事件文本的类型一致，则可构造一个正事件对样本$(e_i,e_j,1)$，反之则构建一个负事件对样本$(e_i,e_j,0)$。最后，将采样获得的正负事件对输入深度语义模型 F 中训练模型参数，从而使得模型 F 具有判断两个事件文本的类型是否一致的能力，例如“到达哈尔滨”和“到达天安门广场”，都属于“到达某地”的事件类型。

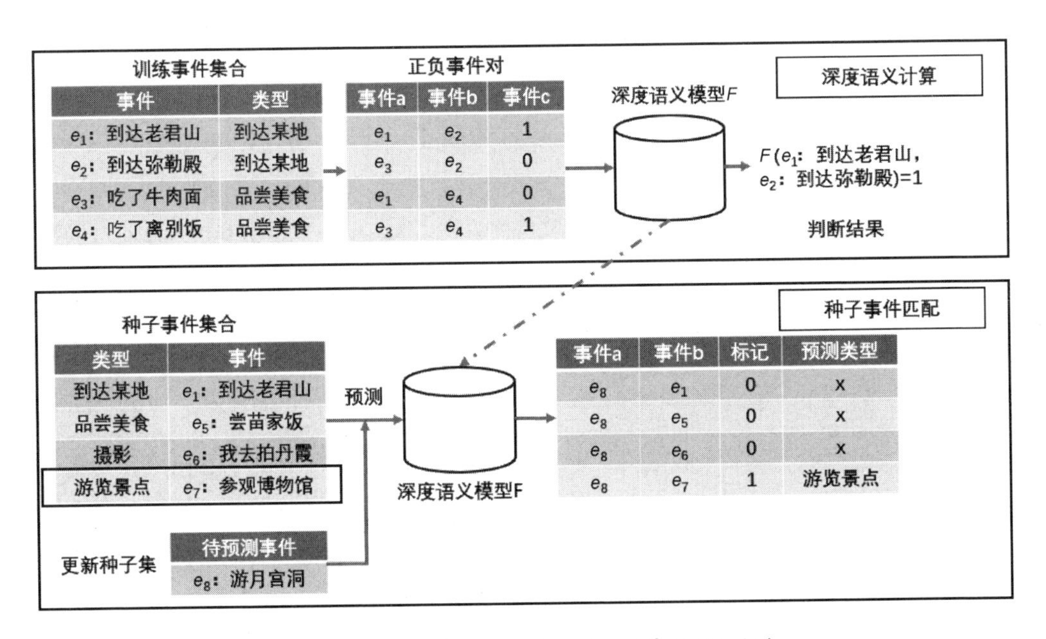

图 7-12　基于深度语义匹配的限定域事件泛化框架

深度语义计算的抽象描述如下：在给定事件对集合 $S=(E_a,E_b)$ 的条件下，求解最优事件泛化得分函数 $\text{Score}(e_a,e_b)$，如果 $\text{Score}(e_a,e_b)$ 的得分趋近于 1，表示两个输入事件 (e_a,e_b) 为同类事件；如果 $\text{Score}(e_a,e_b)$ 的得分趋近于 0，则表示两个输入事件 (e_a,e_b) 为非同类事件。借鉴深度语义匹配模型的相关研究[16-18]，文章选取了多种神经网络模型来训练事件泛化得分函数 $\text{Score}(e_a,e_b)$。这些模型可以归纳为两大类模型架构，即表达中心模型（Representation-Focused Model）和互作用中心模型（Interaction-Focused Model）。

表达中心模型首先通过语义变换函数将事件 e_a 和事件 e_b 转化为抽象的语义表达向量，然后通过语义类型相似度度量函数计算事件之间的语义类型匹配程度。其形式化描述为

$$\text{Score}(e_a,e_b)=F(\varphi(a),\varphi(b))$$

式中，φ 表示语义变换函数，$\varphi(a)$ 和 $\varphi(b)$ 分别表示两个事件的语义表达向量，F 表示语义

类型相似度度量函数。函数 φ 和 F 皆通过训练多层神经网络获得。下面介绍两个表达中心模型：DSSM 和 Arc-I。DSSM[16]是一种基于 DNN 的语义匹配表达中心模型，该模型首先用 DNN 将成对的两个文本映射为低维向量，然后通过计算向量的余弦距离来获取两个文本的语义相似度。Arc-I[18]是一种基于循环神经网络的语义匹配模型，该模型首先对成对的两个文本进行卷积和池化操作，获得两个文本的语义向量；然后将向量输入 Siamese 网络，从而获得两个文本的语义相似度。

互作用中心模型首先通过一个简单的映射 φ 将事件 e_a 和事件 e_b 转化成单词序列或词向量；其次通过互作用函数 M 和模式匹配函数 P 抽取事件之间的互作用匹配模式；最后模型使用聚合函数 H 判断事件 e_a 和事件 e_b 的语义类型匹配程度。该过程的形式化描述为

$$\text{Score}\left(e_a, e_b\right) = M\left(\varphi(a), \varphi(b)\right) \circ P \circ H$$

在互作用中心模型中，映射 φ 是一个简单的映射函数，互作用函数 M 、模式匹配函数 P 和聚合函数 H 都是需要训练的多层神经网络，运算符号 $\circ$ 表示复合函数符号。Arc-II[18]是在 Arc-I 的基础上得到的语义匹配模型，其与 Arc-I 最大的差别在于，采用了交互卷积捕捉文本的语义向量。MathPyramid[19]是一种基于层次卷积神经网络的语义匹配模型，该模型首先在词向量的基础上构造了一个相似度匹配矩阵，然后利用层次卷积神经网络获取两个文本在不同层级的文本块（短语、句子）之间的相似度，从而计算两个文本的语义距离。

种子事件匹配模块是在领域专家的参与下构建的符合领域常识的事件类型和相关种子事件，使得泛化后的事件集合能够与限定域内的知识体系结构相匹配。深度语义计算模块的目标是“从正负事件对数据中学习有效的事件匹配函数”，其中“正事件对”指一对相同类型的事件，而“负事件对”指一对不同类型的事件。该模块本质上是一个基于多层神经网络的语义匹配模型，负责从事件的文本表示中学习深层语义特征，进而有效处理事件类型匹配即事件泛化问题。

种子事件匹配模块首先根据领域专家的知识，构建符合领域认知的、可泛化的事件类型框架，并为各类事件类型提供种子样本。其次当需要对待预测的事件进行泛化时，利用深度语义计算模块，将待预测事件与种子集中的事件一一比对，最终通过投票获取待预测事件的类型。种子事件匹配模块采用了专家预干预策略，即“专家在模型训练之前被引入事件泛化流程”，使得领域知识能够有效地流入事件泛化模型。而基于聚类的无监督事件泛化框架[1]采用专家后干预策略，即“专家在模型训练之后才被引入事件泛化流程”。

在领域专家的参与下，动态地引入符合领域常识的事件类型和相关种子事件，使泛化后的事件集合能够与限定域内的知识体系结构相匹配，并实现可迁移的事件类型预测。首先，收集一个种子事件集 $T_{\text{seed}}=\left(e_i,c_i\right),i\in[1,n]$，$n$ 是种子事件集样本数，注意种子事件集中可含有训练集中未包含的事件文本和事件类别；然后，对于任意待预测事件 e_j，使用训练好的深度语义模型 F，判断其与种子事件集中每个事件 e_i 的类型是否一致，若 e_j 与 e_i 的事件类型一致，即 $F\left(e_j,e_i\right)=1$，则将种子事件 e_i 对应的类型 c_i 赋予待预测事件 e_j。该模块实现预测事件类型、种子事件集构建与更新的功能。

种子事件匹配分为以下两步。

（1）种子事件集构建，其抽象化描述如下：对于给定的事件集 $E=\left(e_1,e_2,\cdots,e_m\right)$，通过专家知识确定事件类型框架 $C=\left(c_1,c_2,\cdots,c_n\right)$，使得任意事件 e_i 都有且仅有唯一的事件类型 c_j，即 $v\left(e_i\right)=c_j$。换言之，对于每一类领域事件 c_j，都存在一个种子事件集合 $E_{\text{seed}}=\left(e_x,\cdots,e_{x+y}\right)$，满足 $v\left(e_i\right)=c_j,i\in[x,x+y]$。在现实生活中，新生的事件会不断出现，导致领域知识动态变化，而专家制定的事件类型框架也应该能够随之演化。因此，模块通过种子事件集更新操作，为不断融入新的事件类型提供了途径，即 $C=C+C'=\left(c_1,c_2,\cdots,c_{m+n}\right)$，其中，$C'=\left(c_n,c_{n+1},\cdots,c_{m+n}\right)$ 表示新出现的事件类型。

（2）事件类型投票预测，具体而言，对于预测事件 e_a，可利用深度语义计算模块获取其与种子事件集 $E_{\text{seed}}=\left(e_x,\cdots,e_{x+y}\right)$ 中每个事件 e_c 的泛化得分 $\text{Score}\left(e_a,e_c\right),c\in[x,x+y]$，若得分大于 0.5，则表示预测事件 e_a 的类型与种子事件集中事件 e_c 的类型一致，并向事件 e_a 的类型结果列表中增加事件 e_c 的类型 c_{e_c}，故给定预测事件 e_a 和种子事件集 $E_{\text{seed}}=\left(e_x,\cdots,e_{x+y}\right)$，可获得一个类型结果列表 C_{list}，预测事件 e_a 的最终类型为结果 C_{list} 中出现最多的事件类型。

7.2.4　自然逻辑与神经网络相结合的事件泛化方法

我们回顾一下 7.2.2 节中提到的利用自然逻辑进行事件泛化的方法。该方法采用外部词典作为自然逻辑进行单词替换，但是未考虑单词所处的上下文环境，不可避免地会产生很多没用的候选单词。比如说“用人单位在法定假日安排加班需支付工资”，当对“单位”进行同义词替换的时候，“单位”这个词本身有两个语义，一个语义是“工薪阶层上班的地方”，候选单词有“机关”“团体”“部门”；另一个语义是“数学或物理方面计量事物的标准量”，候选单词有“厘米”“千克”。鉴于单词所处的上下文环境，正确的推理过程应该选择来自第一个语义中的候选单词。由于并未考虑原始单词所处的上下文环境，其候选单词中会包含来自第二个语义的无关单词“厘米”等。所以，可以考虑将自然逻辑与神经网络结合，这种结合方式能够兼顾原始单词所处的上下文环境，使得候选单词的范围大大缩小，候选单词的语义也更加符合上下文所处的环境。

针对一个给定的具体事件，以该具体事件作为事件泛化的起点，对事件的谓词和论元进行逻辑推理。为了考虑替换单词所处的上下文环境，可以采用预训练语言模型进行上下文环境的建模；同时，采用预训练语言模型的另一个好处是其掩码机制能够直接用来进行单词的替换。通过对原句中需要替换的单词进行掩盖，预测可能的候选单词，之后，利用预先训练好的分类器判断候选单词与原始单词之间的语义关系。根据单词的单调性原理，判断原始句子和候选句子之间的语义关系，保留使原始句子和候选句子之间为等价或蕴含关系的替换路径，对其他关系的推理过程进行剪枝。针对每次单词替换后产生的候选叶子节点，可以采用一些约束规则以限制推理过程的搜索空间。对于原始句子（或新生成的候选句子）的单词替换顺序，可以采用自左向右的顺序，直到新生成的候选句子中没有单词可以继续替换，则停止扩展。石继豪等人[20]利用自然逻辑和神经网络相结合的方法对句子进行泛化，进而在问答任务上取得了最好的结果，如图 7-13 所示。

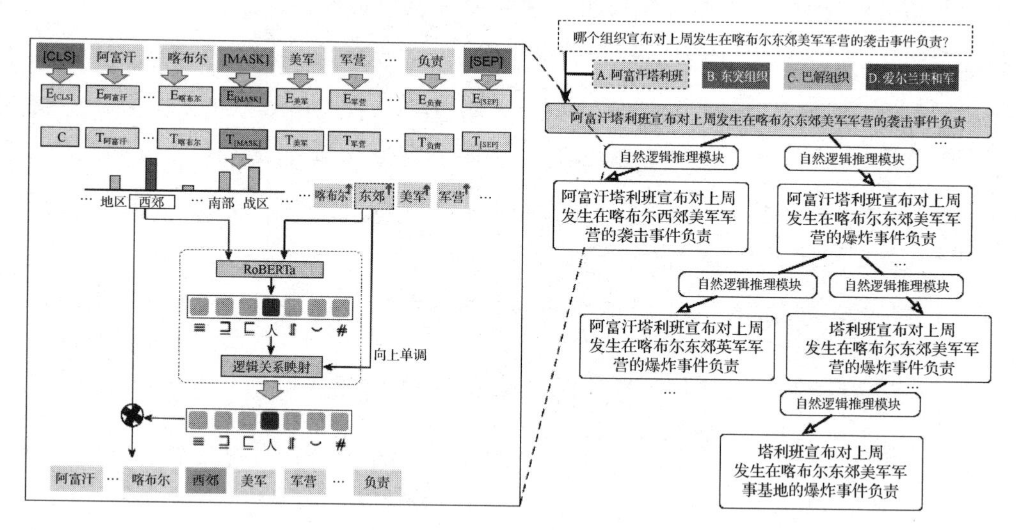

图 7-13　自然逻辑和神经网络相结合的事件泛化示意图

自然逻辑与神经网络相结合的方法可以采用端到端的训练过程，上述推理过程在对原始单词进行替换时，从候选词集合中选择最可能的候选单词过程并不是可微的，而是离散的独热编码。为了实现端到端的可微训练过程，可以采用 Gumbel-Softmax 技术对候选单词的选择进行向量化，从而达到近似离散的独热编码的目的。

$$w_j = \frac{\exp\left(\left(\log\left(p_j\right)+g_j\right)/\tau\right)}{\sum_i \exp\left(\left(\log\left(p_i\right)+g_i\right)/\tau\right)}$$

其中，p_j 是词典中第 j 个候选单词出现的概率；g_j 是满足独立同分布的标准 Gumbel 分布的采样；τ 是用来控制 Gumbel 分布光滑程度的常数，取值大于零，τ 值越大，生成的分布越平滑，τ 值越小，生成的分布越接近离散的独热编码分布。

7.3 本章小结

事件泛化是事理图谱构建的重要步骤，本章介绍了事件泛化的任务定义，以及主流的事件泛化方法，如基于聚类的事件泛化方法。事件之间的蕴含关系在事件泛化过程中发挥着重要的作用，本章分别针对 3 种不同形式的节点类型，描述了如何进行事件泛化并构建蕴含图，并着重介绍了以事件为节点类型的蕴含图构建。此外，本章还介绍了基于自然逻辑的事件泛化方法、基于神经网络的事件泛化方法，以及将自然逻辑与神经网络结合的事件泛化方法。

事件泛化作为事理图谱构建过程中的重要一步，可以提升事件泛化的精细度和准确度，能够进一步优化事理图谱的构建流程，更好地辅助基于事理图谱的相关应用，诸如突发事件动态演变、网络舆情演化等。当前，事件泛化的一个常用方法是采用事件之间的语义相似度进行聚类，如何恰当地表示和度量事件之间的语义相似性可以在未来的工作中进一步探索和研究。同时，另一个问题是相似度虽然能够给出哪些事件具有较高的语义相似性，却不能直接给出聚类后的事件名称，这也是未来可以考虑的研究点。最后事件泛化任务缺少可用于评测的标准数据集，未来研究者可以考虑在这个方向上持续进行探索。

参考文献

[1] 丁效. 句子级中文事件抽取关键技术研究[D]. 哈尔滨: 哈尔滨工业大学, 2011.

[2] 单晓红, 庞世红, 刘晓燕, 等. 基于事理图谱的政策影响分析方法及实证研究[J]. 复杂系统与复杂性科学, 2019, 16(01): 74-82.

[3] 田依林, 李星. 基于事理图谱的新冠肺炎疫情网络舆情演化路径分析[J]. 情报理论与实践, 2021, 44(3): 76-83.

[4] 廖阔. 面向金融领域的事理图谱构建关键技术研究[D]. 哈尔滨: 哈尔滨工业大学, 2020.

[5] GLASER B G, STRAUSS A L, STRUTZEL E. The discovery of grounded theory; strategies for qualitative research[J]. Nursing research, 1968, 17(4): 364.

[6] 单晓红, 庞世红, 刘晓燕, 等. 基于事理图谱的网络舆情演化路径分析——以医疗舆情为例[J]. 情报理论与实

践, 2019, 42(09): 99-103.

[7] 单晓红, 庞世红, 刘晓燕, 等. 基于事理图谱的网络舆情事件预测方法研究[J]. 情报理论与实践, 2020, 43(10): 165-171.

[8] 郭鸿奇, 李国佳. 一种基于词语多原型向量表示的句子相似度计算方法[J]. 智能计算机与应用, 2018, 8(02): 38-42.

[9] ZHAO S, WANG Q, MASSUNG S, et al. Constructing and embedding abstract event causality networks from text snippets[C]//Proceedings of the Tenth ACM International Conference on Web Search and Data Mining, 2017: 335-344.

[10] YU C, ZHANG H, SONG Y, et al. Enriching Large-Scale Eventuality Knowledge Graph with Entailment Relations[C]//Automated Knowledge Base Construction, 2020

[11] BERANT J, DAGAN I, GOLDBERGER J. Global learning of typed entailment rules[C]//Proceedings of the 49th Annual Meeting of the Association for Computational Linguistics: Human Language Technologies, 2011: 610-619.

[12] JAVAD HOSSEINI M, CHAMBERS N, REDDY S, et al. Learning typed entailment graphs with global soft constraints[J]. Transactions of the Association for Computational Linguistics, 2018, 6: 703-717.

[13] LEVY O, DAGAN I, GOLDBERGER J. Focused entailment graphs for open ie propositions[C]//Proceedings of the Eighteenth Conference on Computational Natural Language Learning, 2014: 87-97.

[14] SCHOENMACKERS S, DAVIS J, ETZIONI O, et al. Learning first-order horn clauses from web text[C]//Proceedings of the 2010 Conference on Empirical Methods in Natural Language Processing, 2010: 1088-1098.

[15] 曹高辉, 任卫强, 丁恒. 面向限定域的深度语义事件泛化研究[J]. 情报学报, 2020, 39(8): 863-871.

[16] HUANG P S, HE X, GAO J, et al. Learning deep structured semantic models for web search using clickthrough data[C]//Proceedings of the 22nd ACM international conference on Information & Knowledge Management, 2013: 2333-2338.

[17] KIM Y. Convolutional Neural Networks for Sentence Classification[C]//Proceedings of the 2014 Conference on Empirical Methods in Natural Language Processing, 2014: 1746-1751.

[18] HU B, LU Z, LI H, et al. Convolutional neural network architectures for matching natural language sentences[C]//Proceedings of the 27th International Conference on Neural Information Processing Systems, 2014, 2: 2042-2050.

[19] PANG L, LAN Y, GUO J, et al. Text matching as image recognition[C]//Proceedings of the Thirtieth AAAI Conference on Artificial Intelligence, 2016: 2793-2799.

[20] SHI J, DING X, DU L, et al. Neural natural logic inference for interpretable question answering[C]//Proceedings of the 2021 Conference on Empirical Methods in Natural Language Processing, 2021: 3673-3684.

8

第 8 章 事理知识存储和检索

前面章节讲述了事理图谱相关知识的获取，在通过这些技术手段获得了大规模的事理知识后，需要面对的是如何对这些知识进行有效的存储和访问。本章重点阐述如何利用以 MySQL 为代表的关系数据库及以 Neo4j 为代表的图数据库，对事理图谱进行有效的操作和存储。其中，主要介绍以 Neo4j 图数据库为代表的方法，因为图数据库具有更好的可视化效果，以及更快的检索速度。

8.1 事理图谱的存储

事理图谱是一种以事件为节点、以事件间关系（因果、上下位等关系）为边的图谱。我们将事理图谱的事件分为两类：抽象事件和具体事件。按照存储方式的不同，事理图谱的存储可以分为基于表结构的存储和基于图结构的存储。基于表结构的存储指利用二维数据表对事理图谱中的数据进行存储（关系数据库）。基于图结构的存储指利用图的方式对事理图谱中的数据进行存储。

8.1.1 基于表结构的存储

基于表结构的存储指将事理图谱的事件节点、事件间关系边表示为表结构。本节介绍利用关系数据库对事理图谱进行存储的方案。

关系数据库以二维表结构对数据进行组织和存储，这类数据库的主要代表是 MySQL。MySQL 于 1995 年由 MySQL AB 公司发布并进行不断更新。2008 年，MySQL 被甲骨文（Oracle）公司收购，并分别发布了可以免费使用的开源社区版本及提供专业支持和服务的商业版本。当前版本的 MySQL 数据库基于 C 和 C++编程语言设计，在诸如 Windows、MacOS、Linux、FreeBSD 等操作系统上均有稳定性能，是当前主流的关系数据库之一。同时，通过应用程序编程接口（Application Programming Interface，API）和包（Package）等手段，为诸如 Python、Java、Ruby 等多种编程语言提供接口支持。主要的检索语言是 SQL 查询语言。

关系数据库表中的每一列都被称为一个属性（也称字段），用来描述事件集合的某个特征。每个属性都有自己的取值范围，称为域。表中的每一行都由一个事件的相关属性取值构成，被称为元组（也叫记录），它相对完整地描述了一个事件。

上述二维表格包含以下限制。

- 每一个属性都必须是基本的、不可再拆分的数据类型，如整型、实型、字符型等。结构或数组不能作为属性的类型。
- 属性的所有值都必须是同类型、同语义的。
- 属性的值只能是域中的值。
- 属性必须有唯一的名字，但不同的属性可以出自相同的域。

事理图谱是由具体事件、抽象事件、因果关系、上下位关系、相似关系等构成的图谱，均可表示为表结构，并使用关系数据库进行存储。MySQL 中的 SQL 语言主要提供以下功能。

（1）查看数据库：对数据库中的数据进行显示和查看，主要用 SHOW DATABASES 语句来实现。

（2）创建数据库：新建一个数据库，主要用 CREATE DATABASE 语句来实现。

（3）修改数据库：更改数据库中的内容，主要用 ALTER DATABASE 语句来实现。

（4）删除数据库：删除某个数据库，主要用 DROP DATABASE 语句来实现。

（5）选择数据库：选择多个数据库中的某一个，主要用 USE 语句来实现。

如果要使用关系数据库存储事理图谱，其具体事件表示为表结构，如表 8-1 所示。具体事件的主要属性包括事件标识符（id）、事件编码（code）、事件文本、事件类型、事件谓词、事件主语、事件宾语、事件评分及事件链长度。事件标识符（id）是事件插入数据库时生成的标识符，具有唯一性，由数据库自动生成，也被称为事件 ID；事件编码是该具体事件在事理图谱系统中的唯一编码（类型和去重后的编号），可以用于检索和指代事件；事件文本是该具体事件的文本表述；事件类型包含 3 种：动词触发的事件、名词性事件和普通事件；事件评分用于衡量事件抽取质量。当事件类型为动词触发的事件时，还会存储事件的谓词、主语和宾语。

表 8-1　具体事件的表结构表示

属性	中文备注	键	类型	其他
id	事件ID	主键	Int	自增
code	事件编码		Varchar	ce_编号
text	事件文本		Varchar	
type	事件类型		Varchar	
verb	事件谓词		Varchar	
subj	事件主语		Varchar	
obj	事件宾语		Varchar	
score	事件评分		Varchar	
chain_length	事件链长度		Int	

抽象事件表示为表结构，如表 8-2 所示。抽象事件的主要字段包括事件编码（code）、事件文本、事件评分。

表 8-2　抽象事件的表结构表示

属性	中文备注	键	类型	其他
id	事件ID	主键	Int	自增
code	事件编码		Varchar	ae_编号
text	事件文本		Varchar	
score	事件评分		Varchar	

事件间因果关系表示为表结构，如表 8-3 所示。

表 8-3　事件间因果关系的表结构表示

属性	中文备注	键	类型	其他
id	关系ID	主键	Int	自增
code	关系编码		Varchar	cce_编号
cause_id	原因事件ID		Int	
effect_id	结果事件ID		Int	
short_context	短上下文		Longtext	
long_context	长上下文		Longtext	
confidence	因果置信度		Float	

事件间上下位关系表示为表结构，如表 8-4 所示。

表 8-4 事件间上下位关系的表结构表示

属性	中文备注	键	类型	其他
id	关系ID	主键	Int	自增
code	关系编码		Varchar	ch_编号
event_id	事件ID		Int	
hyper_event_id	上位事件ID		Int	

事件间相似关系表示为表结构，如表 8-5 所示。

表 8-5 事件间相似关系的表结构表示

属性	中文备注	键	类型	其他
id	关系ID	主键	Int	自增
code	关系编码		Varchar	sim_编号
event1_id	事件1的ID		Int	
event2_id	事件2的ID		Int	
similarity	相似度		Float	

8.1.2 基于图结构的存储

基于图结构的存储指将事理图谱的事件、事件间关系表示为图结构中的节点和边，以图数据库对图谱进行存储。

具体事件表示为图结构节点，如表 8-6 所示。

节点标签：Event。

表 8-6 具体事件的图结构表示

属性	中文备注	键	类型	其他
id	事件ID	主键	Int	自增
code	事件编码		Varchar	ce_编号
text	事件文本		Varchar	
type	事件类型		Varchar	
verb	事件谓词		Varchar	
subj	事件主语		Varchar	
obj	事件宾语		Varchar	
score	事件评分		Varchar	

抽象事件表示为图结构节点，如表 8-7 所示。

节点标签：AbstractEvent。

表 8-7　抽象事件的图结构表示

属性	中文备注	键	类型	其他
id	事件ID	主键	Int	自增
code	事件编码		Varchar	ae_编号
text	事件文本		Varchar	
score	事件评分		Varchar	

事件间因果关系表示为图结构边，如表 8-8 所示。

关系名称：CAUSE。

表 8-8　事件间因果关系的图结构表示

属性	中文备注	键	类型	其他
id	关系ID	主键	Int	自增
code	关系编码		Varchar	cce_编号
cause_id(start_node)	原因事件ID		Int	
effect_id(end_node)	结果事件ID		Int	
short_context	短上下文		Longtext	
long_context	长上下文		Longtext	
confidence	因果置信度		Float	

事件间上下位关系表示为图结构边，如表 8-9 所示。

关系名称：IS_A。

表 8-9　事件间上下位关系的图结构表示

属性	中文备注	键	类型	其他
id	关系ID	主键	Int	自增
code	关系编码		Varchar	ch_编号
event_id(start_node)	事件ID		Int	
hyper_event_id(end_node)	上位事件ID		Int	

事件间相似关系表示为图结构边，如表 8-10 所示。

关系名称：IS_SIMILAR。

表 8-10　事件间相似关系的图结构表示

属性	中文备注	键	类型	其他
id	关系ID	主键	Int	自增
code	关系编码		Varchar	
event1_id(start_node)	事件1的ID		Int	
event2_id(end_node)	事件2的ID		Int	
similarity	相似度		Float	

8.2　事理图谱的检索

事理图谱是通过基于图结构的图数据库进行存储的，这些数据库系统通过形式化的查询语言为用户提供访问数据的接口。下面我们将首先介绍一些可以用来检索事理图谱的常见的形式化检索语言，然后介绍如何利用图检索技术对事理图谱进行检索。

8.2.1　常见的形式化检索语言

对于存储在关系数据库中的事理图谱，可以使用 SQL 结构化查询语言进行检索；对于存储在图数据库中的事理图谱，可以使用 SPARQL、Cypher 等图查询语言进行检索。

SQL 语言具有数据定义、数据操纵和数据控制 3 个常见的功能。SQL 数据操纵功能包括对基本表和视图的数据插入、删除、修改及查询，可用于对关系型数据库进行检索。使用 SQL 数据操纵的 4 种功能可以对事理图谱进行相应的操作。

- 插入：将新的事件或者事件关系插入事理图谱中，通过 INSERT 语句完成。
- 删除：从事理图谱中删除一些事件或事件关系，通过 DELETE 语句完成。
- 修改：更新事理图谱中指定的事件或事件关系，通过 UPDATE 语句完成。
- 查询：从事理图谱中查询满足条件的数据，通过 SELECT 语句完成。使用 SELECT 语句对事理图谱进行复杂查询操作（如多度关系查询）时，往往需要大量的表连接操作，查询复杂度随关系的度数增加呈指数增长，查询速度会很慢。

8.2.2　图检索技术

图检索指对存储在图数据库中的数据进行检索。本节将介绍基于 Cypher 的事理图谱图检索技术。

首先介绍 Neo4j 图数据库。Neo4j 是 2007 年由 Neo4j.Inc 研发的一款基于 Java 开发的图数据库系统，经过多年的版本迭代和更新，已经成为市面上主流的图数据库存储和检索系统之一，并基于 GPL3 许可分别释放了可以供个人和组织使用的免费开源的社区版本，以及对企业级的超大规模数据提供更好支持和运算能力的商业版本。

Neo4j 是基于 Java 撰写的，其存储和检索则基于其所设计的 Cypher 查询语言。Cypher 是 Neo4j 图数据库自定义的一种图查询语言，被专门用来访问和操作 Neo4j 图数据库。Cypher 也具有多种数据操纵功能，使用 Cypher 数据操纵功能可以对 Neo4j 图数据库中的图谱进行相应操作。Neo4j 为了提高自身数据可以被广泛接入的特性，也为市面上流行的计算机语言，诸如 Python、NodeJS、Go、.NET 等，都编写了相应的程序包或者程序接口，使得这些语言的使用者可以不用直接接触 Neo4j 的操作界面，通过相应的包或者接口就可以实现对 Neo4j 图数据库的所有操作，提高了 Neo4j 的使用范围。同时，Neo4j 不仅开发了图数据库，还针对图数据这一数据类型，开发了 GraphQL Library、Grandstack.io、Neo4j Bloom 等应用程序，这些辅助的应用程序提供了完整的图数据分析、数据跨平台部署、图数据可视化手段等官方支持功能，使得 Neo4j 成为现在的主流图数据库之一，被世界上诸如 NASA、eBay、Airbnb 等研究组织和企业所使用。

8.2.3 图数据库与关系数据库的特点

事理图谱存储的往往是异构数据，所谓的异构数据即不同类型或结构的数据。对于事理图谱而言，其节点包括具体事件节点和抽象事件节点，其关系类型也不一致，也就是图中边的类型不一致，包括因果关系、顺承关系、上下位关系等，因此事理图谱中存储的是异构数据。

表 8-11 明确阐述了关系数据库与图数据库在数据存储上的不同特点。

表 8-11 关系数据库与图数据库数据存储方式异同

数据库类型	同构数据	异构数据	关系体现手段
关系数据库	表格	不同的表格	Join函数
图数据库	节点	不同的节点	边

从表 8-11 中可以看出，关系数据库对于异构数据往往需要用不同的表格进行存储，在查询异构数据的时候，往往需要利用 Join 函数把不同的表格联合起来；而图数据库则可以直接利用图中不同的节点表示不同的异构数据，对于异构数据之间的关系则可以直接用边来表示。

图 8-1 阐述了图数据库对异构数据存储的优势。

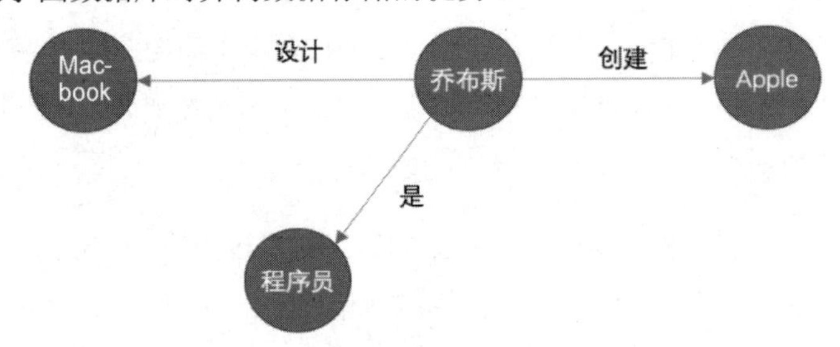

图 8-1　图数据库异构数据存储样例

在图 8-1 中，乔布斯作为一个节点，代表了“人”这一属性；Macbook 作为一个节点，代表了“计算机”这一属性；Apple 作为一个节点，代表了“公司”这一属性；程序员作为一个节点，代表了“职业”这一属性。

当我们要从数据库中抽取乔布斯、Apple、Macbook、程序员这个关系时，对于图数据库，可以直接检索乔布斯这一节点，而其余节点则可以通过乔布斯这一节点所携带的边即“设计”“创建”等自动检索并展示。

而对关系数据库而言，乔布斯属于一个人名的列表表格，Apple 属于一个公司的列表表格，Macbook 属于一个计算机的列表表格，程序员属于一个职业的列表表格，为了检索乔布斯的关系，我们需要把人名、公司、计算机、职业 4 个表格通过 Join 函数构建成联合表格，再对乔布斯进行检索，才能得到相应的数据。这相比于图数据库而言，多了很多操作步骤，同时在更大规模数据的情况下，会产生更多的时间开销，增加系统的响应时间，造成用户体验质量的下降。因此对于异构数据而言，图数据库是更加高效的存储方式；而对于同构数据，则采用关系数据库更合适。

相关的效率分析表明，在一个百万级的用户社交数据库中，假设每个用户平均拥有 5 个朋友，图数据库 Neo4j 和关系数据库 MySQL 的效率分析如表 8-12 所示。

表 8-12　图数据库Neo4j与关系数据库MySQL的数据检索效率

查询深度	MySQL 执行时间/s	Neo4j 执行时间/s	数据数
2	0.016	0.01	约2500
3	30.267	0.168	约110000
4	1543.505	1.359	约600000
5	无法完成	2.132	约800000

从表 8-12 中可以看出，在查询异构数据的多跳关系时，Neo4j 相比于 MySQL 这样的关系数据库有很大的效率优势，MySQL 的查询效率几乎按照指数级增长，当查询深度到 5 时，MySQL 便无法在大规模的异构数据上进行多跳查询。而对于 Neo4j 这样的图数据库，查询深度和执行的时间效率很高，查询时间相对于 MySQL 以近似线性的速率增加。在大规模数据上，Neo4j 相对于 MySQL 有很大的优势。

综上所述，在事理图谱这种节点数量在百万级以上的异构数据中，选择 Neo4j 这样的图数据库来对数据进行存储是较为合适的选择。

8.2.4 Cypher 查询语言

Cypher 是 Neo4j 图数据库的查询语言，运用该语言，使用者能够简易地存储、检索和更改图数据。Cypher 是基于 SQL 启发的声明式语言，同时，Cypher 还是一个完全开源的语言，使用者可以通过 openCypher 项目来进行自定义的兼容性更改；通过开源社区的支持，使用者还可以更加快速地学习 Cypher 语言的相关使用。

Cypher 的常用操作如下。

- 创建：创建节点、关系和属性，该操作主要用 CREATE 指令来实现。
- 匹配：检索有关节点、关系和属性数据，该操作主要用 MATCH 指令来实现。
- 返回：返回查询结果，该操作主要用 RETURN 指令来实现。
- 过滤：提供条件来过滤检索数据，该操作主要用 WHERE 指令来实现。
- 删除：删除节点和关系，该操作主要用 DELETE 指令来实现。
- 移除：移除节点或者关系中的某一个属性，该操作主要用 REMOVE 指令来实现。
- 排序：以指定的方式对检索的数据进行排序，该操作主要用 ORDER BY 指令来实现。
- 更新：添加或更新标签，该操作主要用 SET 指令来实现。

8.3 Cypher 语句实践

在本节中，以一个基本的小型图谱数据为示例，阐述 Neo4j 图数据库的基本操作和使用，包括数据库的下载、安装和基本的增删改，以及导入、导出等相关功能，从而让读者对 Neo4j 图数据库有较为基础的了解。

8.3.1 Neo4j 的安装与使用

首先在 Neo4j 官方页面下载 Neo4j 应用程序，对于中等规模即百万级左右的图谱数据，可以利用社区版本进行存储；对于企业级以亿级存储，同时还需要异地同步的数据，Neo4j 官方建议选择商业版本。本节样例基于 Neo4j 的桌面 1.4.9 版本。

打开安装后的程序，进入 Neo4j Desktop 1.4.9 的程序。此时，程序还会继续安装一些额外的数据工具，在完成安装后进入如图 8-2 所示的软件界面。

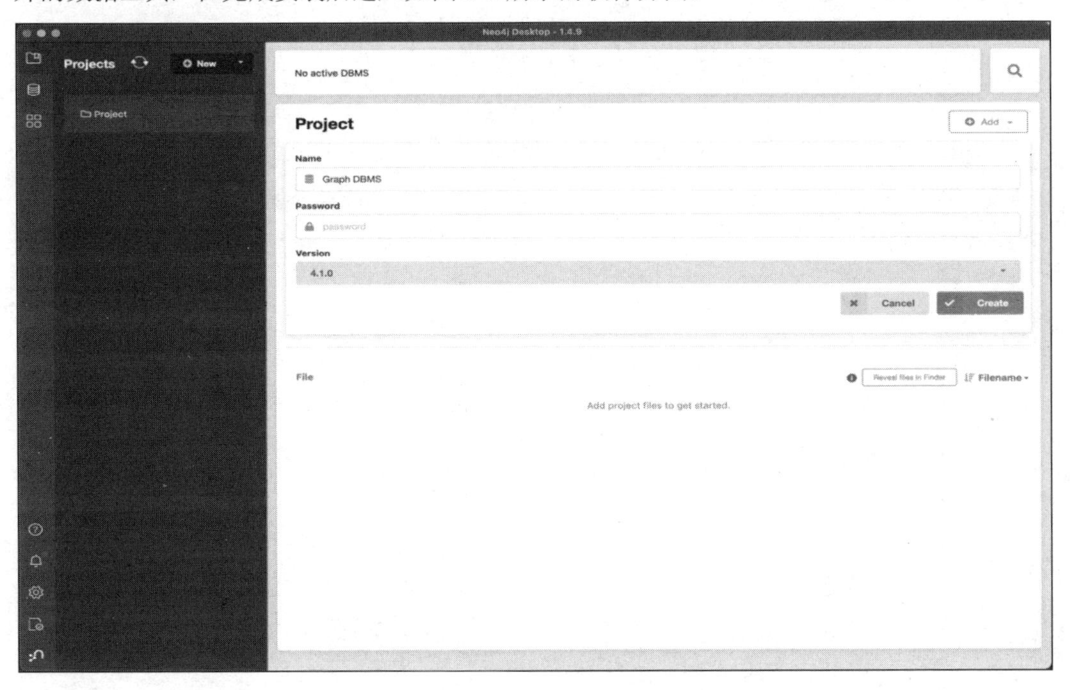

图 8-2　Neo4j Desktop 操作界面

在菜单栏左边的图标，分别对应项目、数据库和图应用程序等操作面板，单击左上角的第一个图标，即项目（Projects），在此处进行项目的创建和管理。一个项目可以包含多个图数据库，同时提供相应的管理机制。在右边的项目管理页面下，输入项目名称和密码，可以进行相应的项目创建。在项目创建之后，我们得到第一个图数据库，此处以默认的数据库名字进行命名，得到图 8-3。

图 8-3 中的 Graph DBMS 就是创建的第一个图数据库，鼠标移动到该项目上，单击“START”按钮，此时会选择激活该项目下的数据库，激活后的界面如图 8-4 所示。

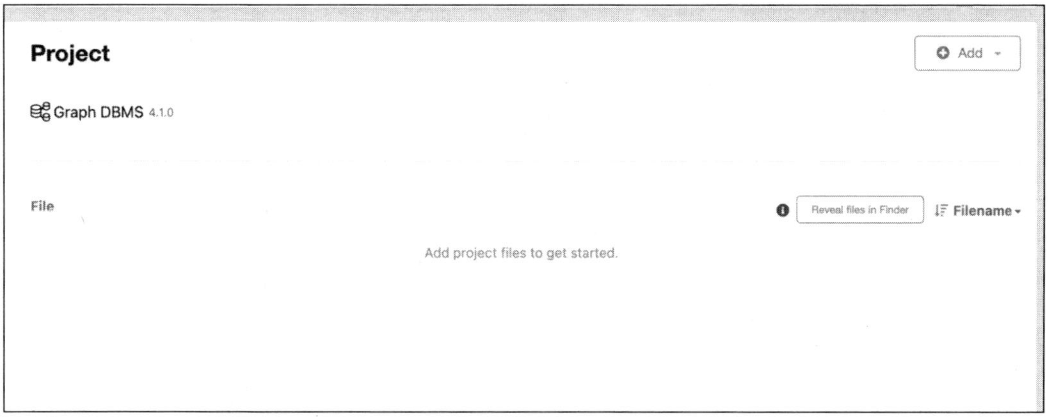

Project
Add
Graph DBMS 4.1.0
File
Reveal files in Finder
Filename
Add project files to get started.

图 8-3 Neo4j Desktop 的工程项目界面

Active DBMS
Project
4.1.0
Graph DBMS
Stop
Open
Project
Add
Graph DBMS 4.1.0
ACTIVE
system
neo4j (default)
Create database
Refresh

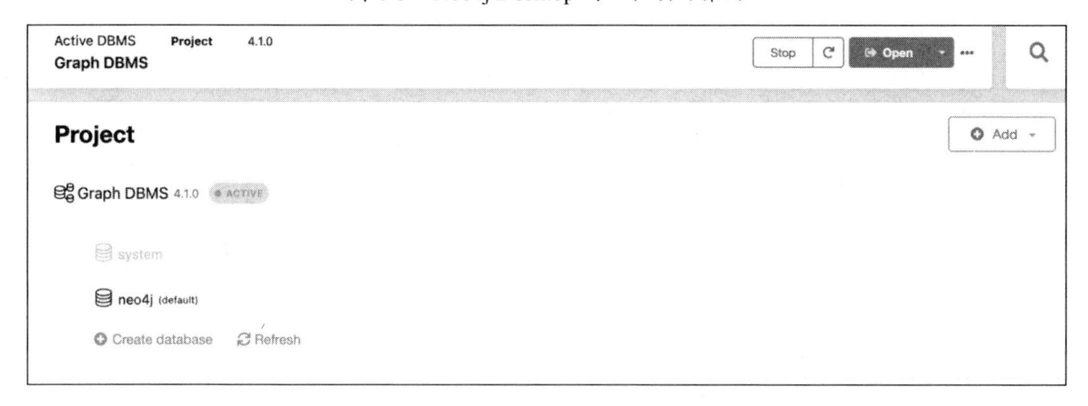

图 8-4 Neo4j Desktop 的项目创建界面

激活之后，当前被激活的数据库会在页面上方进行提示。在图 8-4 中可以看到，当前被激活的数据库（Active DBMS）为 Graph DBMS，并在右边有“Stop”和“Open”按钮，分别对应停止数据库运行和打开数据库界面。此处选择“Open”选项，随后弹出新的数据库操作窗口，如图 8-5 所示。

图 8-5 中最上方可以看到一个黑色的指令栏，数据的操作、添加等指令在该指令栏进行输入。在指令栏的左方对应了 3 个按钮，第一个按钮对应数据库基本信息，单击后会显示当前数据库中存在的节点类型、关系类型、属性类型等，由于此处尚无数据，因此当前该栏中并无任何信息。第二个按钮为脚本按钮，通过脚本按钮，用户可以保存一些重复性的指令操作，同时可以引入其他数据库中的脚本操作，实现数据库之间的快速迁移。第三个按钮是文档按钮，可以通过文档按钮查询相应的语法和样例。

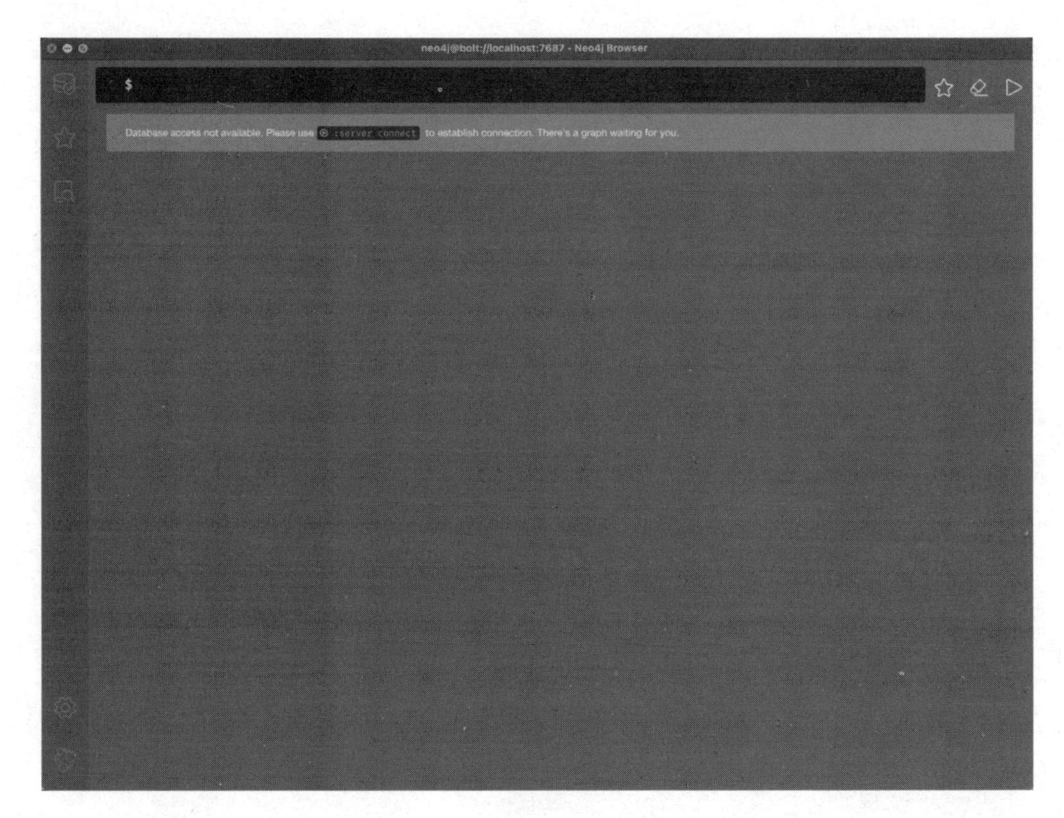

图 8-5　工程项目对应的数据库界面

8.3.2　节点的创建与检索

首先展示如何创建一个节点，以“腾讯”为例，在指令栏输入如图 8-6 所示的指令。

```
$ CREATE (ee:腾讯 { 创始人: "马化腾", 行业: "互联网", 主营业务: “社交娱乐” })
```

图 8-6　CREATE 指令样例

我们来解释这条指令的内容和语法结构，CREATE 声明了后续需要创建一个节点，CREATE 作为函数需要用括号将函数的输入包裹，括号内部对该节点进行定义。首先需要定义一个节点的别名和展示名，即 ee:腾讯，其中 ee 代表该节点的别名，腾讯代表展示名，表示我们创建的是一个腾讯节点，该腾讯节点也可以用别名 ee 进行索引。随后定义该节点需要具有的属性，在该例子中为创始人、行业和主营业务 3 个属性，并分别进行赋值。随后单击指令栏右方的三角形运行按钮，显示如图 8-7 所示。

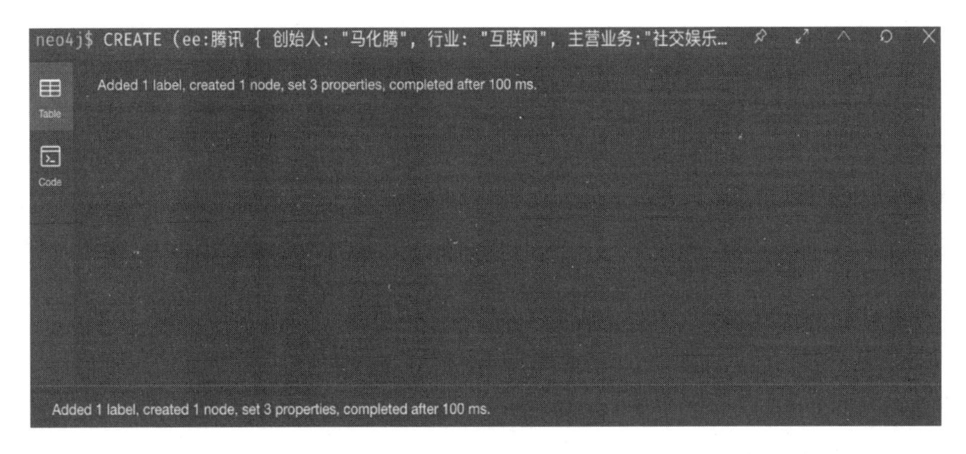

图 8-7　CREATE 指令执行结果

此处显示成功添加了一个节点、三个属性及所消耗的时间，代表成功创建了该节点。此时，单击之前的基本信息按钮，可以显示图节点的信息及所创建的节点，如图 8-8 所示。

图 8-8　CREATE 指令创建的节点

此时，在基本信息处，可以看到“腾讯”这一节点已经出现在数据库的基本信息中，该节点所具有的 3 个属性：主营业务、创始人及行业，也显示在属性（Property Keys）中。同时在右侧，交互界面展示了该节点在图数据库中可视化后的结果。我们还注意到，该交互界面上有一个操作指令 MATCH，代表图数据库自动返回当前的操作结果后进行展示，指令如图 8-9 所示。

```
neo4j$ MATCH (n:`腾讯`) RETURN n LIMIT 25
```

图 8-9 MATCH 指令样例

该返回指令分别设计了 3 条独立的指令，分别是 MATCH、RETURN 和 LIMIT。MATCH 指令是匹配指令，在该例子中，MATCH 指令匹配了一个叫作“腾讯”的节点，并将匹配后的结果取名为临时变量 n。RETURN 返回匹配的结果 n。但是需要进一步用 LIMIT 限制返回的数量，即在大型数据库中，“腾讯”可能以不同的节点形式进行存储，此处限制为最多返回 25 个查询结果。组合起来，这条指令的语义为：匹配叫作“腾讯”的节点并返回，限制其返回的数量最多为 25 个。

通过配合 WHERE 检索语句，可以达到更加精准的匹配效果，例如匹配的主营业务属性为“社交娱乐”，可以进行如图 8-10 所示的检索。

```
neo4j$ MATCH (ee:`腾讯`) WHERE ee.`主营业务` = "社交娱乐" RETURN ee;
```

图 8-10 MATCH 与 WHERE 指令样例

在这个语句中，WHERE 的作用是定向检索属性值，MATCH 数据匹配了名为“腾讯”的节点。临时变量为 ee，如果在大数据库下，可能返回数百个甚至更多个“腾讯”节点。通过 WHERE 数据，可以检索其中主营业务为“社交娱乐”的“腾讯”节点，通过 WHERE 过滤的节点 ee 覆盖了之前的 ee，此时的 ee 必须满足的条件为“腾讯主营业务为社交娱乐”，随后利用 RETURN 返回相应的节点即可得到结果。

8.3.3 节点的删除与更新

在 Neo4j 中，删除节点和关系的对应指令是 DELETE。一般 DELETE 指令的操作顺序为，先检索得到需要删除的节点、关系等，随后用 DELETE 进行删除。移除节点的标签和属性则需要用 REMOVE 指令。使用 REMOVE 指令的一个例子如图 8-11 所示。

```
1  // 删除"创始人"为"马云"的节点
2  MATCH(a {`创始人`:"马云"}) RETURN a
3  DELETE a
4
5  // 删除"创始人"为"任正非"节点的"年收益"属性
6  MATCH(b {`创始人`:"任正非"}) RETURN b
7  REMOVE b.`年收益`
```

```
1 MATCH (a {`创始人`:"马云"})
2 REMOVE a.`创始人`
```

图 8-11　REMOVE 指令样例

在该例子中，首先检索了一个节点，该节点的检索条件是创始人属性为“马云”，返回的该节点变量命名为 a，随后直接使用 REMOVE 语句对检索的节点进行移除，通过上述操作语句即可将创始人属性为“马云”的所有节点的创始人属性都从数据库中删除。

在实际的场景中，数据库建立后，随着时间的推移，有时候需要对数据库的内容进行更新或者修改，尽管这一操作可以通过重新导入相关数据进行覆盖来实现，但是该方法比较浪费时间，同时再覆盖之后，失去了节点之间的链接信息。因此需要一个能够更新数据库的操作指令，该指令在 Neo4j 中为 SET 指令。SET 指令可以对节点、属性、关系等进行覆盖操作，同时不影响节点之间建立的所有内容，为更新图谱提供了一个便捷的指令。类似于删除指令，SET 指令的操作逻辑同样是先找到需要更新的内容和节点，随后利用 SET 指令进行更新。一个例子如图 8-12 所示。

```
1 MATCH (a {`创始人`:"马化腾"})
2 SET a.`主营业务` = '游戏社交以及视频娱乐'
```

图 8-12　SET 指令样例

在该例子中，首先通过 MATCH 语句检索创始人为“马化腾”的节点，并命名为变量 a，随后利用 SET 语句对其主营业务进行更新，通过该操作即可将相关的内容进行再次更改。SET 是一个更改值的语句，也可以用来进行属性的复制，即检索出一个内容，并将某一个节点的内容更新为该内容，即完成了通过 SET 语句对图谱本身进行复制、粘贴的功能。通过组合其他指令，SET 指令还可以完成清空节点、更新所有属性、移除所有属性及节点更名等多个操作。

8.3.4 数据导入与图谱导出

上述内容介绍了如何在 Neo4j 图数据库内部进行图谱的创建、增加、删除及多跳检索等操作，但是在实际的操作过程中，很多时候并不是直接在数据库中进行一个个节点的增加，而是在许多情况下，首先有一个包含很多数据的表格或者某类数据格式，然后将数据导入图谱当中。

本节首先介绍如何导入 CSV 文件。CSV 是逗号分隔值文件，通常在 Excel 或其他一些电子表格工具中查看。可以用其他类型的值作为分隔符，但最标准的是逗号。如今，许多系统和流程已经将其数据转换为 CSV 格式，支持人们直观浏览数据快速迁移。CSV 是人类和系统已经熟悉使用和处理的标准文件格式。

要在 Neo4j 中导入 CSV 文件需要使用的指令是 LOAD CSV，该指令可以用于导入 1000 万条数据级别的表格文件。Neo4j 对于 CSV 文件支持两种方式的导入，一种是本地导入（Local Import），即文件在本地的导入方式；另一种是远程导入（Remote Import），即文件在服务器、云盘等网络中存储的导入方式。其操作指令均为 LOAD CSV FROM，操作指令后跟随文件地址，在本地时是硬盘地址，在服务器和云盘时则是文件存储链接。

另外，值得注意的一点是，在 LOAD CSV 指令中，所有的数据都被视为字符串，因此原本数据中的数字需要通过使用 toInteger()、toFloat()等指令进行转换。

以如图 8-13 所示的 CSV 文件为例。

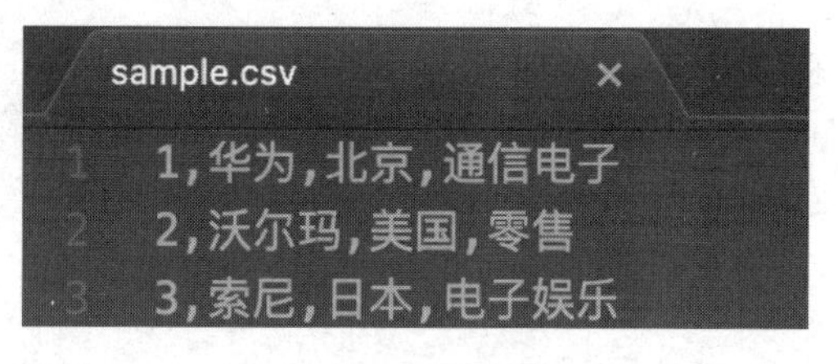

图 8-13 CSV 文件样例

输入以下指令，如图 8-14 所示。

```
1 LOAD CSV FROM
  'file:/Users/xxx/Library/Application%20Support/Neo4j%20Desktop/Appli
  cation/relate-data/projects/project-efb1fd43-845d-4284-8797-
  cb37fd357ff1/sample.csv' AS line
2 CREATE  (:公司 {name: line[1], 国家: line[2],行业:line[3]})
```

图 8-14 LOAD CSV 指令样例

该指令分别进行了两个操作，首先是通过 LOAD CSV FROM ××× AS line 将需要读入的 CSV 文件按行读入。此时，Neo4j 会自动解析文件格式，并进行处理。在第二行中，我们创建了一个“公司”节点，该“公司”节点包含了名字、国家、行业 3 个属性，CSV 文件中的每一行数据都代表了节点，每一行数据被拆分之后的索引 1、2、3 分别代表了名字、国家和行业，因此利用 CREATE 语句创建该类节点，随后运行该程序，显示创建了 3 个公司节点。上述示例基于的是本地的文件读取，对于在远程服务器的文件读取同样适用，区别在于将地址更改为对应的 URL。

对于带有表头的 CSV 文件则使用 LOAD CSV WITH HEADERS FROM 指令进行读取，此时 CSV 文件的第一行会被自动解析为表头而不是数据，在该设定下，如果上述数据以表头“名字、国家、行业”作为第一行，则可以直接利用 line.公司名字、line.国家、line.行业进行索引。而如果 CSV 文件不是标准分割，即并不是逗号分隔符的文件，例如 TSV 等文件，则需要在导入时制定分隔符的 Unicode 编码，例如 LOAD CSV FROM ××× AS line FILEDDTERMINATOR Unicode，在 FILEDDTERMINATOR 后跟随针对该文件所制定的分隔符的 Unicode 编码。

当载入数据过大（数十万级、百万级等）时，对于性能较为一般的服务器而言，可能存在内存不够等性能问题。在这种情况下，可以把 USING PERIODIC COMMIT 指令添加到指令的开头部分，该指令会让 Neo4j 以一个默认的周期状态进行数据的载入和处理，这可以在数据较大的情况下减少内存的开销，防止服务器出现卡死等问题。对于提交的默认周期，可以在指令后跟随数字来进行制定，例如 USING PERIODIC COMMIT 500 会以每 500 条作为一个提交周期来进行数据处理。如果你需要导入的是 JSON 文件，则需要调用 Neo4j 的一个原生处理 API——APOC，通过 APOC，可以快速地进行 JSON 文件导入。在该操作下，导入的指令为 CALL apoc.load.json('file directory')，此时导入的 JSON 文件会以默认为节点的方式导入，其余的操作方式类似于 CSV 文件导入。除了 CSV 文件和 JSON 文件，Neo4j 还支持对 Excel、XML、HTML 和 GraphML 文件的导入。

同样地，Neo4j 也支持将图谱数据导出为指定的格式，目前支持的格式为 CSV、JSON、Cypher Script、GramML、Gephi 文件格式。为了保护数据的安全，通常数据是不允许被导出的，在特殊情况下，导出文件需要在数据库的设置选项中配置一条属性 apoc.export.file.enabled=True，这一条指令将允许数据的导出。对于数据的导出，同样需要使用 APOC，如果导出的是所有数据库，则使用 CALL apoc.export.csv.all('×××.CSV',{})即可将整个数据库导出。如果需要导出的是部分数据，则需要先使用前面介绍过的查询语句，检索出需要导出的相关数据，然后进行导出，例如 CALL apoc.export.csv.data(公司,[],"xxx.csv",{})指令中，如果已经通过检索指令检索了数据库中的公司节点，则可以通过该指令将公司节点导出。同样方法也可以将数据导出为其他格式。

8.3.5 Neo4j 的高级功能

除了 Neo4j 自带的框架，Neo4j 还提供了额外的工具内容，这些内容包括图谱分析、模糊检索、数学建模、跨数据库检索及超大规模数据导入等功能。这些功能并未完全装载在 Neo4j 自带的框架内，因此，Neo4j 提供了一个 CALL 指令，该指令使得用户可以调用额外的功能，使用这些功能可以对数据进行深入、复杂的操作。

例如，有的时候，检索者不一定记得所检索的内容存在于哪个节点，只知道节点包含了某个值，例如只知道其中存在一个“华为”的词，如果需要试错地去对每一个节点的属性都进行检索查询，则比较浪费时间，在这种情况下，Neo4j 提供了一个 DB API 供使用。该 API 可以使用户对全文进行模糊的查找，即只知道一部分内容并进行查询，通过该 API 可以返回计算后的结果匹配分数，该匹配分数有助于用户对数据库进行更好的检索。如果需要检索一个包含“华为”的关键字，则需要通过指令 CALL db.index.fulltext.queryNodes("公司","华为")。该指令可以返回在“公司”这一大类中包含“华为”的所有节点，并给出相应的匹配分数，以及节点的相关属性和节点本身，这使查询变得更加容易和便捷。

对于更加高级的使用，Neo4j 同样支持用户自定义函数，但是相关的支持目前还不够便捷，用户无法在 Neo4j 的操作界面自定义函数，而需要在 Java 中进行函数的编写，之后部署到数据库中，再通过数据库进行调用。

8.4 其他图数据库

根据 DB-Engines 的数据库排名，当前主流的图数据库排序为 Neo4j、Microsoft Azure Cosmos DB、Graph DB、JanusGraph、TigerGraph、Dgraph 等图数据库，其中占据主流位置的为 Neo4j 和 Microsoft Azure Cosmos DB 两个图数据库。Microsoft Azure Cosmos DB 的主要特点是更好的分布性支持及多类型的存储格式，即包含图数据库、关系数据库均能够存储的能力。而类似于 Neo4j 的单一图数据库存储的另一主流图数据库为 TigerGraph，该图数据库的特点为提供更加高效的计算平台和事实分析能力。与 Neo4j 的查询语言 Cypher 不同的是，TigerGraph 的查询语言为 GraphSQL（GSQL），该语言迁移自 SQL 语句，使得来自 SQL 的使用者更容易快速入门和掌握，其主要特点之一就是提供了更多的数学分析工具和更高的计算能力。而 JanusGraph 则是一个由开源社区驱动的图数据库，相对于 Neo4j、TigerGraph 等而言，其开源的是个人版本，而提供更多功能的商业版本则是闭源且收费的，因此对于需要更多自定义功能和更改的使用者来说，JanusGraph 是更好的选择。

以上数据库也存在一些不足之处。对于 Microsoft Azure Cosmos DB 而言，由于其支持多种存储功能，使软件的使用体积较大，对于只需要图数据库的事理图谱而言，相对来讲略显“臃肿”。而对于 TigerGraph 而言，尽管其提供了更好的分析和处理能力，但是就其跨平台的支持性及社区开发的活跃程度而言，与 Neo4j 依然存在一定差距。但是不可否认的是，这些数据库都存在各自的特点，对于不同的图谱数据，也需要选取不同的数据库。如果需要的是结合关系数据库和图谱数据，则需要选择类似于 Microsoft Azure Cosmos DB 这样的支持多种类型存储的数据库，而对于需要实时和低延迟的图谱数学分析能力的场景而言，则使用类似于 TigerGraph 的数据库可能更为合适。对于 JanusGraph 而言，尽管开源使得软件可以高度自定义，但同时也要求用户需要拥有自定义的能力，但不一定每一个图数据库的使用者或者企业都具备这样的能力，继续开发则会消耗时间，因此选择有付费支持和官方协助的商业版本有时候或许是更好的选择。

总而言之，图数据库的选择取决于使用者或者企业自身的功能需求，在不同的场景下，不同的图数据库有各自适用的地方，本节主要是以当前最流行的 Neo4j 图数据库为例进行展示，其余图数据库则仅予以简单的特点介绍和概括。

8.5　本章小结

本章对事理图谱的存储和检索技术进行了介绍。事理图谱既可以使用关系数据库进行存储，也可以使用图数据库进行存储。对于使用关系数据库进行存储的事理图谱，可以使用 SQL 语言对其进行检索；对于使用图数据库进行存储的事理图谱，可以使用 Cypher 语言对其进行图检索。针对 Cypher 语言，本章通过示例讲解了 Neo4j 的使用、节点的创建和检索、修改和删除，以及导入、导出等功能。同时，针对市面上的其他主流图数据库进行了特点的概括和总结。

参 考 文 献

[1] JIM WEBBER, EMIL EIFREM, IAN ROBINSON. Graph Databases(2nd Edition)[M]. Sevastopol: O'Reilly Media, Inc., 2013.

[2] WIDENIUS M, AXMARK D. MySQL reference manual: documentation from the source[M]. Sevastopol: O'Reilly Media, Inc., 2002.

[3] MILLER J J. Graph database applications and concepts with Neo4j[C]//Proceedings of the southern association for information systems conference, Atlanta, GA, USA, 2013, 2324(36): 141-147.

9

第 9 章 基于事理图谱的认知推理

近年来，自然语言处理领域的研究范式经历了从基于理性主义的符号系统向基于经验主义的、大规模语料库训练的深度神经网络模型的显著转变。当前，以深度神经网络为基本架构的各类模型，尤其是一系列预训练语言模型，如 BERT、ChatGPT、GPT4 等，在诸多自然语言处理任务上取得了突出表现。当前，预训练语言模型规模以每年约 10 倍的速度增长，模型的通用智能水平显著增强。例如，预训练语言模型 GPT-3 虽然没有接受过任何特定任务的训练，但是可以通过学习样例来完成包括问答、风格迁移、网页生成、自动编曲等任务在内的十余种文本生成任务。

尽管通过大量语料上的预训练过程，大规模预训练语言模型能够在相当程度上理解并表示人类语言的规律，然而，相当多研究显示，这些模型依然无法很好地实现思考、推理等认知智能层面的功能。因此，具有推理、可解释性等能力的认知智能研究毫无疑问将越来越受到重视，成为未来人工智能领域重要的发展方向之一。

理解人类认知的过程与方式对于设计具有类似人类推理能力的模型具有重要意义。当前，神经科学研究将人类的神经系统大致划分为两个层级：其一，直觉系统；其二，理性系统。其中，直觉系统执行直觉的、快速的、无意识的、非语言的、习惯的认知功能，擅长处理非结构化的数据。而理性系统则在直觉系统的基础上，以理性的、有逻辑的、有序的、可解释的方式，实现复杂推理问题的求解。认知推理旨在模拟人脑认知的过程，实现由知识驱动和数据驱动相结合的知识表示和推理，使推理过程稳定且可解释。

因此，本章将首先对认知科学领域取得的成果做简单介绍，随后介绍认知科学理论与自然语言推理领域相结合的部分前期工作，最后探讨认知科学与事理图谱结合的可能途径。

9.1 认知系统

认知科学相关成果显示，人脑通过两个紧密联系的系统的交互来执行复杂的推理过程。

（1）系统一为直觉系统。当前多数感知智能技术可被认为是这一系统的具体实现。目前的主流模型以端到端为主，常见的应用场景有机器翻译、语音识别、简单问题智能问答（如，姚明的身高是多少？）等。

（2）系统二为理性系统。这一系统体现了人类特有的逻辑推理能力，此系统利用工作记忆中的知识进行慢速但可靠的逻辑推理。在直觉系统的基础上，理性系统能够实现复杂推理问题的求解（如，美国是农业出口大国，为什么还要进口咖啡？）。这一系统是人类高级智能的体现。因此，这是未来深度学习需要着重考虑的研究方向。

通过将系统一与系统二有机结合，研究者希望实现具有类似人类智能的人工智能系统。图灵奖得主马文·明斯基（Marvin Minsky）在 *The Society of Mind*（《心智社会》）一书中阐述了系统一和系统二之间的关系，深入分析了系统一与系统二各自的特点，及其与人工智能领域中各个任务的潜在对应关系，如图 9-1 所示。

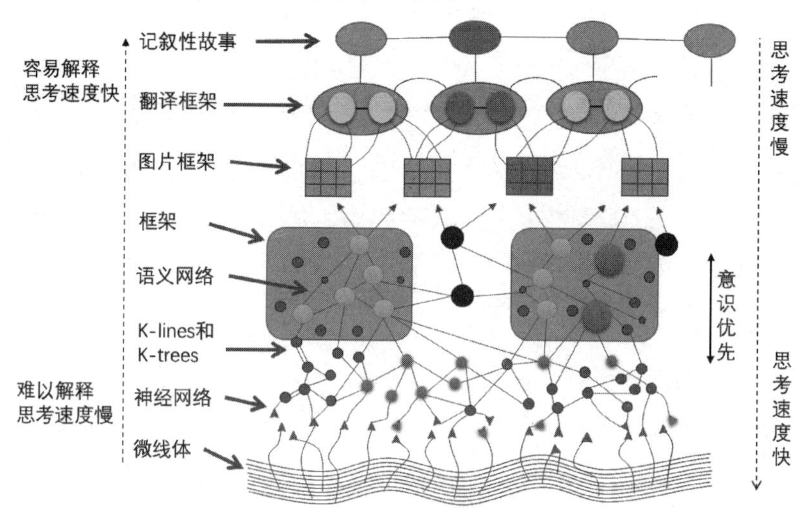

图 9-1 计算机认知表示（出自《心智社会》）

9.2 基于知识图谱的认知推理

认知推理系统在感知推理的基础上引入了代表人类特有的理性推理的系统二，从而希望以可解释、有逻辑的方式应对演绎推理与更加复杂的溯因推理问题。相比于当前由各类深度神经网络实现的、相对成熟的感性推理系统（系统一），理性推理系统的实现仍处于探索阶段。因此，本节将首先介绍部分认知推理领域取得的成果，随后探讨事理图谱与认知推理相结合的可能途径。

理性推理系统的功能和特点决定了其具体实现方式。引入理性推理系统的目的是有效求解复杂推理问题（如多跳问答等）。复杂推理问题的求解往往需要在解空间内进行多步探索。这一过程可用图结构来描述。这一系统应具有逻辑性强、可解释性强的特点。为确保推理过程的逻辑性与可解释性，往往需要借助符号学派倡导的统计关系学习方法，如条件随机场、马尔可夫逻辑网等，以实现推理过程中知识、逻辑的互相融合。

为增强多跳问答系统的推理能力与可解释性，清华大学唐杰等[3]提出了认知图谱（Cognitive Graph）的概念。借鉴人类完成多跳问答的过程，他们将多跳问答的推理过程概括为直觉推理系统（系统一）与理性推理系统（系统二）的交互。具体而言，如图 9-2 所示，为了找到一个 2003 年在洛杉矶 Quality 咖啡馆拍过电影的导演，认知图谱通过两个系统的交互进行实现。给定问题，系统一首先根据问题找到一系列可能的相关文档，如洛杉矶相关文档、Quality 咖啡馆相关文档等。给定可能的相关文档，系统二利用理性推理能力，判断文档与问题的相关程度。例如，在这一问题中，洛杉矶相关文档与问题相关的可能性较小，Quality 咖啡馆相关文档与问题相关的可能性较大。随后，将系统二判断的结果反馈给系统一，系统一根据该结果，以 Quality 咖啡馆相关文档为出发点，继续寻找相关文档，如 Old School 相关文档等，并最终找到推理目标 Todd Phillips。通过这样两个分别执行联想、判断功能的系统的交互迭代过程，再通过一系列中间推理步骤，最终为多跳推理问题找到答案。这些中间推理步骤可以形成一张图。他们将这种由带有认知功能特点的模型动态构建而成的图称为认知图谱。

图 9-3 展示了认知图谱具体的模型实现方式。其中，他们利用预训练语言模型 BERT 实现了认知图谱的系统一，利用图神经网络实现了系统二。

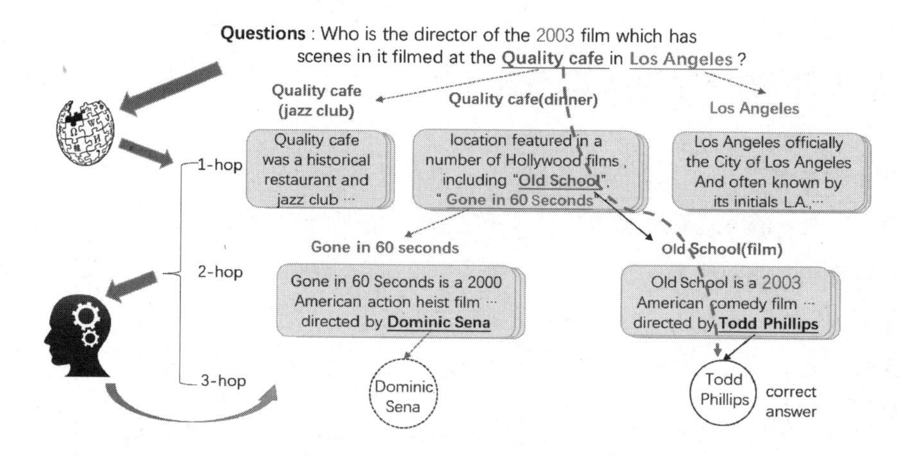

图 9-2　基于认知图谱的多跳问答推理

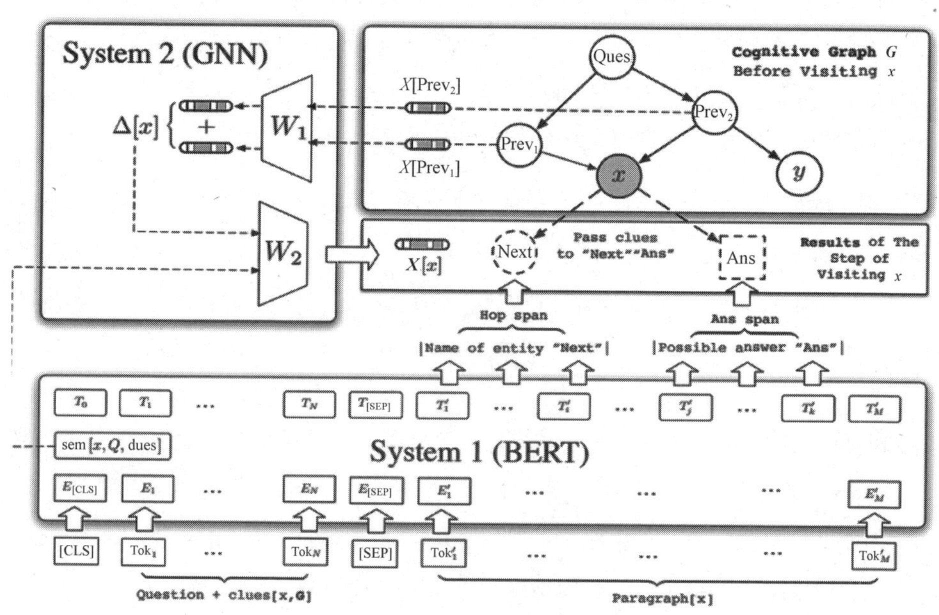

图 9-3　认知图谱的模型结构

认知图谱着重强调了理性推理系统的可解释性。相比之下，MILA 实验室的 Qu 等人[4]提出了用于知识图谱推理的概率逻辑神经网络 pLogicNet。他们希望将传统的基于符号逻辑规则的方法与图表示学习的方法相结合，同时学习较好的知识图谱节点及关系表示，从而进行质效皆优的推断。

具体而言，用联结主义的观点看，知识图谱推理问题可以被概括为一个图表示学习问题。知识图谱中每个三元组的头实体与尾实体相当于图中的节点，三元组中的关系对应于图中的边。针对此类问题，已有一系列基于图的表示学习方法被提出，并已达到相当程度的精度。但是此类表示学习方法可能仍存在一个主要缺陷，即无法显式建模三元组之间的逻辑关系，如，<哈工大，坐落于，哈尔滨>，<哈尔滨，坐落于，黑龙江>→<哈工大，坐落于，黑龙江>。

而用符号主义的观点看，知识图谱描述了一系列一阶逻辑规则。如，三元组<哈工大，坐落于，哈尔滨>可用一阶逻辑表示为 $p(X,Y)$，其中，p 为谓词“坐落于”，X 和 Y 分别对应“哈工大”和“哈尔滨”。统计学习模型（如马尔可夫逻辑网络）可以基于概率图模型显式建模一阶逻辑。但是，经典的马尔可夫逻辑网络往往仅依赖于人工设定的特征；并且，概率图模型的特点决定了，随着图规模的增大，马尔可夫逻辑网络训练与推理的时间复杂度将急速上升。

因注意到两类方法的特点，他们提出了结合图表示学习与马尔可夫逻辑网络的知识图谱推理模型 pLogicNet。在认知推理的框架下，图表示学习部分对应直觉推理系统，马尔可夫逻辑网络部分对应理性推理系统。

他们利用表示学习方法得到实体与关系的分布式表示。不同于经典的基于人工设定特征的马尔可夫逻辑网络，在 pLogicNet 中，马尔可夫逻辑网络部分基于实体与关系的分布式表示来预测三元组成立概率。从而，模型能够利用神经网络强大的表示能力得到性能优良的表示，以端到端的方式训练，并利用马尔可夫逻辑网络部分显式建模三元组之间的逻辑关系。

上述两个方法分别强调了认知推理模型区别于感知推理的两个要素，即推理过程的可解释性与推理过程中理性运用带来的强逻辑性。其中，Tang 等人的工作更加强调可解释性，Qu 等人的工作则更加倾向于认知推理的逻辑性。

上述工作对于如何在认知理论指导下基于知识图谱描述的实体间关联推理做出了探索。然而，人类的认知过程是建立在多种常识的基础之上的。在实体间关系之外，事件间关系的知识也将在理解语言并执行各类推理任务中发挥重要作用。因此，有必要探索如何基于描述事件间关系的事理图谱来设计认知推理模型。

9.3　基于事理图谱的认知推理

基于知识图谱的认知推理系统能够很好地处理诸如“腾讯的老板是谁”此类实体与概念相关的推理问题。但是，对于如“腾讯受到反垄断调查对腾讯股价有何影响”此类涉及事件关系推理的问题，由于模型中事理逻辑机制的缺乏，导致模型难以良好地应对。事理图谱能够提供丰富的事理知识，因此，如图 9-4 所示，本节探索如何将事理图谱知识融入认知推理模型中，以指导事件相关推理过程。本节主要关注事件推理中的 3 个问题，即 If-Then 类型事件推理、脚本类事件预测和因果事件推理。

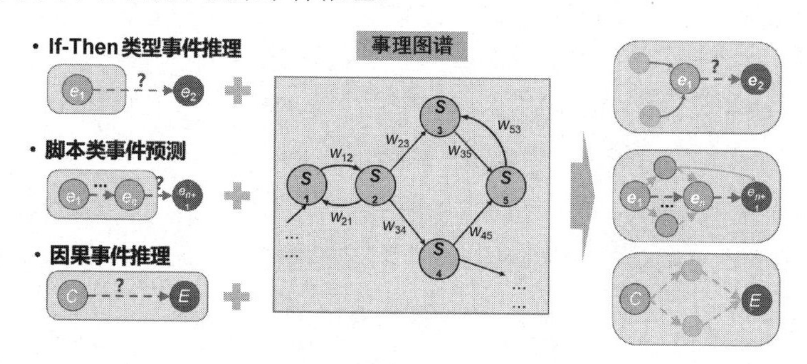

图 9-4　基于事理图谱的认知推理模型

9.3.1　基于事理图谱的 If-Then 类型事件推理

If-Then 类型事件推理关注的是理解事件自身。例如，给定某一事件“X 击退了 Y 的攻击”，人类能利用头脑中经过日常观察得出的常识知识，推测该事件的背景、各个参与者的可能影响等与这一给定事件相关的属性知识，从而能够在这些推断的基础上，一方面推断该事件的前因，另一方面推测该事件可能带来的影响。因此，对于事件属性知识的理解是充分理解事件间关系并进行事件推理的前提。

为促进这一过程，Rashkin 等人提出了 Event2Mind 数据集[16]，Sap 等人提出了 ATOMIC 数据集[15]。其中，Event2Mind 数据集提供了事件参与者对于给定事件的反应，ATOMIC 数据集则进一步包含了事件原因、事件影响、事件属性等三大类事件相关属性知识在内的九种具体事件属性。图 9-5 展示了 ATOMIC 数据集中的一个样本案例。为测试模型学习事件属性知识的性能，基于 Event2Mind 和 ATOMIC 数据集，Sap 等人提出了 If-Event-Then 推理任务。该任务要求模型为任一给定事件生成该事件对应的情感、意图等 9 类属性，并提出利用基于 RNN 的 Encoder-Decoder 架构学习这些事件属性知识。

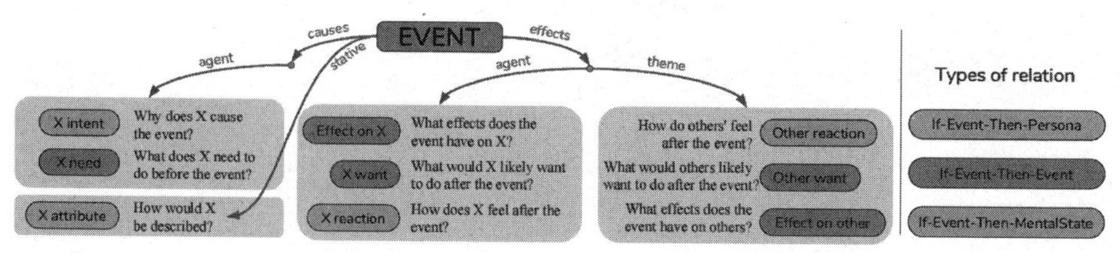

图 9-5　ATOMIC 数据集中的一个样本案例[15]

人类能够轻易根据脑海中已存在的常识判断出该事件可能对应的情感、意图。但这类 If-Event-Then 推理任务对于当前的模型仍具挑战。首先，如图 9-6 所示，同一事件可能对应两个极性相反的情感。此前工作显示，对于这类一对多的生成问题，经典的基于 RNN 的编码器-解码器架构往往倾向于生成通用的、无意义的答案。其次，事件背景知识可能对该任务起到重要帮助。例如，事件“某人 X 找到了一个新工作”可能对应极性完全相反的情感。当某人 X 是因为对工作感到厌倦而希望换个工作时，在他找到心仪的工作后，会感到欣慰；然而当我们将该事件的背景限定在“某人 X 被开除了”的背景下时，该事件对应的情感可能将仅限于“压力大”等负向情感。

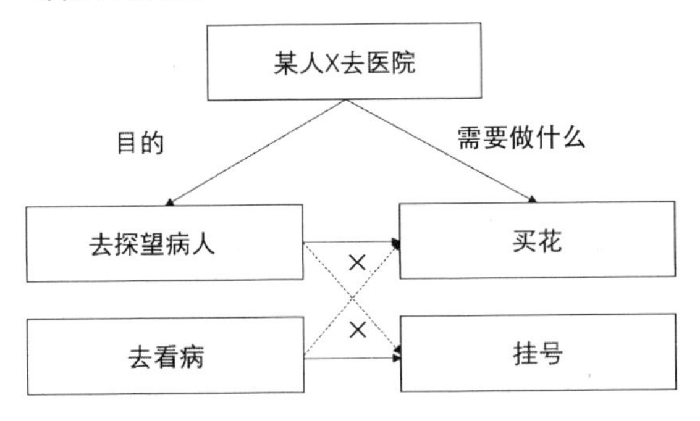

图 9-6　事件属性知识之间的约束关系

为更好地应对以上问题，Du 等人[1]提出结合事件背景知识增强事件理解并促进事件的 If-Event-Then 推理过程。为此，他们提出了一个上下文感知的变分自编码器（Context-aWare Variational Autoencoder，CWVAE）和对应的两阶段模型训练过程。基于变分自编码器的方法被广泛应用于提高一对多生成问题中模型生成的多样性。他们在传统变分自编码器的基础上引入了一个额外的上下文感知隐变量（Context aware latent variable）以学习事件背景知识。在预训练阶段，CWVAE 在一个故事语料构成的辅助数据集上（包含丰富的事件背景知识）进行预训练，以使用上下文感知隐变量学习事件背景知识。随后，模型在目标数据集上微调，从而利用预训练阶段捕获的事件背景知识服务于 If-Then 推理任务的各个目标（如事件意图、事件效应等）。

为了更好地利用海量网络文本中蕴含的事件背景知识，不同于 Du 等人利用预训练方法为模型引入背景知识的方式，Guo 等人[14]提出了一个检索+生成式的框架。给定 If-Event，他们利用检索算法从海量网络文本中匹配出可能的事件背景知识，并利用了一个 Vectorized VAE 来建模事件背景—事件—事件属性知识之间的关系。

不同于上述两项工作，Yuan 等人[13]认为事件属性之间也存在相互约束关系。例如，如图 9-6 所示，给定事件“某人 X 去医院”，“去医院”这个事件可能对应两个意图“去看病”和“去探望病人”，“去医院”这个事件也可能对应两个需要做的前期准备，如“买花”和“挂号”。但是，如果“去医院”的意图是“去看病”，那么某人 X 需要做的准备只能是“挂号”，而非“买花”。因此，在模型训练过程中，他们提出引入额外的逻辑约束，以提高推断结果的逻辑一致性。

9.3.2 基于事理图谱的脚本类事件预测

脚本是人工智能领域的一个重要概念，提出于 20 世纪 70 年代。前面第 2 章对于脚本给出了简要介绍。一个脚本描述了一个特定场景下发生的一系列典型事件。其中，为增强脚本的概括性与代表性，事件均以抽象事件的形式存在。脚本类事件预测任务指给定某一个不完整的由一系列抽象事件构成的脚本上文，要求推断缺失的后续事件。图 9-7 展示了一个脚本类事件预测任务示例。

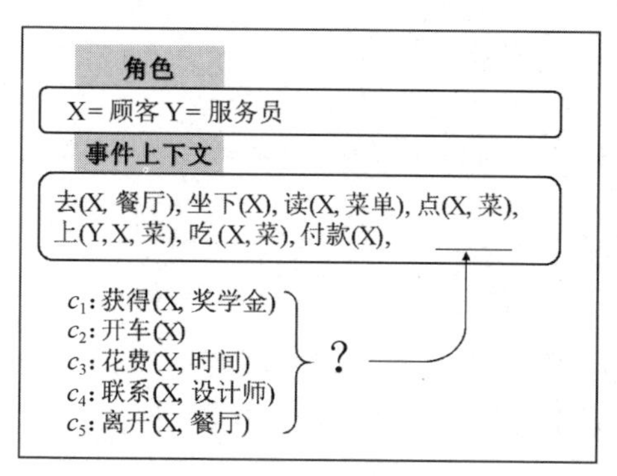

图 9-7　脚本类事件预测任务示例

这一推理任务需要对事件间关系及事件发生、发展模式有深入理解。人类能够利用日常生活中积累的丰富的事理知识完成这一推理过程。但是，对于缺乏足够多事理常识知识的 AI 模型而言，完成此类事件推理任务将是困难的。因此，有必要考虑将包含丰富的事理知识的事理图谱融入模型中，以增加模型在事理逻辑方面的知识，并指导推理过程。本节将对基于事理图谱的脚本类事件预测方面的工作加以介绍。

在人工智能发展的早期阶段，脚本类事件预测的研究方法是基于专家的人工知识工程。直到 2008 年，Chambers 和 Jurafsky[7]提出了基于指代消解技术利用自动化的方法从大规模语料中自动抽取脚本事件链条，并提出了经典的挖词填空式的评估标准来评估脚本事件推断模型，这种思路被称为统计脚本学习。这一工作引领了一系列后续的统计脚本学习研究工作，其中，Granroth-Wilding 和 Clark 的工作[8]对该领域的研究起到了重要的推动作用。Granroth-Wilding 和 Clark 提出了多选项完形填空（Multiple Choice Narrative Cloze，MCNC）的评估方法（如图 9-7 所示）：给定一个脚本事件上下文和 5 个候选后续事件，推理模型需要从中准确地选择唯一正确的那个后续事件。

准确选择后续事件的关键是准确建模事件间关系。前人在脚本事件预测任务上应用的典型方法包括建模两两事件形成的事件对、多个事件形成的事件链和多个事件组成的密集连接的事件图。其中，建模两两事件间关系的方法包括基于统计的 PMI[7]和基于孪生神经网络的 EventComp[8]。为了建模事件间的线性演化关系，Wang 等人提出了基于事件链条的 PairLSTM[9]。尽管这些方法取得了一定的成功，但是事件之间丰富的连接信息仍没有被充分利用。为了更好地利用事件之间的稠密连接信息，Li 等人[10]提出了构建一个叙事事理图谱，然后在该图谱上进行网络表示学习，以进一步预测后续事件。

基于叙事事理图谱进行事件预测的主要动机如图 9-8 所示，给定事件上下文 A（进店）、B（下单）、C（招待），推理模型需要从 D（用餐）和 E（说话）中选择正确的后续事件。其中，D（用餐）是正确的后续事件，而 E（说话）是一个随机挑选的高频混淆事件。基于事件对和事件链的方法，很容易选择错误的 E（说话）事件，因为图 9-8（b）中的事件链条显示 C 和 E 的关联性比 C 和 D 的关联性更强。然而，基于图 9-8（b）中的链条构建图 9-8（c）中的事件图后，可以发现 B、C 和 D 形成了一个强连通分量。如果能够学习 B、C 和 D 形成的这种强连接图结构信息，则推理模型更容易预测出正确的后续事件 D。

有了一个叙事事理图谱后，为了解决大规模图结构的推理问题，Li 等人[10]提出了一个可扩展的图神经网络模型（Scaled Graph Neural Network，SGNN）在该事理图谱上进行网络表示学习。该方法以门控图神经网络（Gated Graph Neural Network，GGNN）[11]模型为基础，重点解决其不能直接用于大规模叙事事理图谱图结构的问题。SGNN 每次只在一个小规模相关子图上进行计算，通过此训练，将 GGNN 扩展到大规模有向有环加权图上。该模型经过修改也可以应用于其他网络表示学习任务中。

具体地，每个子图都包括一个故事上下文和所有候选事件节点，以及这些节点之间的有向边。在更新事件表示的过程中，SGNN 充分学习了事理图谱的图结构信息，进而可以更好地帮助预测后续事件的发生，如图 9-9 所示。

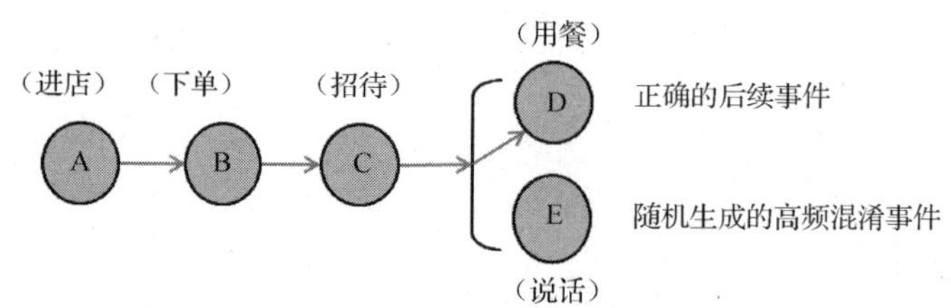

（a）给定事件上下文（A, B, C）从D和E中选择后续事件

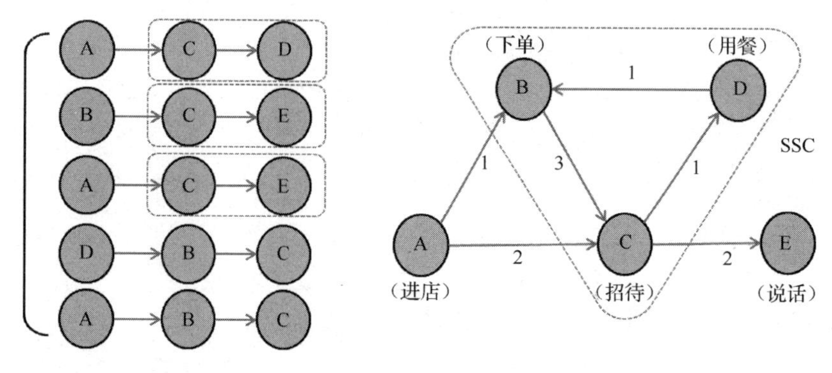

（b）用于训练的事件链

（c）基于（b）中事件链构造的事件图

图 9-8　事件图相比于事件对与事件链在脚本类事件预测任务中的优势

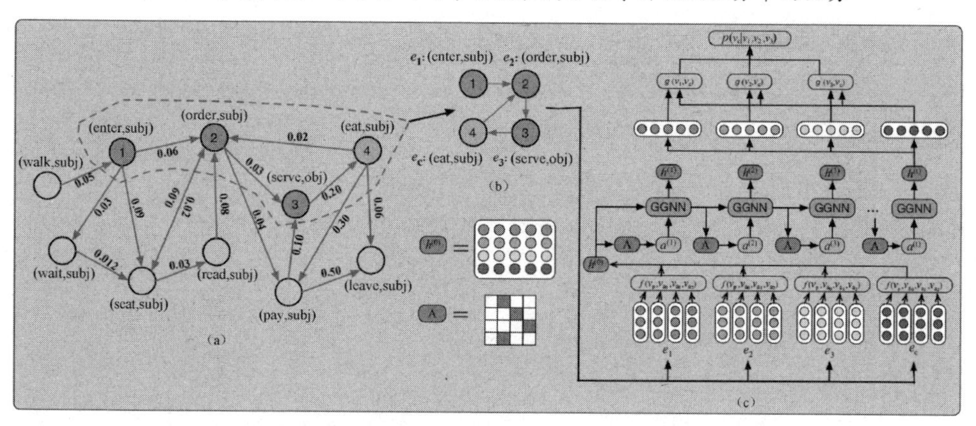

图 9-9　基于叙事事理图谱和 SGNN 的脚本类事件预测模型

上述方法描述了基于事理图谱的文本预测的典型流程，即构建事理图谱—图表示—图推理。其中，事理图谱既可以是常识事理图谱，也可以是根据任务需要以各种方式构建的描述不同类型事件间关系的、不同领域知识的事理图谱。如，在 Li 等人[10]的方法的基础上，后续 Yang 等人[12]将此框架扩展至金融事件数据集，并取得了较高的金融事件预测准确度。

上述方法可以被概括为一类检索式的事件预测方法，即给定事件上下文，从预先构建的事理知识库中检索相应的事件间结构信息，并整合至推理过程中。然而，检索式方法的表现高度依赖于事理图谱的覆盖度。给定任一事件对，此类方法需要从事件图中检索相应的结构特征，并将其融入下游推理任务中[9,10]。但是，如果事件未能被事件图覆盖，则此类方法无从获得相应的结构特征。例如，如图 9-10 所示，“战斗打响”和“战斗开始”是同一事件的不同表达，“战斗打响”位于训练集中，“战斗开始”位于测试集中。然而，“战斗开始”这一表达可能未被事件图覆盖。因此，在测试过程中，这一事件的结构信息是无法被检索到的。结构信息的缺失将影响模型的性能。

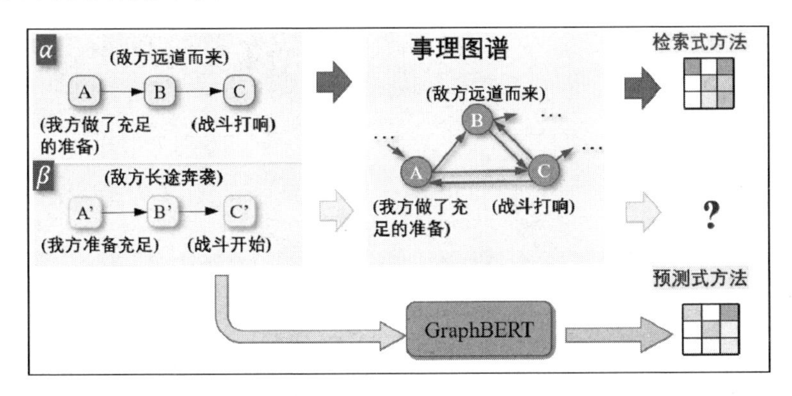

图 9-10　预测式模型 GraphBERT 能够根据事件语义估计事件的邻接关系

然而，在实际情况中，几乎不可能构建一个覆盖绝大多数事件的事件图谱。这是因为事件是由多个语义元素组成的复杂语义单位。这种复杂性使对应同一语义的事件有多种表达方式，使得事件图可能难以完全覆盖所有事件。这一特性为检索式方法利用事件图信息带来了困难。

所以，为解决这一问题，Du 等人[22]提出了一个能够自动预测图结构信息，并有效利用图结构信息的框架 GraphBERT。顾名思义，GraphBERT 是 Graph 与语言模型 BERT 两部分的融合。BERT 能够利用预训练过程中获得的丰富的语言学知识，充分理解各个事件的语义。在训练过程中，Graph 部分以事件图结构为监督信号，学习如何自动预测事件图描绘的事件间邻接关系。在测试过程中，在没有事件图信息存在的情况下，Graph 部分也能够预测任意两个事件之间的邻接关系，而预测出的事件间邻接关系可服务于事件预测任务。实验结果显示，相比于检索式基线方法，GraphBERT 能够有效地预测未被覆盖的事件间邻接关系，以提升模型在事件预测相关任务上的性能。

9.3.3 基于事理图谱的因果事件推理

因果推理旨在理解事件之间的因果关系。事件间因果关系知识可以在多种人工智能领域（例如阅读理解、问答等）内的应用上发挥重要作用。但是，此前研究显示，当前的预训练语言模型仍然缺乏因果关系知识。此外，如图 9-11 所示，因果关系中存在大量一因多果、多因一果现象。这种多对一的因果关系可以使用一个图结构描述。为此，Li 等人[20]提出了构建大规模因果事理图谱，并基于该事理图谱增强语言模型的因果生成性能。

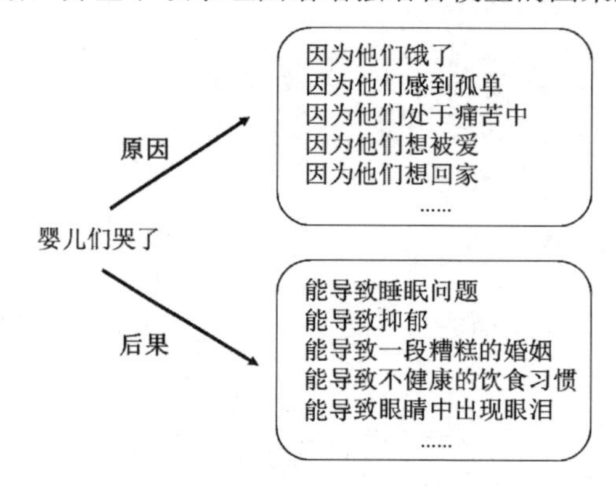

图 9-11 因果关系中存在大量一因多果或多因一果现象

具体地，为获取丰富的短语级因果对，他们提出了利用规则模板，从海量网络语料中获取大量因果对。其中，规则模板由触发词+过滤规则两部分组成。触发词是一些因果关系的标记词，如 Because、Because of、Result in 等；而过滤规则对于触发词匹配出的因果对加以更多限制，从而提升了匹配出的因果对的质量。他们从大小 5.14 TB 的预处理的英文 Common Crawl 中获取了包含 314 万个因果对的语料。

不同于此前叙事事理图谱首先将事件结构化，随后在结构化事件的基础上构建图的过程，为了构建因果事理图谱，他们提出了利用预训练语言模型学习并归纳因果对知识，从而在给定某一事件后，得以生成该事件对应的一系列原因事件与结果事件。图 9-12 展示了因果知识归纳模型的结构。值得注意的是，从预训练语言模型的角度看，这一过程向预训练语言模型中注入了因果知识，从而得到了因果知识增强的预训练语言模型；从因果事理知识归纳及因果事理图谱构建的角度看，不同于此前主流的显式构建图谱的方式，上述过程实质上利用了一个神经网络模型从具体的因果对中学习归纳并生成因果事理知识，因果事理图谱中所应该蕴含的事理知识实质上存储在一个神经网络中。该神经网络隐式地同时实现了事件抽取（泛化）、事理知识归纳（图结构归纳），以及给定新事件后，利用事理知识进行推断的功能。

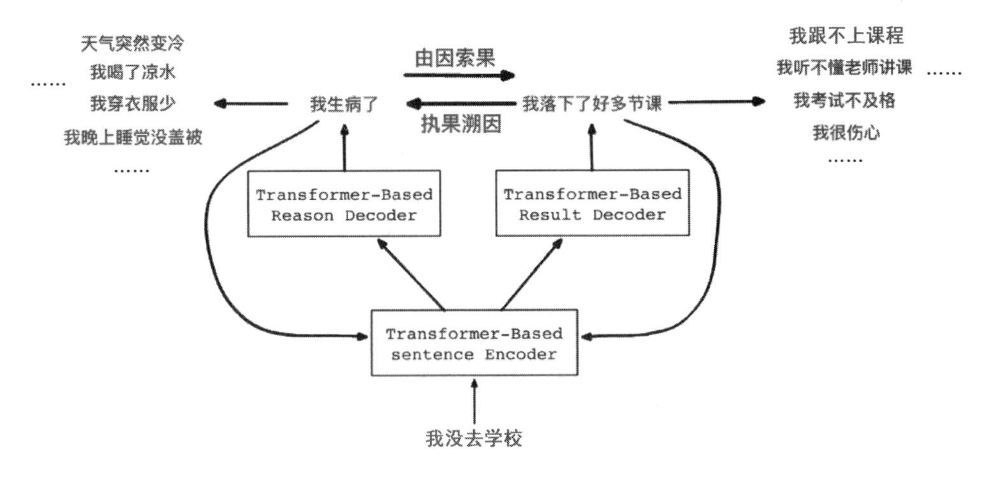

图 9-12　因果知识归纳模型的结构

这种方式在某种程度上可以被看作利用神经网络学习符号知识。其优点在于，能够较大程度地避免事理图谱的稀疏性问题。事理图谱的稀疏性是事理图谱构建过程中的关键问题之一，由事件的高度复杂性带来。因为不同于以实体为节点的知识图谱，事件由多个元素组成，且同一事件可能对应多种表达方式，这使得潜在的事件总数远远超过实体总数。因此，若想得到具有稠密连接关系的事理图谱，往往需要收集巨量语料，或者对事件进行高度泛化或抽象。但是，收集巨量语料的工作往往很困难，事件泛化任务本身仍是一项具有相当挑战的任务。泛化到何种程度可能需要精密的权衡，如何确保在泛化过程中不丢失必要信息需要高精度的模型。因此，近年来，一系列工作提出了利用神经网络存储事理知识的方法。但是，这一方法也存在相应的缺点。首先，与基于符号系统利用图结构显式存储事理知识的事理图谱相比，利用神经网络存储事理知识的方式在一定程度上牺牲了图谱的可解释性。同时，这一过程对于用来存储事理知识的模型的学习泛化能力要求极高。

因此，为增强该模型的因果生成能力，他们又提出了利用词级别的因果图，指导因果生成过程。基于神经—符号的因果事理图谱构建流程如图 9-13 所示。

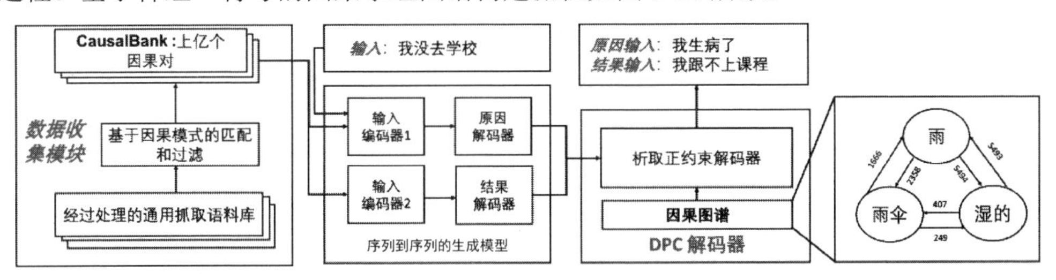

图 9-13　基于神经—符号的因果事理图谱构建流程

进一步，Du 等人[19]注意到，因果推理中可能存在一些需要引入中间推理步骤的复杂问题，以及模型在这些因果推理问题上的可解释性问题。他们认为，此前的工作大多数是从预先标注的因果对中学习因果知识，尽管在特定数据集上取得了优异性能，然而近期的研究显示，这些模型可能依赖文本中某些仅与标签呈相关关系的统计模式做出预测，而非真正掌握原因与结果之间的因果关系。这使得此类模型的推理结果可解释性差，且稳健性可能较差。

不同于前人仅依赖于因果对的工作，Du 等人注意到，在原因事件与结果事件之间，可能存在一系列证据事件。这些证据事件能够作为额外线索，以帮助模型理解原因与结果之间的因果机制。图 9-14（a）展示了一个例子，给定原因事件 a（量化宽松）和结果事件 b（房价上涨），两个中间事件 i_1（流动性过剩）和 i_2（投资需求增加）能够作为解释，说明原因事件如何逐步导致结果事件的发生。

此外，此类中间事件的缺乏还可能限制模型因果推理的性能。如图 9-14（b）所示，$\langle a,d\rangle$ 和 $\langle c,b\rangle$ 之间的因果关系不能从 $\langle a,b\rangle$ 和 $\langle c,d\rangle$ 之间的已知因果关系直接推导得到。然而，如果我们已知有中间事件 i，根据因果关系的传递性，$\langle a \Rightarrow i \Rightarrow d\rangle$ 和 $\langle c \Rightarrow i \Rightarrow b\rangle$ 的逻辑链可以自然地由观察到的逻辑链 $\langle a \Rightarrow i \Rightarrow b\rangle$ 和 $\langle c \Rightarrow i \Rightarrow d\rangle$ 推导得到。

为充分利用证据事件在因果推理中的作用，他们提出了一个事理图谱知识增强的因果推理框架 ExCAR（Event graph knowledge enhanced explainable CAusal Reasoning）。如图 9-14（c）所示，给定一个事件对 $\langle C,E\rangle$，ExCAR 首先从预先构建的大规模因果事理图谱中获取一系列可能的中间证据事件（如 I_1、I_2），这些证据事件进一步组成了一系列因果规则，如 $r_i=\left(E_i \Rightarrow I_i\right)$，这些因果规则形成了对因果机制的解释。

Pearl 等人[21]指出，因果规则应该是或然性的。通过将因果规则概率化，将能够更好地应对数据中存在的复杂因果模式与可能的噪声。然而，因果叠加效应的存在使得建模因果规则的概率仍是一项相当具有挑战性的任务。不同于知识图谱等知识库中存在的一阶逻辑规则，因果规则的强度将受到不同的前件影响而产生变化。如图 9-14（d）所示，感冒引起的发烧极少导致生命危险，然而败血症引起的发烧将会有较大概率导致生命危险。

针对这一问题，Du 等人进一步提出了条件马尔可夫神经网络（Conditional Markov Neural Logic Network，CMNLN），以建模因果规则之间的条件因果强度。具体而言，如图 9-15 所示，CMNLN 首先将从因果事理图谱中获取的一系列因果规则转化为一系列因果逻辑链条，并得到因果链条的分布式表示。随后，利用一个前件感知的势函数建模规则的条件因果强度，并通过连乘条件因果强度，得到每条因果逻辑链的因果强度。最后，通过综合各个逻辑链中包含的因果信息做出预测。

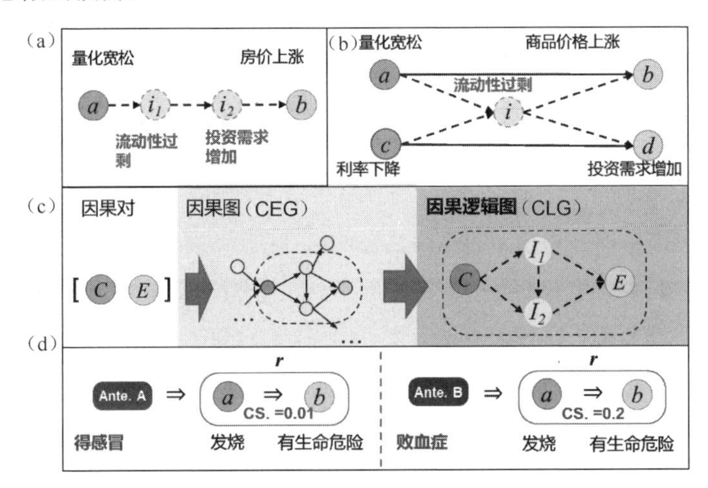

图 9-14　基于因果事理图谱的因果推理框架

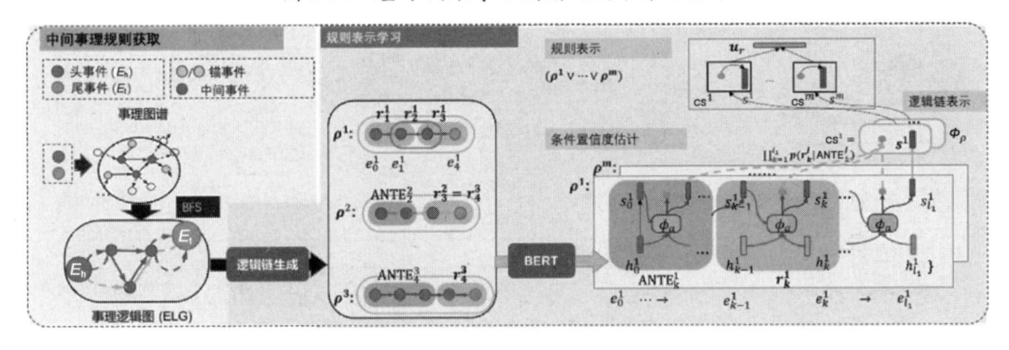

图 9-15　基于条件马尔可夫神经逻辑网络的因果推理框架

在由原因和结果事件组成的因果对基础上，Xiong 等人[26]进一步注意到由多个事件组成的因果链的因果推导关系的建模问题。这一问题对事件预测、风险预警及决策系统有着重要作用。目前获取因果链的方法大多都是先获取大量高质量的因果事件对，然后通过事件之间的文本或者语义相似度将因果对连接成因果链，但是这种简单的方法会造成由阈值效应和场景漂移带来的因果传递性问题，从而导致因果链不可靠。

具体而言，给定一个因果链 A→B→C，阈值效应被定义为 A 对 B 的影响不足以让 B 导致 C，例如“在海里游泳”→“摄入盐水”→“脱水”，“在海里游泳”一般只会导致几十毫升的盐水摄入，但是要想达到“脱水”程度，则至少需要几百毫升的盐水摄入，所以“在海里游泳”导致的“摄入盐水”不太能导致“脱水”。场景漂移问题被定义为，基于人的常识，因果链中的事件不会发生在同一个场景中，例如“打游戏”→“争执”→“被红牌罚下”，“打游戏”导致“争执”发生在生活的场景中，而“争执”导致“被红牌罚下”发生在足球比赛的场景中，场景发生了漂移，从而导致因果链不可靠。

为了解决以上两个因果传递性问题，他们提出了一个可靠的因果推理框架。对于判断一个因果链是否具有传递性，关键是建模因果链中是否存在阈值效应与场景漂移问题。为了有效建模因果链的阈值和场景，他们引入了 Judea Pearl 提出的结构因果模型[27]作为分析工具。具体而言，他们利用结构因果模型建模因果链的传递关系。结构因果模型中包含一系列内生变量和外生变量，其中内生变量为因果链中的事件，外生变量为导致因果对发生的阈值和场景因素。每个因果对都有一个外生变量，基于因果对的上下文，他们使用一个外生变量感知的变分自编码器对外生变量进行隐式捕获，将因果传递性问题建模为外生变量之间的矛盾，最后使用一个结构因果循环神经网络，按照因果演化的方向对因果链进行理解，并估计因果传递性问题及因果链的可靠程度。图 9-16 展示了可靠的因果链推理框架的具体结构。

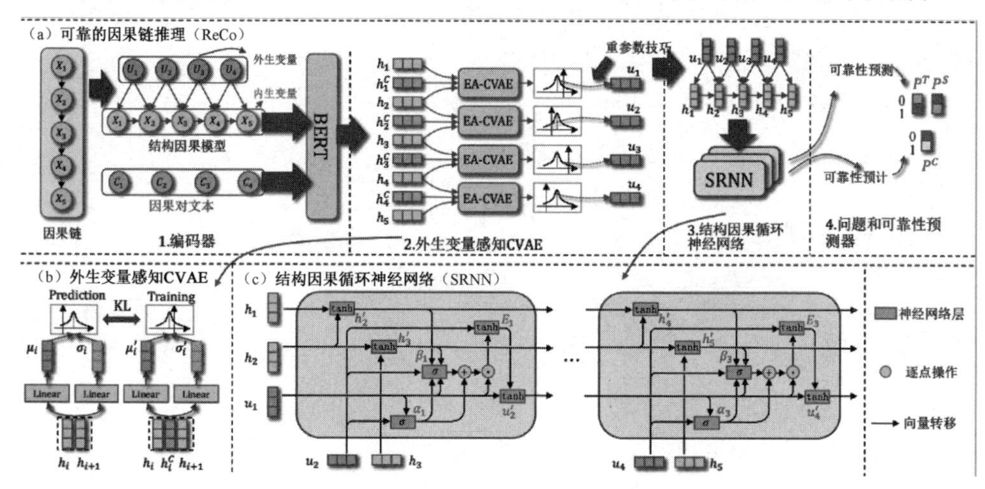

图 9-16　可靠的因果链推理框架的具体结构

与因果事件推理相对，溯因式事件推理指从果到因的过程。逻辑学家皮尔斯认为，演绎是分析性的推理，所有的信息和结论都已经蕴含在前提假设中，这个过程中没有新知识的生成，只是一种同义反复（Tautology），只能推断出必然的推论和结果；而溯因推理才是唯一能够引导新的、解释性的思想生成的推理逻辑，是一种可扩展的、综合性的推理模式[23,24]。

图 9-17 展示了一个溯因式事件推理任务示例。给定两个观察到的事件，O_1：离开时没关窗，O_2：屋子里一团糟；以及两个候选的假设事件，H_1：屋子里进了贼，H_2：一阵微风吹

来。模型需要从两个候选的假设事件中选择哪个更能够解释当前观察到的两个事件 O_1 和 O_2。人类很容易根据掌握的常识知识，推理出“离开时没关窗”→“贼从窗户进来”→“屋子里进了贼”→“贼乱翻东西”→“屋子里一团糟”这样一个合理的逻辑线条，并且知道“一阵微风吹来”是无法导致“屋子里一团糟”的，进而从候选答案中选择正确的假设事件。但是这一推理过程对于当前的人工智能系统而言仍然难以实现。在进行溯因推理时，人类需要引入更多的信息和理论，借助外部常识知识补全当前观察到的事件信息和证据链条。

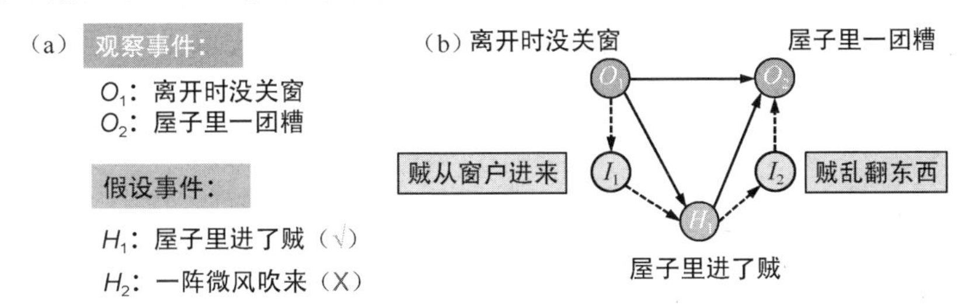

图 9-17　溯因式事件推理任务示例

对此，Du 等人提出了利用事理图谱信息增强预训练语言模型，以助力溯因推理任务[20]。预训练语言模型有助于理解并表示事件。事理图谱中包含了两类有助于溯因推理任务的事件相关常识知识：（1）中间证据事件（图 9-17 中的 I_1“贼从窗户进来”或 I_2“贼乱翻东西”）；（2）事件间的邻接关系。这两类常识知识均可从事理图谱中获得。因此，如图 9-18 所示，为有效学习这两类事理图谱知识并服务于溯因推理任务，他们提出了一个基于变分自编码器的预训练事理图谱增强的语言模型 ege-RoBERTa。在语言模型 RoBERTa 的基础上，他们引入了一个额外的隐变量 z，利用这个隐变量，可以捕获上述两类常识知识。

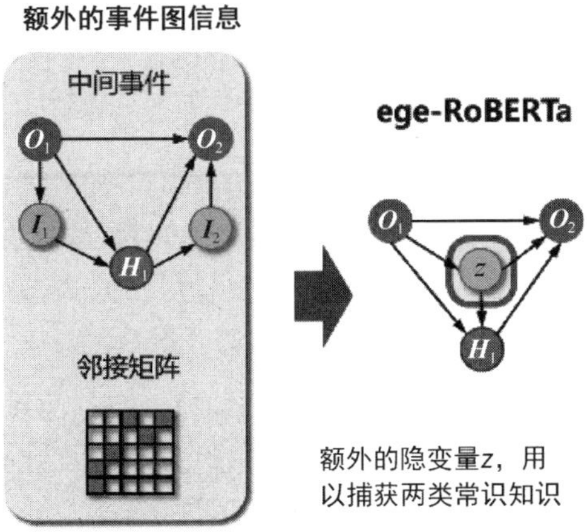

额外的事件图信息
中间事件
邻接矩阵
ege-RoBERTa
额外的隐变量z，用以捕获两类常识知识

图 9-18　事理图谱知识增强的预训练语言模型 ege-RoBERTa

为便于模型捕获上述事理知识，如图 9-19 所示，他们提出了一个两阶段训练过程。在预训练阶段，基于已存在的事理图谱，他们构建了一个包含丰富中间证据事件和事件间的邻接关系的由伪样本组成的伪数据集。例如，给定一个由 5 个事件组成的事件序列，可以将第 1 个、第 5 个事件定义为已观测事件，将第 3 个事件定义为解释事件，将第 2 个、第 4 个事件定义为中间事件。从而，这一阶段 ege-RoBERTa 能够利用隐变量，在伪数据集上学习事理图知识。随后是微调阶段。这一阶段模型在目标任务数据集上进行微调，以学习利用隐变量捕获的事理图信息并服务于溯因推理任务。值得注意的是，通过更改伪数据集构建的形式，例如，将事件序列定义为{背景事件 1，…，背景事件 n，已观测事件 1，…，已观测事件 m}或{已观测事件 1，…，已观测事件 m，后续事件 1，…，后续事件 m}等方式，该方法还可用于向事件预测任务中引入事件背景知识、事件结局知识等。

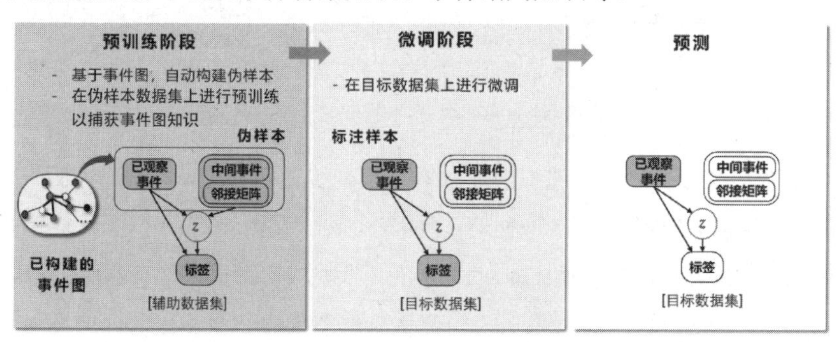

图 9-19　ege-RoBERTa 两阶段训练过程

因果推理是人类的一项核心认知能力。借助因果推理能力，人类得以理解已观测到的各种现象，并预测将来可能发生的事件。然而，尽管当下的各类因果推理模型已经在现有的因果推理数据集上取得了令人印象深刻的性能，但是这些模型与人类的因果推理能力相比仍存在显著差距。

造成这种差距的原因之一在于，当下的因果推理模型往往仅能够从数据中捕获经验性的因果模式，但是人类则能够进一步追求对于因果关系的相对抽象的深入理解。如图 9-20 所示，当观察到原因事件 C：将铁块加入盐酸中造成结果 E：铁块被溶解之后，人类往往不会停留在经验性地观察现象这一层面，而会进一步深入思考，为什么这一现象能够存在？通过种种手段，最终得到一个概念性的解释，即酸具有腐蚀性。值得注意的是，这个对因果现象的概念性解释是超越具体的现象本身的，能够解释一系列相关现象。借助此类解释信息，模型将可能产生对因果命题的更加深入的理解。借助此类概念性解释，将有助于模型对于因果事实的理解，从由数据驱动的经验性层面上升至人类理解的认知层面。

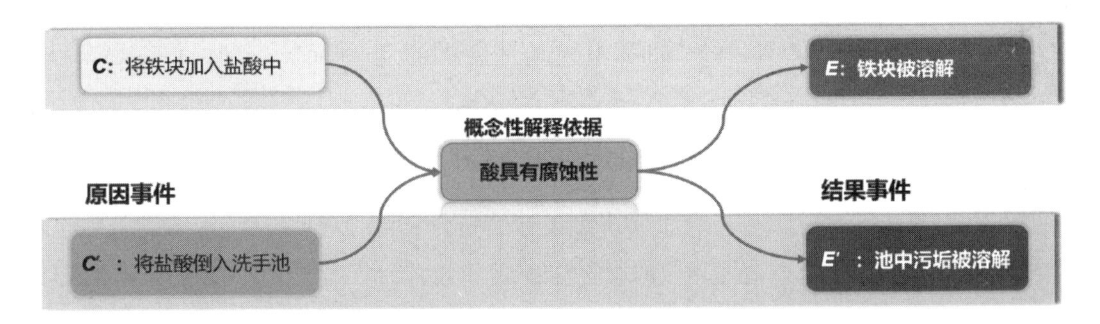

图 9-20　人类对于因果关系的深入理解

虽然这种概念性解释在因果推理过程中具有相当的重要性，但是迄今的因果推理数据集中尚未具备这一信息以支撑训练更强的、更接近人类表现的因果推理模型。为此，Du 等人提供了一个人工标注的可解释因果推理数据集（explainable CAusal REasoning dataset，e-CARE）[25]。e-CARE 数据集包含超过 2 万个因果推理问题，这使得 e-CARE 成为目前最大的因果推理数据集，并且对于每个因果推理问题，它都提供了一个自然语言描述的关于因果关系为何能够成立的解释。

9.4　基于事理图谱的文本预测

随着深度学习的兴起，基于深度学习的文本预测技术被广泛关注。然而，在预测过程中如何让机器掌握人类知识，以使模型取得近似人类的推理能力，是当前技术面临的一大挑战。例如，人类能轻易理解“吃过饭”后就“不饿”这样的常识知识，而让机器理解并掌握大量类似这样的知识是一件极其困难的事情。在众多类型的人类知识中，事理逻辑是一种非常重要且普遍存在的知识。

很多基于文本的预测任务都依赖于对事理逻辑知识的深刻理解。在通用领域，以隐式消费意图推理为例，只有让机器知道“结婚”事件伴随着后续一系列消费事件，例如“买房子”、“买汽车”和“去旅行”，才能使其在观察到“结婚”事件时，准确地推理出用户潜在的隐式消费意图，进而向目标用户做出精准的产品推荐。而在特定领域，如金融领域，股市一般伴随着短期内随机事件产生的小波动，以及长期内由重大事件驱动的大波动。例如，近年来随着人工智能迎来发展高潮，以及我国将人工智能列为国家发展战略，一些人工智能企业的股价迎来了一波大涨，由事件驱动的股市预测悄然兴起。从金融文本中挖掘“粮食减产”导致“农产品价格上涨”，再导致“通货膨胀”，进而导致“股市下跌”这样的远距离事件依赖，对于由事件驱动的股市涨跌预测非常有价值。事理逻辑知识的挖掘与知识库构建迫在眉睫，这将极大地推动基于文本的预测技术的应用发展。

事理图谱能够揭示事件的演化规律和发展模式。因而，事理图谱将可能在各类预测任务中发挥重要作用。本节会对基于事理图谱的预测的前期进展做简要介绍。

如何从用户历史行为中挖掘用户的倾向与偏好，并以此为依据推荐相关内容是社交媒体算法分发过程中的重要问题。为增强相关算法性能，Liu 等人[5]提出，利用事件图谱增强算法分发过程。这样做有两方面原因：一方面，大规模事件图谱描述了一系列事件间的相关关系，因而给定用户历史行为，模型能够从事件图谱中获取大量相关事件；另一方面，通过将用户历史行为与事件图谱相关联，将可能挖掘出决定其历史行为的倾向与偏好，进而，将两方面信息融合，以推荐更契合用户倾向的内容。

在用户下单后，网约车平台需要预测用户保持或取消订单的概率，以决定车辆资源如何调配。但是，这一任务是一项具有相当挑战性的任务。其原因在于，用户的决策会受到周围交通状况、附近可用车辆数量等环境因素的动态影响。为应对这一问题，Luo 等人[6]提出了构建动态事件图谱以预测用户保持或取消订单的概率的方法。具体而言，他们记录从用户下单起发生的一系列事件。由这些事件形成了互相关联的图结构，并且随着时间的推移，新事件被不断加入这个图中。于是，便得到了一个动态事件图谱。随后，他们基于这个动态事件图谱，利用多层异质图神经网络来预测用户保持或取消订单的概率。

9.5 本章小结

本章重点探讨了事理图谱在认知推理领域应用的可能途径，并介绍了事理图谱在基于文本的预测任务上的相关应用。知识图谱已被证明可以有效地帮助解决很多文本预测问题。结合事理图谱理论的发展及认知推理理论的发展，事理图谱有望解决的是涉及复杂事理逻辑知识的文本推理与相关预测任务。事理图谱中记录的大量因果和顺承逻辑可以有效地帮助推理模型按照人类认知过程进行决策，给出详细的推理路径来解释最终的推理结果。从应用角度看，事理图谱还可以与垂直领域深度结合，例如金融、司法、政治等领域，也可以与领域专家知识形成互动，以由知识与逻辑双轮驱动的方式打造下一代基于事理知识的认知推理引擎，这是事理图谱理论与应用角度的重要发展方向。

参 考 文 献

[1] DU L, DING X, LIU T, et al. Modeling Event Background for If-Then Commonsense Reasoning Using Context-aware Variational Autoencoder[C]//Proceedings of the 2019 Conference on Empirical Methods in Natural Language Processing and the 9th International Joint Conference on Natural Language Processing (EMNLP-IJCNLP), 2019: 2682-2691.

[2] DING X, LIAO K, LIU T, et al. Event representation learning enhanced with external commonsense knowledge[J]. arXiv preprint arXiv:1909.05190, 2019.

[3] DING M, ZHOU C, CHEN Q, et al. Cognitive Graph for Multi-Hop Reading Comprehension at Scale[C]//Proceedings of the 57th Annual Meeting of the Association for Computational Linguistics, 2019: 2694-2703.

[4] QU M, TANG J. Probabilistic logic neural networks for reasoning[J]. arXiv preprint arXiv:1906.08495, 2019.

[5] LIU S, WANG B, XU M. Event recommendation based on graph random walking and history preference reranking[C]//Proceedings of the 40th international ACM SIGIR conference on research and development in information retrieval, 2017: 861-864.

[6] LUO W, ZHANG H, YANG X, et al. Dynamic Heterogeneous Graph Neural Network for Real-time Event Prediction[C]//Proceedings of the 26th ACM SIGKDD International Conference on Knowledge Discovery & Data Mining, 2020: 3213-3223.

[7] CHAMBERS N, JURAFSKY D. Unsupervised learning of narrative event chains[C]//Proceedings of ACL-08: HLT, 2008: 789-797.

[8] GRANROTH-WILDING M, CLARK S. What happens next? event prediction using a compositional neural network model[C]//Proceedings of the AAAI Conference on Artificial Intelligence, 2016, 30(1).

[9] WANG Z, ZHANG Y, CHANG C Y. Integrating order information and event relation for script event prediction[C]//Proceedings of the 2017 Conference on Empirical Methods in Natural Language Processing, 2017: 57-67.

[10] LI Z, DING X, LIU T. Constructing narrative event evolutionary graph for script event prediction[C]//Proceedings of the 27th International Joint Conference on Artificial Intelligence, 2018: 4201-4207.

[11] LI Y, TARLOW D, BROCKSCHMIDT M, et al. Gated graph sequence neural networks[J]. arXiv preprint arXiv:1511.05493, 2015.

[12] CHENG D, YANG F, WANG X, et al. Knowledge Graph-based Event Embedding Framework for Financial Quantitative Investments[C]//Proceedings of the 43rd International ACM SIGIR Conference on Research and Development in Information Retrieval, 2020: 2221-2230.

[13] YUAN C, YUAN C, BAI Y, et al. Logic Enhanced Commonsense Inference with Chain Transformer[C]//Proceedings of the 29th ACM International Conference on Information & Knowledge Management, 2020: 1763-1772.

[14] GUO D, TANG D, DUAN N, et al. Evidence-Aware Inferential Text Generation with Vector Quantised Variational AutoEncoder[J]. arXiv preprint arXiv:2006.08101, 2020.

[15] SAP M, LE BRAS R, ALLAWAY E, et al. Atomic: An atlas of machine commonsense for if-then reasoning[C]//Proceedings of the AAAI Conference on Artificial Intelligence, 2019, 33(01): 3027-3035.

[16] RASHKIN H, SAP M, ALLAWAY E, et al. Event2mind: Commonsense inference on events, intents, and reactions[J]. arXiv preprint arXiv:1805.06939, 2018.

[17] ZHAO S, WANG Q, MASSUNG S, et al. Constructing and embedding abstract event causality networks from text snippets[C]//Proceedings of the Tenth ACM International Conference on Web Search and Data Mining, 2017: 335-344.

[18] DU L, DING X, LIU T, et al. Learning Event Graph Knowledge for Abductive Reasoning[C]//Proceedings of the 59th Annual Meeting of the Association for Computational Linguistics and the 11th International Joint Conference on Natural Language Processing (volume 1: Long Papers): 2021: 5181-5190.

[19] DU L, DING X, XIONG K, et al. ExCAR: Event Graph Knowledge Enhanced Explainable Causal Reasoning[C]//Proceedings of the 59th Annual Meeting of the Association for Computational Linguistics and the 11th International Joint Conference on Natural Language Processing (volume 1: Long Papers), 2021: 2354-2363.

[20] LI Z, DING X, LIU T, et al. Guided generation of cause and effect[C]//Proceedings of the Twenty-Ninth International Conference on International Joint Conferences on Artificial Intelligence, 2021: 3629-3636.

[21] PEARL J. Direct and indirect effects[C]//Proceedings of the Seventeenth conference on Uncertainty in artificial intelligence, 2001: 411-420.

[22] DU L, DING X, ZHANG Y, et al. A Graph Enhanced BERT Model for Event Prediction[C]//Findings of the Association for Computational Linguistics: ACL 2022, 2022: 2628-2638.

[23] JOSEPHSON, JOHN R, SUSAN G, et al. Abductive inference: Computation, philosophy, technology[M]. Cambridge: Cambridge University Press, 1996.

[24] CAMPOS D G. On the distinction between Peirce's abduction and Lipton's inference to the best explanation[J]. Synthese, 2011, 180(3): 419-442.

[25] DU L, DING X, XIONG K, et al. e-CARE: a New Dataset for Exploring Explainable Causal Reasoning[C]//Proceedings of the 60th Annual Meeting of the Association for Computational Linguistics (volume 1: Long Papers), 2022: 432-446.

[26] XIONG K, DING X, LI Z, et al. ReCo: Reliable Causal Chain Reasoning via Structural Causal Recurrent Neural Networks[J]. arXiv preprint arXiv:2212.08322, 2022.

[27] PEARL J. Causal inference[J]. Causality: objectives and assessment, 2010: 39-58.

10

第10章 基于事理图谱的应用

构建事理图谱是为了揭示事件发展脉络和演化规律，尤其是事理图谱中的因果和顺承关系对许多自然语言处理任务具有重要的意义，诸如事件预测、常识推理、消费意图挖掘、辅助对话生成、问答系统、辅助决策系统等，如图 10-1 所示。世界各地每天发生的海量事件之间可能存在复杂的关联。例如，中东的一次恐怖袭击可能引起伦敦交易所的油价暴涨；在水灾之后，通常会发生瘟疫；而已知农产品价格普遍上涨之后，一般能够推断得出各类农产品，例如猪肉、大米，价格均将出现不同程度的上涨。人类高度依赖这些描述事件发生、发展规律的事理知识，以指引日常行为与重大决策。理解“结婚”与“去旅行”的时序关系将有助于识别隐式消费意图，并应用于商品推荐；理解“货币超发”与“通货膨胀”的因果关系，将有助于从事件驱动的角度，助力股市预测；在情报分析领域，从历史数据中分析出“囤积战略物资”后将出现“对敌国宣战”的历史规律，即可将其应用在“俄罗斯囤积战略物资”这一下位事件，并预测出“俄罗斯宣战”这一后续事件等。将海量非结构化的文本数据和信息，以图谱形式结构化地呈现出来，挖掘事理逻辑，并在此基础上模拟事件的动态演变过程，揭示事件的演变规律与模式，这将极大地推动相关应用的进一步变革。有别于知识图谱中记录的是实体属性和实体之间的关系，事理图谱的主要知识形式是事理逻辑关系。事理图谱中蕴含的这种事理规律在依赖事理逻辑知识的应用中将发挥重要的作用。

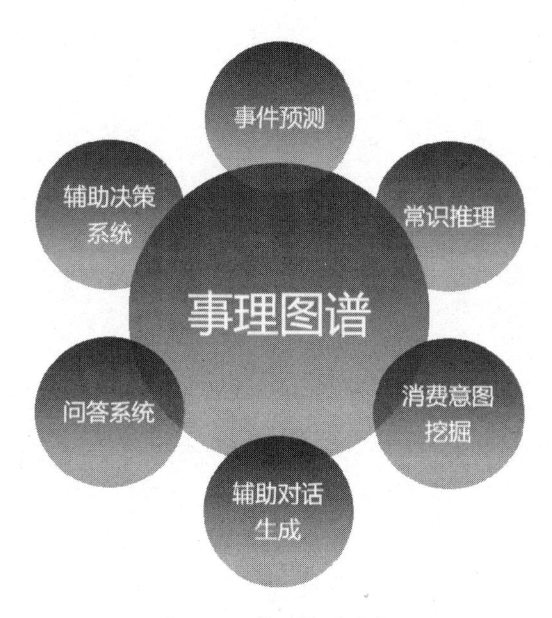

图 10-1　事理图谱的应用

10.1　概述

事理图谱是以事件或事理为节点、事件或事理之间的关系为边的有向图，能够刻画事件之间的逻辑演化关系，其因果关系、顺承关系能够充分地阐述事件之间的演化路径，具有非常巨大的应用价值。对于日常生活类问题[1]，例如“小明带着他的宠物狗去宠物狗主题公园，他接下来会做什么？”候选答案有“遛狗”和“遇到其他宠物狗主人”。若没有事理知识，这两个选项都可以作为正确选项，但根据 ATOMIC 常识数据集中提供的事理知识，我们知道小明是想与其他宠物狗主人交流养宠心得，所以更可能的答案是“遇到其他宠物狗主人”。再比如“Alex 打翻了她刚刚准备好的食物，地上一片狼藉，接下来 Alex 会做什么？”候选答案有“品尝食物”、“打扫擦拭”和“东奔西跑玩耍”，利用事理知识，很显然正确的答案是“打扫擦拭”。ATOMIC 数据集是一个以人为中心的常识数据集，并不能覆盖一些不包含人的事件。所以，Mostafazadeh 等人[2]提出了大规模数据集 GLUCOSE，包含了隐式的常识因果知识，可以描述任何事件和状态。给定一个短故事和故事中的一句话 X，数据集 GLUCOSE 会收集与 X 有关的 10 个维度的因果解释。事理图谱能够较好地刻画事件之间的演化规律和模式，对复杂事件之间的关系也能较好地表达，后面几节主要介绍事理图谱在问答、人机对话、消费意图挖掘及股票市场预测方面的相关研究。

10.2　基于事理知识的问答

10.2.1　任务概述

人们利用常识知识能够理解一段描述日常生活的文字，并且很容易从文字中推理出从未经历过的事件之间的因果关系。虽然对人来说，这种推理很容易，但是对于当前的人工智能系统来说，仍存在很大的挑战。最近，越来越多的研究者利用基于叙事文本的问答任务来评测人工智能系统的推理能力。给定一段叙事文本“Austin 经常利用周末时间和朋友们钓鱼”，问题是 Austin 的意图是什么，人工智能系统需要能够在外部知识库中找到与之相关联的事件，推理出 Austin 可能的意图，最终得到最可能的答案“想放松一下”。预训练语言模型已经在一些问答任务上取得了很好的结果，可能的原因是在大规模的语料上进行预训练，一些知识已经很好地被语言模型掌握，例如“鸟会飞”和“鱼在水中游”，但对于复杂的事理知识，例如判断事件“Jim 朝 Bob 大吼大叫”与事件“Bob 很难过”之间的关系，往往还需要结合更多的知识。DARPA 和 Allen AI 实验室已经构建出一些具有挑战性的问答任务数据集，这些问答任务需要引入事理知识等常识来帮助人工智能系统做出更好的决策。

SocialIQA[1]是一个关于社交场景的常识推理数据集，包含 38000 个多项选择问题，每个问题都包含一个简短的上下文、与上下文相关的一个问题及 3 个答案选项，该数据集覆盖了对人类行为的各种推断问题。

COSMOS QA[3]是一个大规模的数据集，包含 35600 个问题，每个问题需要模型能够理解事件之间可能的因果关系，从而选出正确的选项，问题形式如“这件事发生的可能原因是什么？”“如果这么做，会发生什么？”等。

Ning 等人[4]构造了一个问答数据集，用来确定事件的顺承关系及预测未来事件，形如“在事件 A 发生前（或发生后），（紧接着）发生什么事件？”等。该数据集基于 3200 条新闻片段，包含 21000 条人工生成的顺承关系的问题，涉及新闻报道、社交媒体、金融财报及电子病历。例如“他昨天赢得了世锦赛”与“他明天会赢得世锦赛”所传达的信息是不同的，如果他已经赢得了世锦赛，那么他接下来可能正在庆祝；如果他还没有赢得世锦赛，他可能仍然要为世锦赛做准备。

ConceptNet 中也包含了事件之间的关系，但也会包含一些实体之间的关系，所以本章暂不考虑这类知识库。

10.2.2 基于事理知识的问答方法

针对用户使用自然语言提出的问题，问答系统通过与事理图谱进行交互，定位到相关的事件节点，进而推理得出最终的答案。与面向知识图谱的问答系统相比，由于事理图谱不存在结构化查询语句，往往是利用事件的向量表示来寻找答案的，技术方法与面向知识图谱的问答系统中的搜索排序方法类似。通常来说，由于自然语言问句一般都包含相关的事件，问题的答案与相关事件在事理图谱中有比较紧密的联系，可以通过一步或若干步关系路径进行关联。因此，通过搜索与相关事件有路径联系的事件可构成一个子图，候选答案就在这个子图中，然后利用从问句和候选答案中提取出来的特征进行推理计算，针对计算结果进行排序，选出最优答案。

检索匹配的方法不需要问句的形式化查询语句，而是直接在事理图谱中检索候选答案并按照匹配程度进行排序，选择排在前面的若干答案作为最终结果。首先，问答系统需要识别问句中的事件；然后，根据该事件在事理图谱中遍历得到候选答案；最后，分别从问句和候选答案中抽取特征表示，训练过程中需要学习匹配打分模型，测试过程中则直接根据训练得到的模型计算它们之间的匹配得分。

近年来，随着深度神经网络的不断发展，有很多基于神经网络的知识问答方法学习问句和候选答案的数值表示，并以此训练匹配模型。具体地，通过表示学习方法，模型将自然语言表示的问句转换成一个低维空间中的数值向量，同时把事理图谱中的事件、关系表示为同一语义空间中的数值向量。于是，基于事理知识的问答可以看成问句的表示向量与候选答案的表示向量计算匹配程度的过程。早期的基本模型是把问句和候选答案都表示为词袋模型，没有考虑词的顺序性。近年来，不断有新的模型可以获取更丰富的问题、答案的语义表示及它们之间的关联关系。

自 2017 年以来，大规模预训练语言模型（如 BERT、RoBERTa、GPT）先在 Wikipedia 等语料上进行预训练，然后在特定任务上进行微调，这种范式在很多自然语言处理任务上都取得了很好的性能。Chang 等人[5]通过预训练的方法隐式地将常识知识融入语言模型中。Yu 等人[6]通过在 ASER 事理图谱上进行训练，使得预训练语言模型能够具有丰富的事理知识，如图 10-2 所示。Mitra 等人[7]提出了显式地将常识知识与预训练语言模型相融合来解决问答任务的方法，如图 10-3 所示。该任务的数据集采用的是 SocialIQA 数据集，该数据集主要收集的是日常生活社交活动数据。给定一个社交场景 C 和一个关于该社交场景的问题 Q，任务是从 3 个候选答案中选出最正确的答案。首先需要对候选知识进行检索，检索句（Query）

由问题、候选答案组成。利用 Elastic 检索系统检索排名前 50 的相关知识，再利用重排序机制挑选出前 10 个相关知识。接下来，将问题 Q、n 个候选答案 $a_1,\cdots,a_n$，以及挑选出来的相关知识作为 BERT 模型的输入。关于如何对候选知识进行拼接，Mitra[7]给出了如下 4 种可行的方法。

（1）拼接。对于第 i 个选项，所有 m 个知识构成一个整体 K_i，模型的输入形式如[CLS]K_i[SEP]Qa_i[SEP]。针对 n 个候选答案，我们会得到 n 个[CLS]对应的向量，利用线性层将[CLS]的向量映射到实数值。

（2）并行-取最大值。对于第 i 个选项，由 m 个知识中的每一个 K_{ij} 组成模型的输入，形如[CLS]K_{ij}[SEP]Qa_i[SEP]。对于第 i 个选项，取 m 个知识对应得到的分数的最大值。

（3）简单求和。该方法假设重要的知识分散在 m 个知识中，需要将 m 个知识表示的信息聚合在一起。该方法仍采用“并行-取最大值”方法的输入形式，此后对于第 i 个选项，将该选项对应的 m 个[CLS]向量进行求和，再映射到实数值。

（4）带权重的求和。该方法假设，在 m 个候选知识中，一些知识比另一些知识更重要。对权重的计算是利用线性层将[CLS]向量投影到一个标量 w_{ij} 上，对权重进行归一化，计算加权后的[CLS]向量。然后将该向量映射到实数值。

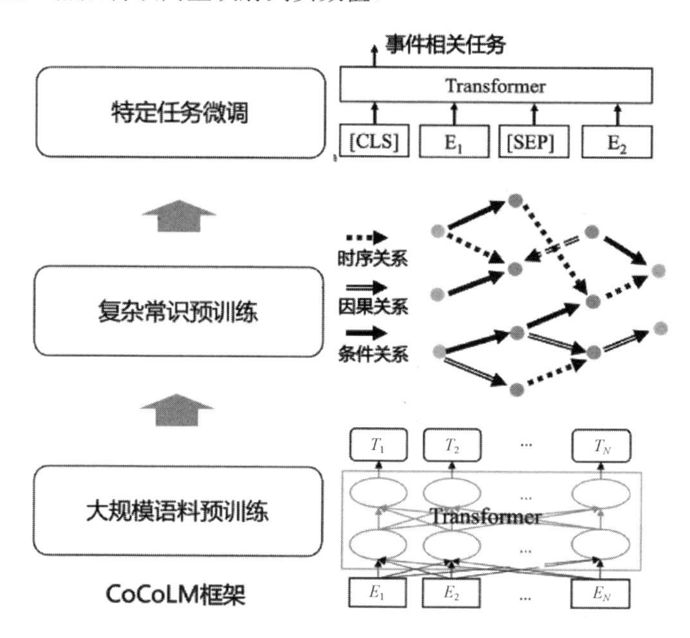

图 10-2　利用事理图谱在预训练语言模型上进行微调

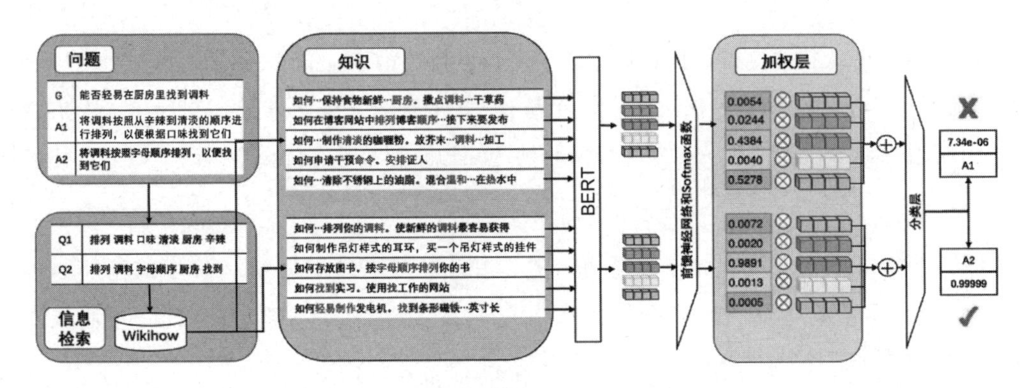

图 10-3　常识知识辅助问答系统框架图

利用 ATOMIC 外部数据集的一大挑战是知识库中的节点是短句或动词短语，不能采用像 ConceptNet 一样的方法直接查找。Ma 等人[8]利用 COMET 模型[9]生成了所需的事件关系。下面是操作流程：将需要理解的短文本、问题和选项切分成句子，对于较长的句子做进一步的切分，利用逗号作为切分符号切成子句。由于只有动词短语满足 ATOMIC 中的事件定义，因此排除不包含任何动词的句子。接下来，利用预训练的 COMET 模型对所有剩下的候选句生成可能满足 ATOMIC 关系的事件。

理解一段叙事文本需要推理出所有隐藏细节，例如单凭一句话“他们去了俱乐部”，我们可以获得很多隐藏信息，他们精心打扮，他们打算去跳舞，他们还可能会饮酒。Bosselut 等人[10]提出基于动态生成的事理知识进行常识问答。前人融合事理知识的方法采用从给定的静态事理知识中检索与问答相关的知识，但有些与上下文相关的常识知识并没有出现在静态事理知识中，所以需要利用上下文生成相关的事理知识。针对一个原始的上下文，COMET 可以根据这些上下文生成隐式的常识。这些隐式的常识可以被看作给候选答案打分时的额外上下文或者生成了额外的推理路径。利用生成的常识知识，将原始上下文和答案相连，动态地构建了一个常识知识图。原始的上下文是根节点，选项是叶子节点，生成的隐式常识提供了中间的节点，将推理路径实例化。

10.3　基于事理知识的对话

10.3.1　任务概述

对话系统是更自然友好的知识服务模式，可以通过多轮人机交互满足用户的需求，完成具体任务。一般的对话系统是通过语音进行交互的，所以也常被称为口语对话系统（Spoken

Dialogue System）、人机对话系统（Human-Machine Conversation System）。日常生活中处处都有对话，在生活和工作中，我们每天都在通过对话来获取信息。相较于其他任务，对话系统有以下 3 个特征。

（1）多角色切换：对话中通常有两个甚至多个角色，各角色常常轮流说话。

（2）连贯性：对话的内容是连贯的、有逻辑的。

（3）多模态：真正的日常对话常常涉及语音、文字、图片等多模态数据，这些多模态数据都能够用来在对话中传递信息。

对话系统的典型框架一般包含如下 5 个模块，如图 10-4 所示。

（1）语音识别：该模块主要负责接收用户的输入信息，将输入的语音数据转换为计算机方便处理的文字形式。

（2）对话理解：该模块主要负责对用户的输入信息进行分析和处理，获得对话的意图。

（3）对话管理：该模块根据对话的意图做出合适的响应，控制整个对话过程，使用户与对话系统顺利交互，解决用户的问题。

（4）对话生成：该模块主要负责将对话管理模块生成的决策信息转换为文本结构的自然语言。

（5）语音合成：该模块主要负责将文本结构的自然语言转换为语音数据返回给用户。

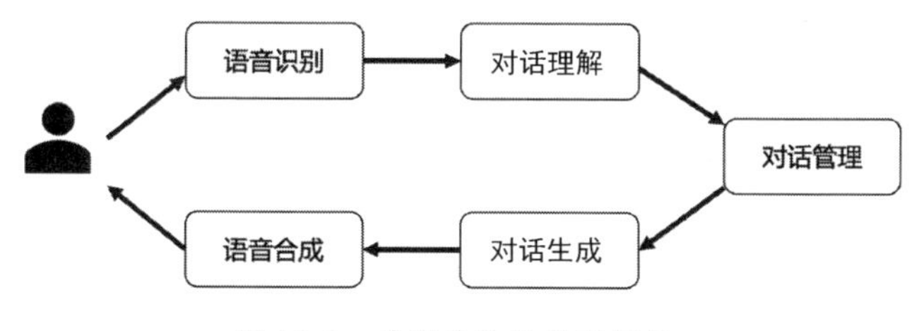

图 10-4　对话系统的典型框架

在这 5 个模块中，我们主要关注对话理解模块、对话管理模块和对话生成模块。根据系统目标的差别，可以把对话系统分为两类。

（1）限定领域的任务导向型对话系统：用户在使用系统时有确定的目标，例如订机票等。典型的任务导向型对话系统首先是系统引导对话，然后用户输入意图，通过用户输入和系统引导的方式交互式地完善用户意图信息，最终完成具体任务。

（2）通用对话系统：用户没有具体目标，可能在多个任务之间切换。

对话理解模块的目标是将文本数据表示的信息转换为可被机器处理的语义表示。一般来讲，机器可处理的语义表示都与具体任务相关，需要与特定任务维护的内容数据进行交互。例如，订购火车票的对话系统的任务是帮助用户购买合适的火车票，需要确定火车票的车次、始发站、终点站、出发时间等信息（一般把信息类型称为“槽”）。对话理解模块并不是一个简单的任务，因为同样的语义有很多种不同的表达方式，对机器而言，理解每句话的语义并不容易。自然语言表示往往存在不确定性，相同的语言表达在不同语境下的语义可能完全不同。自然语言中往往还存在不规范、不流畅、重复等情况，都给自然语言理解任务带来了很大的困难。当前的对话系统还难以解决上述所有问题。一些对话系统利用模板的方式进行自然语言理解，抽取出其中的槽和对应的值。这种利用模板的方式的好处是灵活且易实现，可以根据任务定义各种各样的模板；缺点是在复杂场景下需要很多模板，很难穷举得到所有的模板。因此，基于模板的自然语言理解只适合相对简单的场景。目前，很多方法都采用由数据驱动的统计模型来识别对话中的意图和抽取对话中的意图项（槽值抽取和填充）。对话意图识别可以被描述为一个分类任务，通过从输入查询中提取的文本特征进行意图分类。槽值抽取可以被描述为一个序列标注任务，通过对每个输入词的标注和分类找出各个槽对应的值。

对话管理模块是对话系统中最重要的组成部分，用于控制对话的框架和结构，维护对话的状态，通过与任务管理器的交互生成相应的动作。目前常用的对话管理技术包括以下 3 种。

（1）基于有限状态自动机的方法是一种最简单的对话管理方法。把任务完成过程中系统向用户询问的各个问题表示为状态，整个对话可以被表示为状态之间的转移。状态转移图可以用有限状态自动机来描述，节点表示系统询问用户各个槽值的提示语句，节点间的边表示用户状态的改变，节点间的转移控制着对话的进行。整个状态转移图是事先预定好的，需要按照状态转移的顺序进行，无法处理含有更多信息的对话。该方法的缺点是可能存在重复询问的情况。

（2）基于框架的方法，任务型对话系统实质上是对限定域各个槽进行值填充。例如，订火车票系统需要获取始发站、终点站、发车时间、车票类型等信息。该方法也被称为基于槽填充的方法。对话管理模块根据各个槽的填充情况控制对话的过程。由于可以一次获取多个槽对应的值，因此不需要重新询问用户已提供过的信息。另外，槽值也不需要按固定的顺序填写。因此，与基于有限状态自动机的对话管理模块相比，基于框架的方法更灵活，可根据当前用户的意图和对话的上下文来决定下一步对话操作。

（3）基于概率模型的方法。以上两种方法都需要人工定义规则，难以保证列出所有的规则。因此，提出基于概率统计的对话管理方法，使用由数据驱动的方法自动学习对话模型。对话过程是一个连续决策任务，一个好的决策应该是选择各种动作，这些动作集合的目标是最大化完成最终任务的回报和最小化损失。因此，可以利用马尔可夫决策过程进行建模。

对话生成模块决定了用户接收的描述内容。最简单直接的自然语言生成方法是预先设定模板。该方法高效、实现简单，但生成的句子质量不高，模板难以维护。近年来，研究人员提出端到端的自然语言生成模型，采用由数据驱动的统计模型来学习如何自动生成完整的自然语言回答。此类方法依托于训练数据中的文字概率分布，缺少知识推理和逻辑约束，相关研究通过引入事理图谱作为内在逻辑约束来生成更具事理逻辑性的自然语言文本，示例如图 10-5 所示。

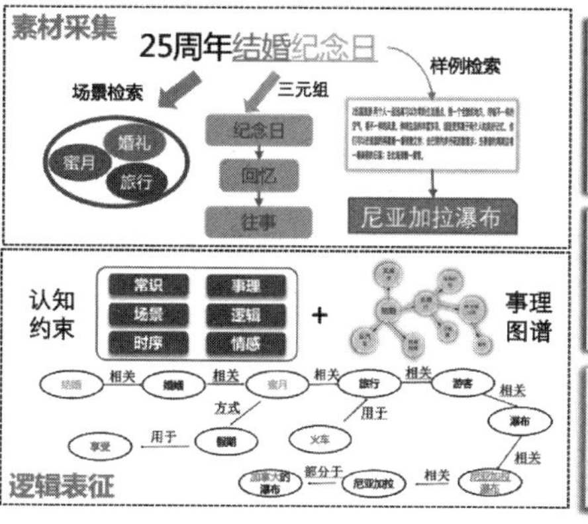

图 10-5　生成更具事理逻辑性的自然语言文本示例

10.3.2　基于事理知识的对话方法

人工智能一个关键的目标是让机器能够和人进行交谈。如何生成信息丰富、连贯、可持续进行的开放域对话并不容易。端到端的神经对话生成模型[11]产生的是通用回复，为了解决通用回复的问题，研究者提出了基于外部知识的对话回复生成[12]。基于外部知识的对话回复生成的关注点在于使对话的内容丰富，而没有考虑对话的连贯性。Xu 等人[13]提出了利用叙事事件链条中的知识来辅助对话回复的生成。如图 10-6 所示，给定一个由外部知识构造的事件链：“联谊舞会→认识一些有趣的朋友→穿了一身帅气的晚礼服→让人印象很深刻→遇到心动的她”；对话上下文如下：“说话人 1：‘联谊舞会就要到了，我想借这个机会认识一些有趣的朋友，你有什么建议吗？’说话人 2：‘你可以穿一身帅气的晚礼服，一定会成为全场的焦点。’”根据给定的事件链，说话人 1 的回复“确实是个好主意，也会让人印象很深刻”会显得更加连贯。叙事事件链条将围绕一个主人公的事件按顺序连接在一起，前人的工作[14]也证实了以事件链作为背景知识能够更好地解决叙事完形填空任务。

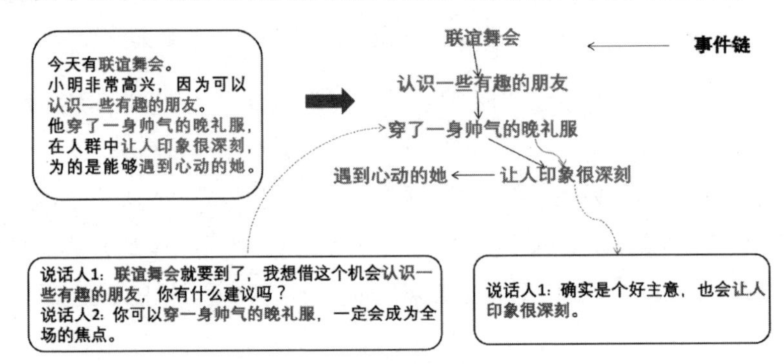

图 10-6　利用事理知识来辅助对话回复生成的示例

10.3.2.1　利用事理知识增强对话连贯性

Xu 等人[13]提出了一个基于事件图的强化学习框架，如图 10-7 所示。该框架主要包含 3 个部分：事件图构建模块，基于强化学习的多策略模块（用于显式地对回复内容进行规划），以及基于规划好的文本生成回复的模块。首先，进行事件图的构建，从叙事文本中抽取事件链条，将具有相同事件的链条进行拼接来获得一个有向图。在这个图中，节点代表事件，边代表事件之间的因果或顺承关系。接下来，利用这个图生成回复。具体地，利用依存句法分析对故事文本中的每一句话都进行分析，得到依存句法树。根据得到的依存句法树，抽取动词短语作为事件。按照这些动词短语在故事中出现的顺序组织这些动词短语，构成事件链条。如果两个事件之间相同的词不少于 80%，则合并这两个事件。通过这种方式，能够将事件链条合并为事件图。

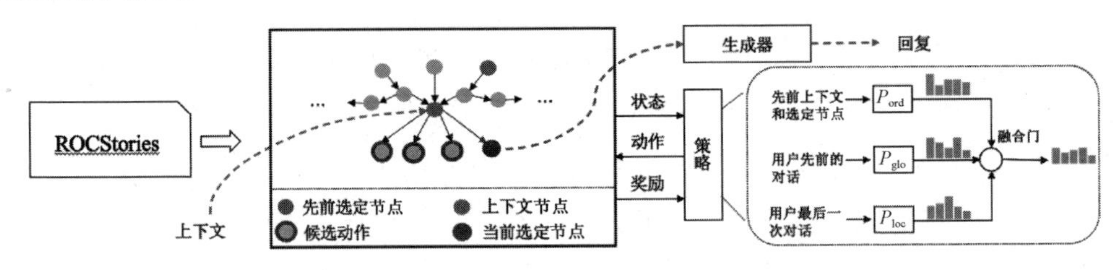

图 10-7　基于事件图的强化学习框架

给定一个对话上下文，首先需要将对话上下文与图中的节点进行链接。然后确定一个合适的节点，该节点与上下文对应的节点满足一跳的关系，这个合适的节点可作为回复的内容。

该方法包含 3 个子策略：第一，奖励信号来自故事模型，确保多回复的整体结构与事件顺序保持一致；第二，奖励信号来自主题模型，确保全局回复的相关性；第三，奖励信号来自一个语义匹配模型，提升局部回复的相关性。然后将这 3 个子策略通过“策略-融合”门做出最终的决策。具体来说，首先采用字符串匹配的方法进行初筛，得到 5 个相关的节点，利用句子中单词的向量求和平均值作为节点的向量表示，再由余弦距离挑选出最相关的节点。最后，基于强化学习的多策略模块来学习如何在事件图的上下文节点（即一跳邻居节点）中选择最合适的节点。该节点将被反馈到回复生成模块生成回复。通过这种方式，事件之间的序列信息能够被充分利用。

接下来介绍一下强化学习的主要构成要素在事理知识增强的对话回复中的一些设定。首先是强化学习的状态和动作，当前状态 s_t 由 3 部分组成，s_t^{v} 表示上下文节点和所有过去时间步选中的节点，s_t^{u} 表示所有过去时间步用户的对话信息，s_t^{l} 表示当前的用户对话信息。候选动作集合 $\{a_i\}_{i=1}^{N}$ 包括所有上下文节点的一跳邻居节点，N 表示候选动作的个数。

其次是强化学习的策略，为了确保对话内容的顺序，首先利用来自故事模型（Storytelling Model）的奖励信号来训练第一个子策略，可以充分利用叙事文本中事件之间的顺序信息进行内容规划，形式为

$$p_{\mathrm{ord}}\left(a_i s_t^{v}\right)=\frac{\exp\left(\boldsymbol{e}_{s_t^{\mathrm{v}}}^{\mathrm{T}}\boldsymbol{e}_{a_i}\right)}{\sum_{j=1}^{N}\exp\left(\boldsymbol{e}_{s_t^{\mathrm{v}}}^{\mathrm{T}}\boldsymbol{e}_{a_j}\right)}$$

其中，$\boldsymbol{e}_{s_t^{\mathrm{v}}}$ 和 $\boldsymbol{e}_{a_i}$ 分别是 s_t^{v} 和 a_i 的向量表示，将故事模型的预测概率作为第一个子策略的奖励值。

为了改进生成回复在主题层面的全局相关性，利用一个主题模型得到的奖励信号训练第二个子策略：

$$p_{\mathrm{glo}}\left(a_i s_t^{\mathrm{u}}\right)=\frac{\exp\left(\boldsymbol{e}_{s_t^{\mathrm{u}}}^{\mathrm{T}}\boldsymbol{e}_{a_i}\right)}{\sum_{j=1}^{N}\exp\left(\boldsymbol{e}_{s_t^{\mathrm{u}}}^{\mathrm{T}}\boldsymbol{e}_{a_j}\right)}$$

其中，$\boldsymbol{e}_{s_t^{\mathrm{u}}}$ 是 s_t^{u} 的向量表示。首先利用主题模型获取过去时间步的用户回复信息的主题和候选动作的主题，然后计算用户回复信息和候选动作的主题向量之间的向量距离。

为了改进当前的模型回复和用户回复之间的局部相关性，利用语义匹配模型训练第三个

子策略：

$$p_{\text{loc}}\left(a_i s_t^{\text{l}}\right)=\frac{\exp\left(\boldsymbol{e}_{s_t^{\text{l}}}^{\text{T}}\boldsymbol{e}_{a_i}\right)}{\sum_{j=1}^{N}\exp\left(\boldsymbol{e}_{s_t^{\text{l}}}^{\text{T}}\boldsymbol{e}_{a_j}\right)}$$

其中，$\boldsymbol{e}_{s_t^{\text{l}}}$ 是 s_t^{l} 的向量形式。利用基于 Bi-LSTM 的语义匹配模型计算局部相关性。最后，将这 3 个子策略进行融合，做出最终的决策：

$$p_{\text{fin}}\left(a_i s_t\right)=\alpha_1 p_{\text{ord}}\left(a_i s_t^{\text{v}}\right)+\alpha_2 p_{\text{glo}}\left(a_i s_t^{\text{u}}\right)+\alpha_3 p_{\text{loc}}\left(a_i s_t^{\text{l}}\right)$$

$$\alpha_i=\frac{\sum_{j=1}^{3}\boldsymbol{e}_i\boldsymbol{e}_j}{\sum_{k=1}^{3}\sum_{j=1}^{3}\boldsymbol{e}_k\boldsymbol{e}_j},i,j,k=1,2,3$$

其中，当 i 分别取 1、2、3 时，$\boldsymbol{e}_i$ 的取值分别对应 $\boldsymbol{e}_{s_t^{\text{v}}}$、$\boldsymbol{e}_{s_t^{\text{u}}}$、$\boldsymbol{e}_{s_t^{\text{l}}}$；当 j 分别取 1、2、3 时，$\boldsymbol{e}_j$ 的取值分别对应 $\boldsymbol{e}_{s_t^{\text{v}}}$、$\boldsymbol{e}_{s_t^{\text{u}}}$、$\boldsymbol{e}_{s_t^{\text{l}}}$；当 k 分别取 1、2、3 时，$\boldsymbol{e}_k$ 的取值分别对应 $\boldsymbol{e}_{s_t^{\text{v}}}$、$\boldsymbol{e}_{s_t^{\text{u}}}$、$\boldsymbol{e}_{s_t^{\text{l}}}$。

这里可以设计 3 个训练奖励策略，分别是重复惩罚、全局连贯性和对话可持续性。当生成的回复与上下文回复中的某句有超过 60%的单词一致时，重复惩罚奖励值为 1。计算挑选节点和上下文节点之间的平均余弦距离并将其作为全局连贯性奖励。来自同一个高度连接的子图的节点更有可能构成连贯的对话，也能获得更高的全局连贯性奖励。为了进行一个具有可持续性的对话，为有很多邻居节点的节点赋予很高的优先级是合理的。通过在整个事件图上计算 PageRank，可将被挑选的节点的分数作为可持续性奖励。

对于回复生成模块，该模块的输入是由策略模块的输出给定的。利用一个循环神经网络作为解码器，并且利用拷贝机制来完成回复生成任务。需要利用现有的微博数据集构建一个符合生成器的数据集。第一步，从标准回复（Gold Response）中采样一个短语作为相应的事件节点。第二步，用一个特殊符号替换采样的短语。第三步，在将给定用户回复信息和相应的事件节点作为输入，将标准回复作为输出的情况下，训练生成器。

对话系统可以采取 6 种人为评价标准和两种自动评价标准。由于模型的目标不是得到单轮概率最大的回复，而是判断对话的连贯性，因此不必采用 BLEU 值或者困惑度作为自动评价指标。6 种人为评价标准分别如下。

（1）内容顺序的连贯性评价。对于连贯性的评价，其目的是判断对话内容的顺序是否恰当。首先手动将一个对话按主题进行切分，然后对每个主题对话子块分别进行评价。如果一个对话子块的顺序恰当，则记为 1 分，否则，记为 0 分。最终，计算所有对话子块的平均值并将其作为内容顺序得分。

（2）全局相关的连贯性评价。全局相关用来统计对话中对话子块不连贯出现的次数。一个对话子块中常见的不连贯错误包括指代错误和内容不一致。在一个对话子块中有两个或两个以上不连贯错误记为 0 分，只有一个错误记为 1 分，没有错误记为 2 分。最终，计算所有对话子块的平均分并将其作为全局相关的连贯性得分。

（3）局部相关的连贯性评价。如果模型的回复不是很恰当，记为 0 分；否则，记为 1 分。

（4）信息丰富度。如果模型的回复是“安全回复”，如“我不知道”或者重复上下文中的内容片段，记为 0 分；否则，记为 1 分。

（5）整体质量评价。这个指标用来评估对话的整体质量。如果整段对话内容的顺序恰当，不连贯错误不超过一个，对用户的回复恰当，则记为 1 分；否则，记为 0 分。

（6）用户兴趣一致性评价。评价标准是判断模型是否能够回复用户谈到的新话题。如果模型能够对用户提出的新话题给出合理的回复，记为 1 分；否则，记为 0 分。

两种自动评价标准分别如下。

（1）区分度。Dist-*i* 计算生成的回复中不同的 *i*-gram 所占的比例。可以利用 Dist-1 和 Dist-2 来评估生成的回复的多样性。

（2）对话长度。当来自同一智能体的连续两次回复内容高度重复[15]时，可以认为当前对话已经结束，此时的对话轮次即对话长度。

10.3.2.2　利用常识知识丰富个性化对话

现有的个性化对话模型不能对给定的个性化描述进行简单的蕴含推断，而在这方面，人们可以进行无缝的衔接。例如，当前最好的模型不能通过“爱好徒步旅行”推断出“热爱大自然”或者“放松身心”。Majumder 等人[16]提出了利用常识知识库对用户个性化描述进行扩充的方法，使得对话模型掌握更加丰富的个性化描述。个性化对话生成属于闲聊的一种，期待对话模型基于给定的个性化描述生成回复。最近很多研究工作都在 PersonaChat 数据集[17]上进行个性化回复生成。该数据集对每一个对话都提供了对应的个性化描述。尽管这种回复对于人来说是很显然的，但当前最好的模型不能够回复与个性化描述联系紧密的回复。如

图 10-8 所示，针对一段个性化描述：“我是一个动物保护主义者。我花时间和我的猫咪一起看鸟。我头发的颜色是彩虹色的。”用户针对个性化描述“我是一个动物保护主义者”，询问机器人一个比较婉转的问题“是什么促使你从事与动物相关的工作？”，SOTA1 模型[18]得到的回复是“我喜欢看鸟”。该模型是通过将所有的个性化描述句子与对话历史进行拼接，对预训练生成模型进行微调的。结果发现，该模型不能根据对话历史推断出隐含的常识知识，并且回复结果依据不正确的个性化描述得到。SOTA2 模型[19]得到的回复是“我是一个动物保护主义者”，该模型的方法是通过给定对话历史，从个性化描述中挑选出一个正确的，直接用其作为最终的回复。以上两种方法都不能回答个性化描述之外的问题，这限制了对话生成模型的一致性。而 Majumder 等人[16]的方法能够理解个性化描述“一个动物保护主义者”，该个性化描述暗示这个人希望通过对动物的关爱活动为这个世界做出贡献，进而模型生成上下文一致的回复，如“我想保护动物为这个世界做出贡献”。

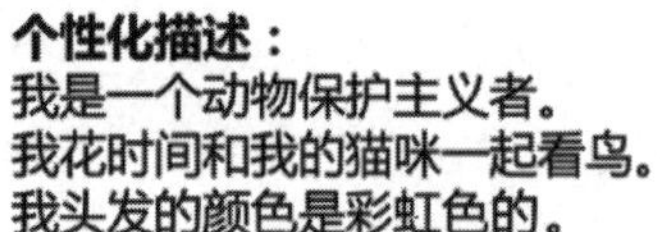

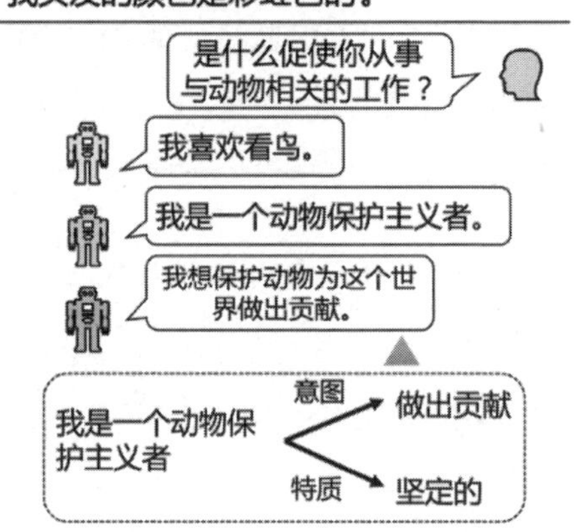

图 10-8 不同模型对用户查询的回复

为了使对话模型与个性化描述和对话历史更加一致，可以利用常识知识库扩展个性化描述，利用这些扩展赋予模型常识知识而不需要模型从头学习。有学者提出了一个常识和个性化描述对齐的人机模型，通过离散的隐式随机变量建模个性化描述的选择，如图 10-9 所示。个性化描述人物角色的句子往往隐含丰富的信息，例如，“我喜欢冲浪”很自然地暗示这个人物角色热爱冒险或者喜爱户外活动。同时，也能得出这个人物会比较频繁地想去沙滩，如果没有额外的常识知识库，从原始的个性化描述推断出这些内容是不容易的。Zhang[17]的工作发现，采用众包通过复述的方式人为地对个性化描述进行解释，对丰富个性化描述的信息有帮助，但是人工复述的方法代价高昂，而 Majumder 等人[16]探究了两个自动的方法，用来大规模地对个性化描述进行扩展，并分别在下游的对话建模任务上进行评估。他们利用 COMET 框架对每一条个性化描述都沿着 9 种关系进行扩展，例如，对于个性化描述“我喜欢海滩”，利用 COMET 框架会得到如下扩展：“意图：在海洋里游泳；意图：放松身心；后续影响：被晒伤；后续影响：拥有古铜色皮肤；心理特质：很开心的；需要：开车到海滩。”根据得到的这些扩展，对这些扩展进行预处理，添加合适的前缀，使之形式上和原始的个性化描述保持一致，例如，给关系为“意图”和“心理特质”的前缀添加“我想”和“我是”，形式如下：“意图：我想在海洋里游泳；意图：我想放松身心；后续影响：我会被晒伤；后续影响：我会拥有古铜色皮肤；心理特质：我是很开心的；需要：我需要开车到海滩。”对于每一条个性化描述，Majumder 等人[16]针对每种关系都进行了 5 次扩展得到 5 个扩展句，由于 ATOMIC 提供了 9 种关系，所以针对每条个性化描述会得到 45 个扩展句。

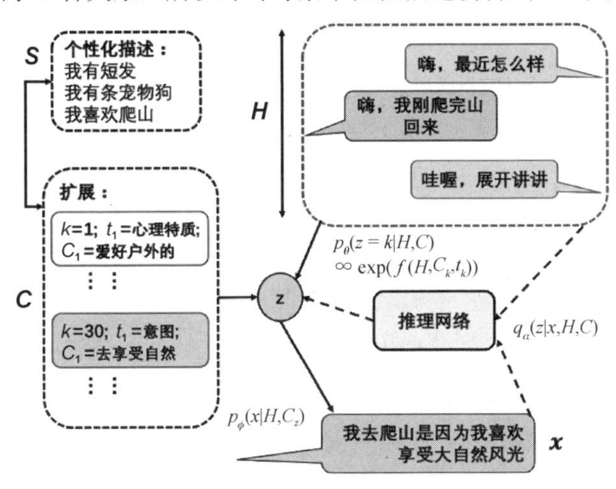

图 10-9　模型根据对话上下文和个性化描述生成对话回复

同时，为了探究除 COMET 外的可替换的用于生成常识扩展的资源，还可以考虑对原始的个性化描述进行复述，对一句话的复述传达出几乎和原句一样的意思。复述往往利用同义词短语隐式地包含上下文理解及世界知识。可以通过两种方法来进行复述。首先，为了大规模生成复述，可利用一个基于反译的离线复述系统，充分利用英语-法语和法语-英语预训练翻译模型作为反译模型的主要成分。其次，也可以尝试采用其他语种的翻译对，英语-法语翻译被证明对得到的结果是最令人满意的。针对每一个个性化描述，生成 5 个扩展句，利用复述的方法能够产生更多的单词和句法的变体。例如，对于给定的个性化描述“我喜欢海滩”，利用复述方法得到的扩展有“我喜欢海边”“我喜欢去海滩”“我喜欢海岸”。另一种复述方法是人为复述，这种方法的每个个性化描述都只需得到一个扩展。同样，针对“我喜欢海滩”得到的改进后的句子是“对我来说，没有什么比在海滩度过一天更重要了”。

该方法将事理知识融入上下文，不单单是将原始的个性化描述引入对话系统，还需要将扩展的个性化描述一并引入。但是这些扩展后的个性化描述数量数以百计，不能通过一个单一的 Transformer 模型进行编码。而且，将所有的个性化描述编码在一起，缺乏可解释性，不能够确定具体是哪一个个性化描述生成了特定的回复。因此，可以针对个性化描述选择细粒度的方法来生成目标回复。C 代表由原始的个性化描述 S 扩展得到的个性化描述集合，集合中包括原始的个性化描述。在集合 C 中，也会添加 $\varnothing$ 来代表一些对话回复，可以根据对话历史直接得到。该方法建模

$$p(x \mid H,C)=p(z \mid H,C)p(x \mid z,H,C)$$

其中，$z \in 1,2,\cdots$，$|C|$ 是一个隐式离散随机变量。首先给定对话历史 H，利用先验网络 $p_\theta(z|H)$ 得到特定的个性化描述句子 C_z。接下来，模型回复 x 由生成网络 $p_\phi(x \mid H,C_z)$ 基于对话历史 H 和个性化描述 C_z 得到。在生成模型中，隐变量 z 是一个离散的随机变量，代表一个个性化描述语句，这是因为数据集中的多数对话回复只与一条个性化描述语句相关，这里的隐变量只采用一条个性化描述语句。下面先介绍个性化候选先验模块，对话历史能够提供一定的线索，决定个性化描述中哪一句是合适的。利用 RoBERTa 模型对对话历史 H 和个性化描述 C_k 进行向量表示。利用 log-linear 模型对 $p_\theta(z \mid H,C)$ 进行参数化。第一个特征是 $f_1(H,C_k)$，利用双线性乘积得到的标量值来对齐对话历史和个性化描述。第二个特征是 $f_2(t_k)$，t_k 代表个性化描述集合中的第 k 个特征，该特征表示整体对某个特定关系的得分。第三个特征是 $f_3(t_k,H)$，将对话历史和第 k 个个性化描述拼接，表示特定对话历史对某个特定关系的得分。最终，得到先验模型的表示 $p_\theta(z=k \mid H,C) \propto \exp(f(H,C_k,t_k))$，这里的 $f(H,C_k,t_k)$ 是对 3 个特征的求和 $\lambda_1 \times f_1(H,C_k)+\lambda_2 \times f_2(t_k)+\lambda_3 \times f_3(t_k,H)$，权重 λ_i 是可训练的参数。和前人工作一样，这个工作利用 GPT-2 根据给定的对话历史 H 和个性化描述语句 C_z 生成对话回复 x。更进一步，将生成的目标回复 x 与对话历史和个性化描述语句结合，再一起送到 GPT-2。模型的训练目标是利用给定的对话历史 H，训练先验网络和推理网络的参数，使得标准对话回复 x 的似然分数最大化。由于离散的随机变量 z 在训练数据中是不可观察的，所以需要在计算过程中消除变量 z。

$$\log p(x \mid H;\theta,\phi)=\log E_{z\sim p_\theta(z|H)}\left[p_\phi(x \mid z,H)\right]$$

为了简化，这里没有写个性化描述语句C。

由于拓展出来的个性化描述语句的个数为 150～250，在训练过程中，在z的整个候选空间中消除变量z的计算复杂度比较高，可以对$\log p(x \mid H;\theta,\phi)$的变分下界进行优化。

$$E_{z\sim q_\alpha(z|H)}\left[\log p_\phi\left(x \mid z,H\right)\right]-\mathrm{KL}\left(q_\alpha\left(z \mid x,H\right) \mid p_\theta\left(z \mid H\right)\right)$$

用推理网络$q_\alpha\left(z \mid x,H\right)$计算近似的后验。推断网络的结构框架和先验网络的框架类似，都是 log-linear 模型。除了先验网络提到的特征，推断网络额外引入了一个特征，该特征通过计算个性化描述和标准回复得到一个标量值。

10.4　基于事理知识的消费意图挖掘

10.4.1　任务概述

人们对于某种商品的消费意愿，其背后往往对应着相应的消费意图。例如，用户购买具有祛痘功能的洗面奶，背后隐藏的意图为“清痘、祛痘”。该意图可以是用户面临的一个问题、将要进行的一项活动或事件，或者自身所处的一个状态等。面对用户多样化的需求，挖掘用户购买行为背后的消费意图对提升当前推荐系统的智能化水平大有裨益。一方面，当前的搜索引擎要求用户通过输入与商品相关的关键字的方式来找到所需要的商品，这种基于关键字的搜索，适用于明确知道所需商品的用户。但很多时候，用户面临的往往是一些问题或场景（即意图），如“举办一场户外烧烤”需要哪些工具？购买什么商品能有效“预防家里的老人走失”？为了建立从户外烧烤到烧烤架、牛羊肉等商品的映射，需要推荐系统理解这种意图能驱动人对何种商品的购买意愿，这种常识知识往往是缺失的。另一方面，在商品推荐中，重复推荐、推荐中的信息茧房、缺少新意等问题也是经常为人诟病的。究其根本原因，是因为当前的推荐系统更多地是从用户历史行为出发的，通过建模商品之间的相似度来召回商品，而不是真正从建模用户需求，即用户购买行为背后的消费意图出发的。仅仅基于商品的类目、属性的体系来评价商品的相关性，难以真正地对用户实际需求进行精准刻画。因为推荐系统缺乏必要的事理常识知识来描述、理解各类用户的需求，所以基于此的搜索、推荐算法在认知用户需求时产生了语义的隔阂，限制了用户体验。同时，不显式地建模用户的消费意图，也导致目前的推荐系统的可解释性较差，只能够建模用户行为序列中商品层面的转移规律，却不清楚商品背后隐藏的用户意图的转移逻辑。例如，由于存在“生孩子→身体虚弱”这样的事件层面的转移，导致用户在产生对待产护理这类商品的消费意图后的一段时间，也会产生对补气养血这类商品的购买意愿。目前的推荐系统却只能给出经验性质的推荐理由，如“因为该商品与您先前浏览点击过的商品十分相似，所以推荐给您”，这显然还不够智能高效。

10.4.2 基于事理知识的消费意图挖掘方法

为了填补消费意图与购买行为之间的语义隔阂，通过构建一个完备的消费事理图谱，能够较为完备地表达消费意图对何种商品的购买意愿，并能够揭示用户消费意图的转移规律。同时，构建的消费事理图谱可以服务于下游的检索、推荐系统，使其更好地理解用户的真实需求，从而给出更富有逻辑和准确的推荐结果。

消费事理图谱描述了用户的购买行为背后可能的消费意图，以及消费意图之间的转移逻辑模式。结构上，其可以被看作一种异质图，包含事件性的消费意图节点（以下称之为消费事件）、商品品类节点和多种关系。如图 10-10 所示，图中包括 3 类节点：消费事件节点、商品品类节点及商品节点。从消费事件节点到商品品类节点，所代表的是拥有某具体意图的用户可能会对某类商品产生的购买需求，这是消费事理图谱最核心的关系。在实际的电商系统中，具体商品可以链接到消费事理图谱中的商品品类节点上。

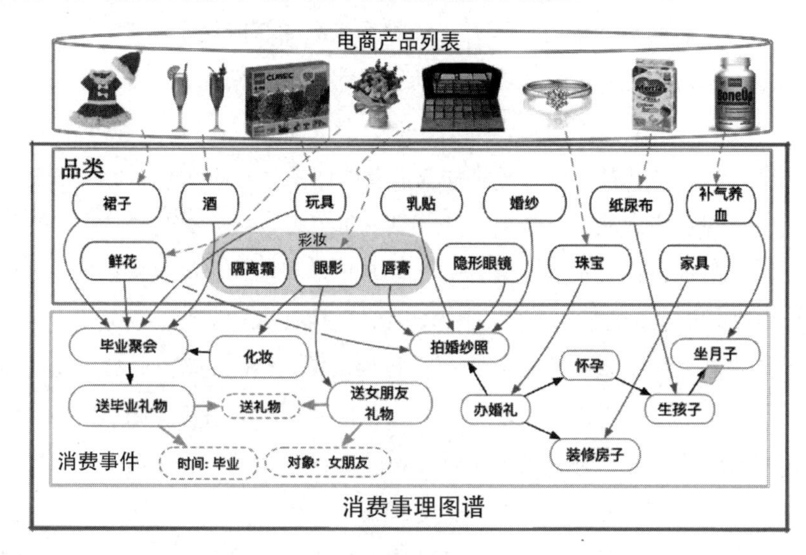

图 10-10　消费事理图谱示例

消费事理图谱中的消费事件节点，用抽象、泛化但语义完备的短语来表示，其可以是用户的消费场景、所面临的问题、具体的购买需求等。对于与消费事件本身相关的具体发生时间、地点等元素，只关心其抽象情况，而非具体事实。例如，对于发生时间，关心其是否产生于特定的时期，如毕业季、特定的季节或节日等，而非具体的日期精确时间等。语义完备指的是人类能够理解该短语传达出的意义，不至于过度抽象而使人产生困惑。例如“约会”“看电影”是合理的意图表达，而“去地方”“做事情”是不合理或不完整的意图表达。在消费事件层中，消费事件与消费事件之间存在两种关系。第一种是消费事件之间的语义相似关系。由于自然语言本身表达的多样性，消费事理图谱中的两个意图节点可以有不同的字面表达，但是却实际表达相同的意图，将具有相同语义的意图节点连接起来，以提示它们的相关关系。第二种是消费事件之间的顺承关系，例如在用户出现“求婚”意图后不久，可能会产生“筹办婚礼”的消费意图。这是由人们日常生活中事理发展的客观规律所决定的。同时，可以抽取出不同消费事件的属性。例如，“送毕业礼物”这样的消费事件的发生时间是“毕业季”，“送女朋友礼物”的对象属性是女朋友。它们都可以被泛化为更抽象的一种意图类型为“送礼物”。

商品品类节点所对应的是细粒度的商品品类，而非具体的商品。根据用户的意图，可以给出对相应的商品类型的推荐。例如，用户需要“烤肉”，那么相应的商品类型推荐可以是“烧烤架”“牛羊肉”等类型的商品，但是，对于用户具体的偏好，例如商品的价位、品牌、样式等商品信息，则需要进行更精准的用户偏好建模。

为了挖掘用户购买行为背后的消费意图，刻画用户的真实需求，可以从大规模商品评论语料中挖掘用户意图及意图与商品的对应关系。在用户商品评论中，用户往往会显式地表达出自己购买该商品的缘由和动机，例如对于商品“迷你洗衣机”，其对应的一条评论为“很方便！以后给二宝洗衣服全靠它了！”，“给二宝洗衣服”即用户购买行为背后的消费动机，即“事理性的消费意图”。由于电商用户只有在购买了相应商品之后才会给出评论，因此，可以天然地建立评论中出现的消费意图与商品之间的关联关系。

给定一个事件，消费意图识别判定该事件的参与者当前想要买什么，这样的消费意图可以满足人们的即时需求。但是人们的消费意图也会随着时间变化，例如，在“结婚”后可能会“怀孕”，之后会“生孩子”，“结婚”对应了“求婚钻戒”等消费意图，“怀孕”对应了“孕妇服装”等消费意图，“生孩子”对应了“婴儿奶粉”等消费意图。对于事件“结婚”而言，“求婚钻戒”是短期消费意图，“孕妇服装”和“婴儿奶粉”是长期消费意图。对短期消费意图和长期消费意图的研究有利于推荐系统和商业广告，一个好的广告系统应该不仅关注用户当前的、短期的需求，还关注用户未来的、长期的需求。用户的短期消费意图可以被归结为消费意图识别任务，用户的长期消费意图可以被归结为消费意图预测任务。对事件长期消费意图和短期消费意图的区分标注是较为困难的，因为这类数据相对稀疏，且不同的标注者对“长期”概念的理解可能不同。因此，在制定数据标注规范的时候，可以要求标注每个事件的全部消费意图，无须区分短期或长期。定义一个事件的长期消费意图为该事件的 n 跳内后继节点的消费意图的并集与该事件消费意图的交集。n 值选取得越大，越偏向更长的“长期”；当 n 值取 0 时，长期消费意图退化为短期消费意图。

石乾坤[20]提出了同异质关系注意力模型，用于消费意图的识别和预测，其输入为消费事理图谱及（事件，消费意图）对，输出为 0 或 1，分别代表该事件具有或不具有该消费意图。同异质关系注意力模型的主要结构如图 10-11 所示。该模型主要由事件编码器和消费意图编码器组成，分别对事件和消费意图进行建模，事件编码器和消费意图编码器均由同质关系聚合器和异质关系聚合器组成。所有的编码器使用共享的事件嵌入层和消费意图嵌入层，事件嵌入层的初始向量为由不同事件的词嵌入表示的均值，消费意图嵌入层的初始向量会进行随机初始化。

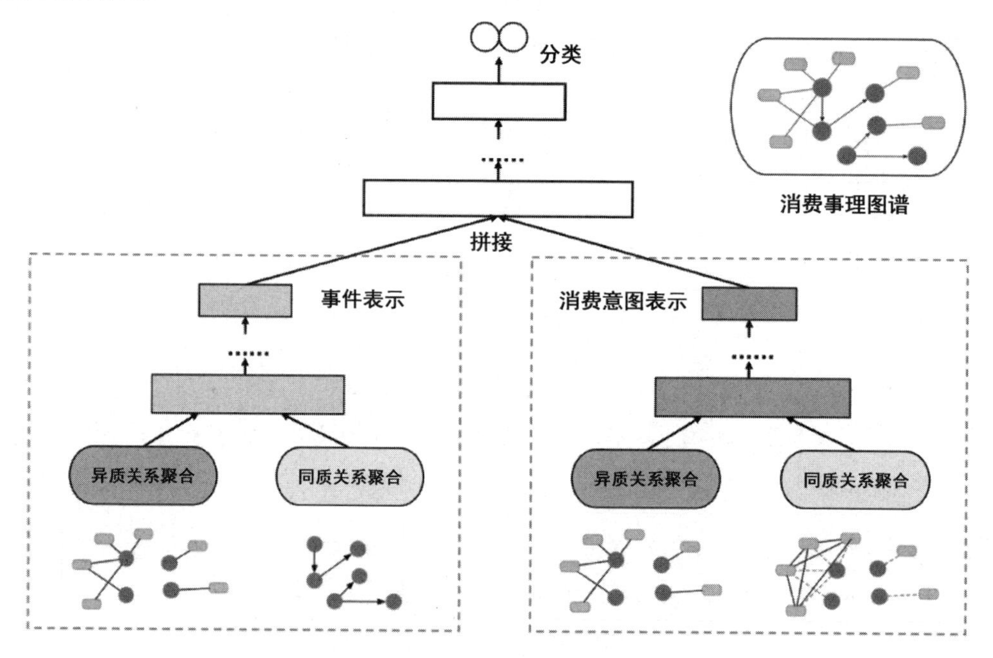

图 10-11　同异质关系注意力模型的主要结构

事件编码器中的同质关系聚合器通过事件-事件之间的关系得到该事件的表示，异质关系聚合器通过事件-消费之间的关系得到该事件的表示。给定事件 event，基于事理图谱可以得到该事件 event 的事件邻居节点集合 Neighbor_event_to_event(event)；基于消费图谱可以得到该事件 event 的消费意图邻居节点集合 Neighbor_event_to_consumption (event)。同质关系聚合器的输入为该事件 event 和该事件的事件邻居节点集合 Neighbor_event_to_event(event)；异质关系聚合器的输入为该事件 event 的消费意图邻居节点集合 Neighbor_event_to_consumption (event)，二者均通过注意力机制，分别利用同质关系信息和异质关系信息，得到该事件的隐含表示 $\text{consumption}_{\text{homo}}$ 和 $\text{consumption}_{\text{hetero}}$。

消费意图编码器输出消费意图表示为：

$$\text{consumption}_{\text{repr}} = \left[\text{consumption}_{\text{homo}} \oplus \text{consumption}_{\text{hetero}}\right]$$

基于上述事件表示和消费意图表示模型，做出预测：

$$g_1 = \left[\text{event}_{\text{repr}} \oplus \text{consumption}_{\text{repr}}\right]$$
$$g_2 = \sigma\left(W_2 g_1 + b_2\right)$$
$$g_{l-1} = \sigma\left(W_l g_{l-1} + b_l\right)$$
$$\text{pred} = \boldsymbol{w}^{\text{T}} g_{l-1}$$

pred 即模型最终的输出结果。从图的结构来看，消费事理图谱中含有消费、事件两类节点，其本质是一种包含两类节点的异质图。该方法也可以轻易扩展到含有更多类节点的、更复杂的异质图结构。

10.5 基于事理知识的股票市场预测

10.5.1 任务概述

股票市场预测是一个长期的并有挑战性的任务。金融文本（新闻及金融报告）作为影响个股公司股价波动的重要因素之一，模型需要有理解金融文本及在金融文本上进行推理的能力。如图 10-12 所示，“高通起诉苹果”和“腾讯起诉‘老干妈’”是两个类似的诉讼事件，并且这两个诉讼事件对原告及被告公司都造成了股价的波动。然而，两个事件造成的股价波动是完全不同的。在“高通起诉苹果”事件中，原告和被告公司的股价反应分别是涨和跌；而在“腾讯起诉‘老干妈’”事件中，原告和被告公司的股价反应却分别是跌和涨。造成这种现象的主要原因是这两个事件有不同的上下文背景，第一个事件的上下文背景是“苹果侵犯了高通的专利权，高通请求暂停 7 个款式 iPhone 的销售”，所以这个事件是对高通有利、对苹果有害的，造成了高通股价上升、苹果股价下跌的情况。第二个事件的上下文背景是“有人冒充‘老干妈’员工诈骗腾讯”，所以这个事件自始至终都与“老干妈”没有关系，诉讼也是腾讯被骗而秀出的一出乌龙事件，所以腾讯的股价下跌，而“老干妈”则无形中获利，股价上涨。一些利用语法特征或者只利用事件信息的方法，很难对这两个事件进行区分，所以很难对这两个事件都做出正确的预测。

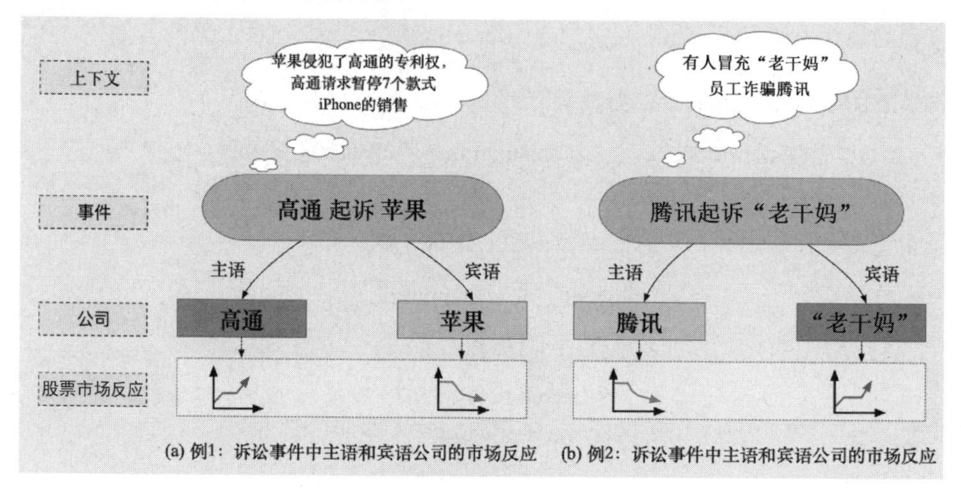

图 10-12　相同类型事件的不同个股反应

10.5.2　基于事理知识的股票市场预测方法

如果不对整个文章的信息做细粒度的筛选就拿来进行股票市场预测，也会引入很多噪声，如表 10-1 所示。如果把整个句子内部的信息当作同等重要的话，“股价连续三天上涨”则是噪声信息，“‘新疆棉花’事件”才是真正能决定 H&M 未来股价下跌的证据和信息。所以，进行更准确的股票市场预测，不仅需要不同粒度的信息，还需要对信息进行细粒度的筛选。

表 10-1　H&M相关新闻及股市反应

句子	在股价连续三天上涨之后，H&M由于“新疆棉花”事件，被推到舆论的风口浪尖
股票市场反应	H&M：下跌

为此，熊凯等人[21]通过金融文本中的单词、事件和上下文信息之间的关系模式来预测股票市场走势。作者构建了一个异构图来对词节点、事件节点和句子节点之间的连接进行建模。从而，金融文本中的细粒度、中粒度和粗粒度信息可以被详尽地包含在异构图中。受前人关系表示学习方法的启发，作者提出了一种基于异构图的序列多粒度信息聚合框架（HGM-GIF），用于股票市场预测。该框架能够建模金融文本中不同粒度信息之间的关系模

式和相互作用。通过将词到事件、词到句子、事件到事件、句子到事件和事件到句子按序列整合，HGM-GIF 可以有效地对多粒度信息之间的复杂关系模式进行建模，从而细粒度信息可以细化粗粒度信息，粗粒度信息可以提供上下文信息来丰富细粒度信息。

如图 10-13 所示，HGM-GIF 框架由四部分组成：用于异构图构建的多粒度异构图构造器、用于将节点编码为嵌入的多粒度节点编码器、用于建模和聚合多粒度信息的序列异构信息聚合器，以及用于最终股价走势极性的判别器。

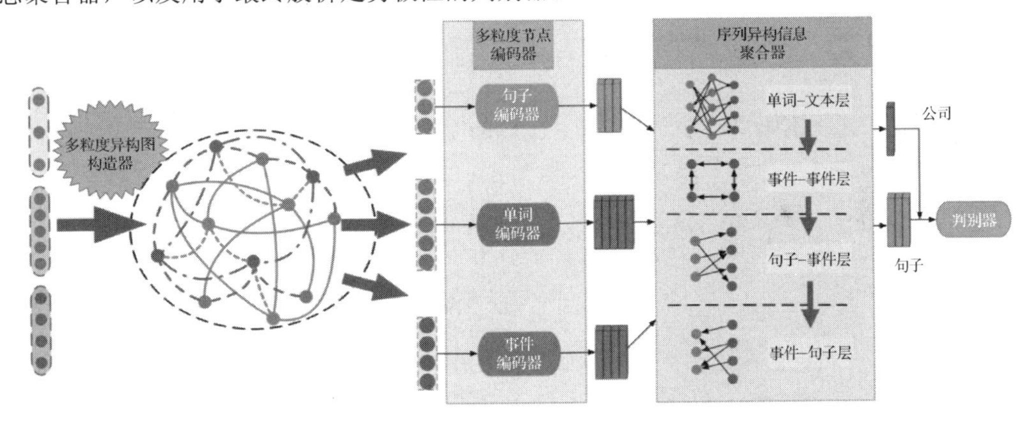

图 10-13　基于异构图的序列多粒度信息聚合框架

1. 多粒度异构图构造器

为了对金融文本中不同粒度信息之间的联系进行建模，给定公司 k 的文档集合 C_k，首先构建一个具有多粒度信息的异构图。为了获得词节点（细粒度信息），作者使用停用词列表过滤掉 W_k 中的停用词。为了获得事件三元组节点（中粒度信息），作者使用现有的 openIE 工具从 C_k 中提取了一系列事件三元组。为了获得句子节点（粗粒度信息），作者在 C_k 上进行句子切分。最后利用启发式规则建立单词、事件三元组和句子之间的联系。规则如下。

（1）一个词与其所属的句子相连。

（2）一个词与其所属的事件三元组相连。

（3）事件三元组与其所属的句子相连。

（4）如果两个事件三元组共享同一个命名实体，那么这两个事件三元组相连。

（5）如果两个事件三元组依次被提取，则两个事件三元组相连。

（6）如果两个事件三元组位于相邻的句子中，则它们相连。

2. 多粒度节点编码器

为了获得异构图 HG_k 上不同粒度节点的表示，采用多粒度节点编码器将 HG_k 内的节点编码为向量。

（1）单词编码器。作者使用 300 维 GloVe 词嵌入在异构图中对词节点进行编码：

$$\boldsymbol{H}_w = \mathrm{GloVe}\left(W_k\right)\boldsymbol{W}_{\mathrm{word}}$$

其中，$\boldsymbol{H}_w \in \mathbb{R}^{z\times d}$ 是词节点的嵌入，z 是词节点的数量，d 是节点特征的维度。W_k 是金融文本的词表。$\boldsymbol{W}_{\mathrm{word}} \in \mathbb{R}^{300\times d}$ 是可训练参数，300 是预训练词嵌入的维度。

（2）事件三元组编码器。对于从句子中提取的每个事件三元组，作者使用逐词注意来获取每个元素的表示。以主语的嵌入为例，谓语和宾语的嵌入方法相同：

$$\boldsymbol{A}_{\mathrm{subj}} = \mathrm{Softmax}\left(\boldsymbol{U}_{\mathrm{subj}}\boldsymbol{X}^i_{\mathrm{subj}}\right)$$

$$\boldsymbol{H}^i_{\mathrm{subj}} = \boldsymbol{A}_{\mathrm{subj}}\boldsymbol{X}^i_{\mathrm{subj}}$$

其中，$\boldsymbol{X}^i_{\mathrm{subj}} \in \mathbb{R}^{l\times d}$ 是词语在第 i 个事件三元组的主语中的嵌入，l 是主语中的单词个数，d 是特征的维度。$\boldsymbol{A}_{\mathrm{subj}} \in \mathbb{R}^{l}$ 是权重矩阵，$\boldsymbol{U}_{\mathrm{subj}} \in \mathbb{R}^{d\times l}$ 是一个可训练的参数。$\boldsymbol{H}^i_{\mathrm{subj}} \in \mathbb{R}^{d}$ 是主语的向量表示。作者使用相同的函数分别获得 $\boldsymbol{H}^i_v \in \mathbb{R}^d$ 和 $\boldsymbol{H}^i_{\mathrm{obj}} \in \mathbb{R}^d$ 的嵌入，分别用于 H 表示第 i 个事件三元组中的谓词和宾语。

使用注意力机制来获得事件三元组的表示：

$$\boldsymbol{X}^i_{\mathrm{et}} = \mathrm{Concat}\left[\boldsymbol{H}^i_{\mathrm{subj}};\boldsymbol{H}^i_v;\boldsymbol{H}^i_{\mathrm{obj}}\right]$$

$$\boldsymbol{A}^i_{\mathrm{et}} = \mathrm{Softmax}\left(\boldsymbol{X}^i_{\mathrm{et}}\boldsymbol{U}_{\mathrm{et}}\right)$$

$$\boldsymbol{H}^i_{\mathrm{et}} = \boldsymbol{A}^i_{\mathrm{et}}\boldsymbol{X}^i_{\mathrm{et}}$$

其中，$\boldsymbol{X}^i_{\mathrm{et}} \in \mathbb{R}^{3\times d}$ 表示主语、谓词和宾语的拼接，$\boldsymbol{A}^i_{\mathrm{et}} \in \mathbb{R}^3$ 表示注意力矩阵，$\boldsymbol{U}_{\mathrm{et}} \in \mathbb{R}^d$ 表示一个可训练的矩阵。$\boldsymbol{H}^i_{\mathrm{et}} \in \mathbb{R}^d$ 表示第 i 个事件三元组的表示。

（3）句子编码器。为了获得句子的表示，作者分别使用卷积神经网络（CNN）和双向长短期记忆网络（Bi-LSTM）来捕获 n-gram 和语义信息。然后将两个组件拼接起来，作为句子的表示：

$$\boldsymbol{X}^i_{\mathrm{cnn}} = \mathrm{CNN}\left(\boldsymbol{X}^i_s\right)$$

$$X_{\mathrm{lstm}}^{i}=\mathrm{LSTM}\left(X_{s}^{i}\right)$$

$$H_{s}^{i}=W_{\mathrm{con}}\mathrm{Concat}\left[X_{\mathrm{cnn}}^{i},X_{\mathrm{lstm}}^{i}\right]$$

其中，$X_{s}^{i}\in\mathbb{R}^{p\times d}$ 是第 i 个句子的初始表示，b 是一个句子的长度。$X_{\mathrm{cnn}}^{i}\in\mathbb{R}^{o}$ 是由 CNN 计算得到的特征，o 是特征的维度，$X_{\mathrm{lstm}}^{i}\in\mathbb{R}^{2f}$ 是由 Bi-LSTM 计算得到的特征，f 是 Bi-LSTM 的隐藏层大小。$H_{s}^{i}\in\mathbb{R}^{d}$ 是第 i 个句子的向量表示，d 是特征维度，$W_{\mathrm{con}}\in\mathbb{R}^{(2f+c)\times d}$ 是一个可训练的参数。

3. 序列异构信息聚合器

基于单词、事件三元组和句子的初始表示，作者对不同粒度信息之间的关系模式进行了建模，提出了一种异构图神经网络，使不同粒度的节点进行交互和集成。该框架由四个顺序组件组成，这些组件逐步集成不同粒度的信息：用于单词信息集成的单词-文本层、用于理解事件关系的事件-事件层、用于事件信息补充的句子-事件层和用于事件信息集成的事件-句子层。

在每一层中，使用多头注意力机制来整合图中的信息。每个注意力头被定义为：

$$w_{ij}^{k}=\mathrm{LeakyReLU}\left(W_{a}^{k}\left[W_{q}^{k}h_{i};W_{p}^{k}h_{j}\right]\right)$$

$$\alpha_{ij}^{k}=\frac{\exp\left(w_{ij}^{k}\right)}{\sum_{l\in N_i}\exp\left(w_{il}^{k}\right)}$$

$$u_{i}^{k}=\sigma\left(\sum_{j\in N_i}\alpha_{ij}^{k}W_{v}^{k}h_{j}\right)$$

其中，W_{a}^{k}、W_{q}^{k}、W_{p}^{k}、W_{v}^{k} 是可训练参数，k 表示第 k 个注意力头。h_i 是要更新的节点，α_{ij}^{k} 是 h_i 和 h_j 之间的权重。N_i 是节点 i 的邻居节点集，u_i 是节点 i 邻居的聚合信息。

为了汇集每个注意力头的聚合信息，作者将每个注意力头的输出都进行了拼接，作为多头注意力的输出。多头注意力可以被定义为：

$$u_{i}=\Big\Vert_{k=1}^{K}\sigma\left(\sum_{j\in N_i}\alpha_{ij}^{k}W^{k}h_{i}\right)$$

最后，为了避免梯度消失，增加了一个残差连接：

$$h_{i}^{'}=h_{i}+u_{i}$$

为简单起见，在下面的描述中，将上述过程表示为

$$h_i' = \text{InfoLayer}\left(h_i, N_{\text{type}(i)}^t\right)$$

其中，$t \in \{\text{w,et,s}\}$ 表示邻居节点类型（词、事件三元组或句子），$\text{type}(i) \in \{\text{w,et,s}\}$ 表示将节点的索引映射到节点类型的函数。

（1）单词-文本层。在这一层中，作者使用单词与文本（事件三元组和句子）进行语言信息的交互。事件三元组和句子的信息与词的信息通过信息聚合方法进行交互更新。

$$H_{\text{et}}' = \text{InfoLayer}\left(H_{\text{et}}, N_{\text{et}}^{\text{w}}\right)$$
$$H_{\text{s}}' = \text{InforLayer}\left(H_{\text{s}}, N_{\text{s}}^{\text{w}}\right)$$

其中，N_{et}^{w} 代表事件三元组节点周围的单词邻居节点，N_{s}^{w} 代表句子节点周围的单词邻居节点。

（2）事件-事件层。使用事件三元组相互交互来理解事件关系。事件三元组的信息将被其邻居事件三元组更新：

$$H_{\text{et}}'' = \text{InfoLayer}\left(H_{\text{et}}', N_{\text{et}}^{\text{et}}\right)$$

其中，$N_{\text{et}}^{\text{et}}$ 表示事件三元组节点周围的邻居事件三元组节点。

（3）句子-事件层。事件三元组的信息将通过该层中的句子进行更新，以补充事件上下文信息：

$$H_{\text{et}}''' = \text{InfoLayer}\left(H_{\text{et}}'', N_{\text{et}}^{\text{s}}\right)$$

其中，N_{et}^{s} 表示事件三元组节点周围的句子邻居节点。

（4）事件-句子层。事件三元组将用于更新句子的信息以进行关键信息选择：

$$H_{\text{s}}'' = \text{InfoLayer}\left(H_{\text{s}}', N_{\text{s}}^{\text{et}}\right)$$

其中，N_{s}^{et} 表示句子节点周围的事件三元组邻居节点。经过不同粒度节点之间的信息聚合，句子节点内的信息是充足的并且是细粒度的，因此可以基于句子节点进行股票市场预测，这些句子节点聚合了词和事件三元组的信息。

4. 股票市场预测判别器

为了挑选出重要信息并且预测特定公司的股票价格波动，作者利用公司的向量表示从句

子中挑选相关信息：

$$\alpha_i = \boldsymbol{H}_{\mathrm{c}} \boldsymbol{H}_{\mathrm{s}}''^{(i)}$$

$$\boldsymbol{A}_i = \frac{\alpha_i}{\sum_{j \in S_k} \alpha_j}$$

$$\boldsymbol{U} = \boldsymbol{A} \boldsymbol{H}_{\mathrm{s}}$$

其中，$\boldsymbol{H}_{\mathrm{c}} \in \mathbb{R}^d$ 是公司的向量表示，$\boldsymbol{H}_{\mathrm{s}}'' \in \mathbb{R}^{r \times d}$ 是句子的向量表示。$\boldsymbol{A} \in \mathbb{R}^r$ 是权重矩阵，$\boldsymbol{U} \in \mathbb{R}^d$ 是根据权重求和得到的句子表示。

基于 $\boldsymbol{U}$，作者使用线性函数来预测该公司未来的股票市场波动：

$$\boldsymbol{X}_{\mathrm{pred}} = \mathrm{Concate}\left[\boldsymbol{H}_c, \boldsymbol{U}\right]$$

$$\mathrm{Probabilities} = \mathrm{Softmax}\left(\boldsymbol{W}_{\mathrm{pred}} \boldsymbol{X}_{\mathrm{pred}}\right)$$

$$\mathrm{Prediction} = \mathrm{ArgMax}\left(\mathrm{Probabilities}\right)$$

其中，$\boldsymbol{X}_{\mathrm{pred}} \in \mathbb{R}^{2 \times d}$ 是公司的向量表示和句子的向量表示的拼接，$\boldsymbol{W}_{\mathrm{pred}} \in \mathbb{R}^d$ 是一个可训练的参数。Probabilities $\in \mathbb{R}^2$ 表示二分类股票市场上涨和下跌的最终分布。Prediction 是对股市波动的最终预测，0 和 1 分别表示上涨和下跌。

10.6　大语言模型背景下的事理图谱应用

2022 年 11 月底，OpenAI 公司开发的大语言模型 ChatGPT 横空出世，它展现出了前所未有的自然语言处理能力，引起了全球范围内的巨大轰动。ChatGPT 的诞生标志着自然语言处理和人工智能领域迈出了重要的一步。该模型不仅能够理解和生成流畅的自然语言文本，还能在对话中表现出很强的语义理解能力和保持上下文连贯性的能力。ChatGPT 的出现使得语言模型不再局限于简单的问题回答，而是能够进行复杂的推理和逻辑推断，同时还能展现出一定的情感和个性特征。

尽管大语言模型在很多任务上取得了显著的性能，但大语言模型仍然存在一些问题，一方面，ChatGPT 存在潜在事实性错误，如图 10-14 所示。通过和百度百科上关于对哈尔滨工业大学刘挺的知识比对，大语言模型在进行回复时，添加了一些错误的事实，回答不准确而且很难察觉。另外，ChatGPT 也无法对实时事件进行响应。如图 10-15 所示，左侧截图是一篇新闻报道，其内容是“2023 年 3 月 9 日加拿大央行成为全球首个停下加息‘狂飙’的主要央行”，此时对 ChatGPT 进行提问“加拿大央行最近加息情况如何？为什么？”ChatGPT 的回复是“加拿大央行在 2022 年 10 月 26 日将其隔夜利率提高了 25 个基点”，能够发现 ChatGPT 无法响应实时事件。总的来说，大语言模型对于知识的记忆和运用能力与该知识在训练语料中的出现频率有着密切的联系[22]。当要处理的任务涉及在训练语料中呈长尾分布，或者最新发生的事件相关的知识时，模型就难以给出令人满意的结果，出现严重的幻觉现象。

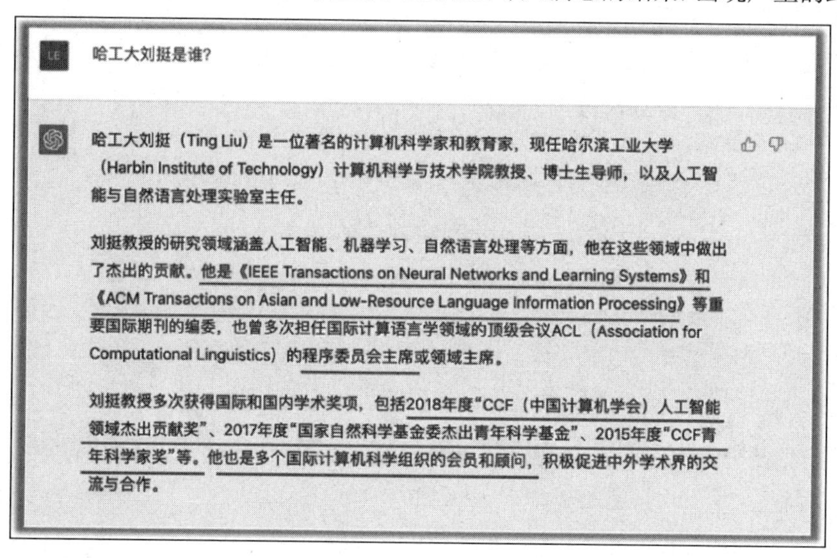

图 10-14　ChatGPT 存在潜在事实性错误

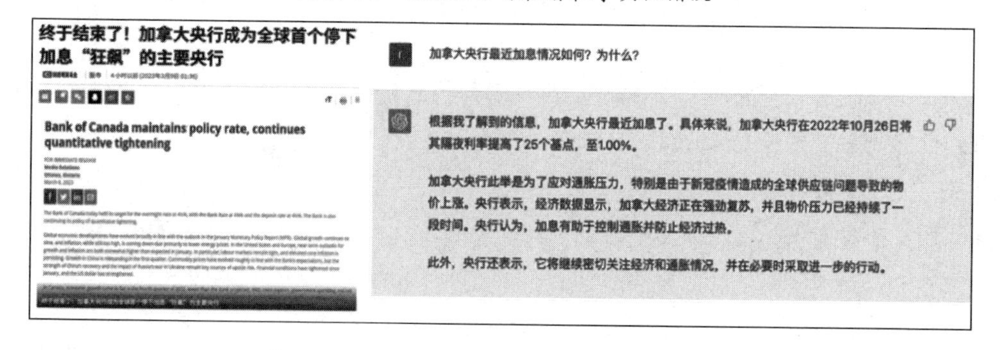

图 10-15　ChatGPT 无法对实时事件进行响应

另一方面，ChatGPT 的问世引发了学术界和工业界研究和训练大语言模型的狂潮，在 2023 年，出现了“百模大战”的盛况，各大公司纷纷推出了自己的开源或闭源的大语言模型，而 OpenAI 所推出的 ChatGPT 和 GPT-4 仍然在各种 AGI 榜单上独领风骚。但遗憾的是，OpenAI 发布的模型均为闭源模型，如何达到甚至超越 GPT-4 的效果，得到具有卓越推理能力的基座大语言模型，仍然是开源界不断努力的目标。

在本节中，我们指出，事理图谱对于增强大语言模型在理解和应用长尾事理知识进行推理、增强当前开源大语言模型的事理推理能力方面有巨大潜力。

10.6.1 事理图谱如何增强大语言模型应用长尾事理知识进行推理

对长尾事理知识的掌握不足，往往会使得模型在进行推理时，难以进行全面深入的思考，导致推理的结果不准确。如图 10-16 所示，当 ChatGPT 被问及“限号出行是否改善环境”时，其认为限号能够改善空气质量、促进可持续交通。然而，需要注意的是，这一因果关系并不总成立。有研究[23]指出，在墨西哥地区实行限号出行政策时，由于（1）当地二手车价格较为便宜，（2）公共交通并不十分发达，这两个因素叠加，因此居民倾向于购买二手车作为主力车辆的代步工具，而二手车本身能耗较高，这使得限号出行政策并没有起到改善空气质量和促进可持续交通的效果。

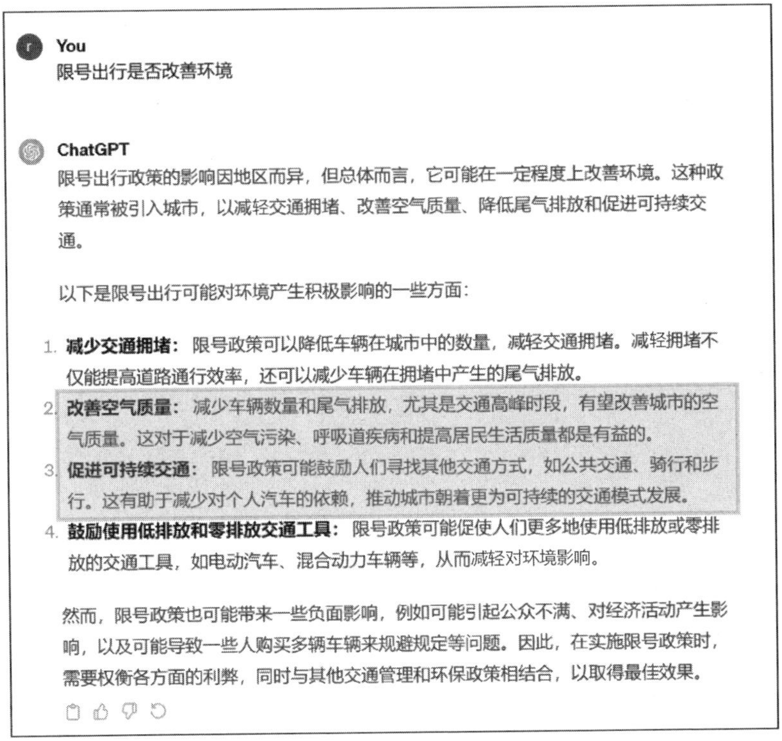

You
限号出行是否改善环境

ChatGPT
限号出行政策的影响因地区而异，但总体而言，它可能在一定程度上改善环境。这种政策通常被引入城市，以减轻交通拥堵、改善空气质量、降低尾气排放和促进可持续交通。

以下是限号出行可能对环境产生积极影响的一些方面：

1. **减少交通拥堵：** 限号政策可以降低车辆在城市中的数量，减轻交通拥堵。减轻拥堵不仅能提高道路通行效率，还可以减少车辆在拥堵中产生的尾气排放。
2. **改善空气质量：** 减少车辆数量和尾气排放，尤其是交通高峰时段，有望改善城市的空气质量。这对于减少空气污染、呼吸道疾病和提高居民生活质量都是有益的。
3. **促进可持续交通：** 限号政策可能鼓励人们寻找其他交通方式，如公共交通、骑行和步行。这有助于减少对个人汽车的依赖，推动城市朝着更为可持续的交通模式发展。
4. **鼓励使用低排放和零排放交通工具：** 限号政策可能促使人们更多地使用低排放或零排放的交通工具，如电动汽车、混合动力车辆等，从而减轻对环境影响。

然而，限号政策也可能带来一些负面影响，例如可能引起公众不满、对经济活动产生影响，以及可能导致一些人购买多辆车辆来规避规定等问题。因此，在实施限号政策时，需要权衡各方面的利弊，同时与其他交通管理和环保政策相结合，以取得最佳效果。

图 10-16 大语言模型在回答“限号出行是否改善环境”这一问题时考虑不周

与大语言模型基于神经参数存储相关事理知识不同，事理图谱中的事理知识是基于信息抽取技术，从大规模高质量语料中抽取而来的，相关的知识以符号化的形式保存。这样的构建模式保证了获取的事理知识的准确性、全面性和系统性。将其与大语言模型自身的语言理解能力相结合，可以进一步提升模型的认知推理能力。

具体地，受脑科学的启发，我们可以基于双系统理论设计认知推理框架。其中，系统一是基于事理图谱的联想模块，将事理图谱中获得的大量相关事理知识，构成一个事理知识增强的提示（prompt）；系统二是大语言模型推理模块，将系统一得到的提示作为输入的一部分传给大语言模型，大语言模型对于提示信息进行综合与精炼（如图 10-17）。当大语言模型被问到“粮食减产的原因有哪些？”时，该方法不是直接将问题输入大语言模型做推理，而是先检索一系列相关的事理知识，从事理图谱中获取对该事件相关的全面深刻的事理知识，构建事理知识增强的提示。例如提示一：“极端天气事件影响作物生长周期和产量”。然后将一系列事理知识增强的提示输入大语言模型，利用大语言模型对这些信息进行综合与精炼，得到最终模型的回复。

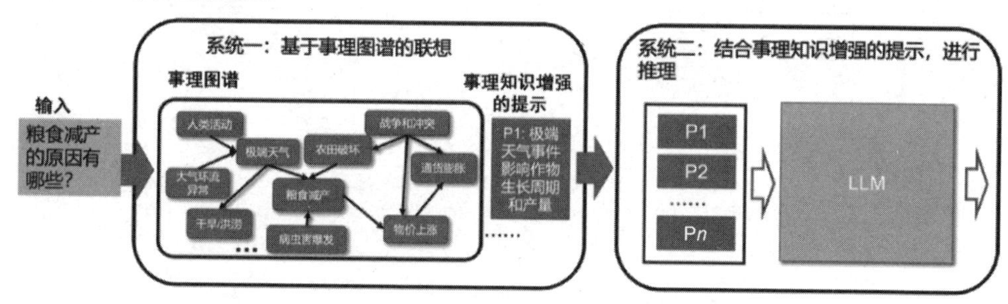

图 10-17　事理知识增强的提示方法用于认知推理

10.6.2　事理图谱如何增强开源大语言模型事理推理能力

在大语言模型背景下，事理图谱如何与大语言模型结合，可以考虑以下两种方式：一种是自监督后训练的方法，另一种是事理知识思维链微调的方法。

第一种方法，采用自监督后训练的形式，对于文本中的关键事理知识，在后训练的过程中，增加这些知识的权重（如图 10-18）。输入是“股市下跌的连锁反应”，要求模型生成接下来的完整文本，即监督信号。与“投资者情绪恶化”相比，监督信号中的编号和标点符号显然不那么重要。因此，“投资者情绪恶化”这 7 个字的权重应相应提高。通过这种增加关键事理知识权重的方式，模型能更加关注于这些关键事理知识，从而隐式地建立对于重要概念和事件脉络之间的关联，进而使得事理知识中能够嵌入大语言模型的参数，形成所谓的神经化事理图谱。

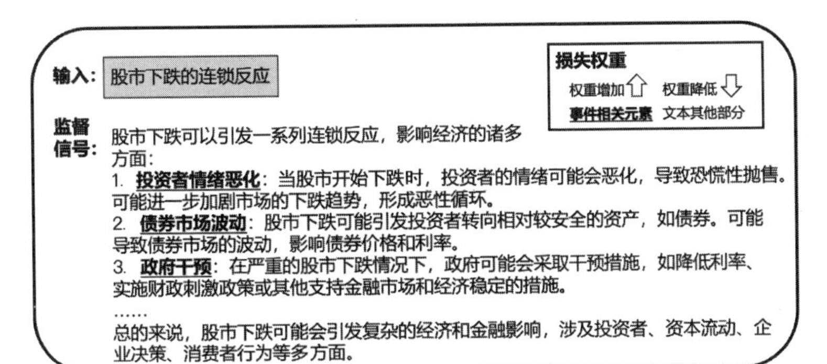

图 10-18　自监督后训练方法用于认知推理

第二种方法，事理知识思维链微调的方法。利用事理图谱中多个相连的事件节点构建思维链，对大语言模型进行微调。首先将事理图谱中多个相连的节点组成的逻辑发展链条视为思维链，然后将这些包含显式推理步骤的思维链作为提示，与原始问题和答案构成思维链微调数据（如图 10-19）。此时，思维链也可以被视为一种解释，增强大语言模型的自解释能力。具体地，利用前面章节讲到的因果抽取、事件表示学习、事件泛化等算法自动构建因果事理图谱。依托于该图谱，可以构建大量单跳或多跳的因果思维链，这些思维链反映了相关事件的演绎（或溯因）的推理过程。利用构建好的这些因果思维链，可以得到大量的思维链微调数据，进而对大语言模型进行微调，将微调后的大语言模型应用到下游任务中。

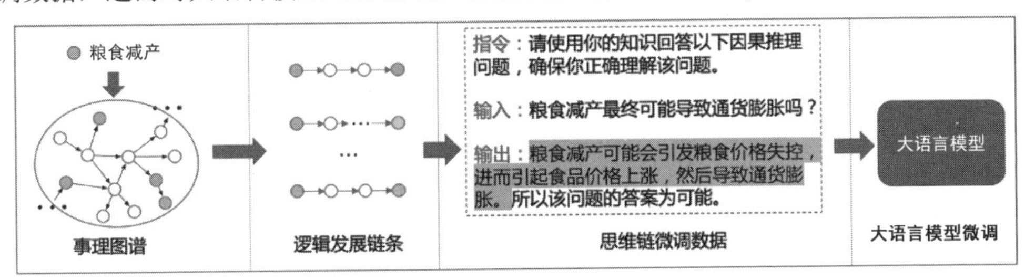

图 10-19　以事理知识为主的思维链方法

10.7　本章小结

本章主要介绍基于事理图谱的相关应用，重点关注基于事理知识的问答和对话，以及基于事理知识的消费意图挖掘和股票市场预测。基于事理知识的问答重点介绍了如何显式地将常识知识融入语言模型中。基于事理知识的对话，首先介绍对话系统的典型框架，主要关注点为对话理解模块、对话管理模块和对话生成模块，然后详细介绍了如何利用事理知识增强对话连贯性，以及利用事件之间的常识知识丰富个性化对话。在基于事理知识的消费意图挖掘中，根据用户的消费意图与商品之间的关系，可以更好地进行商品推荐。在基于事理知识的股票市场预测中，根据不同新闻事件之间的交互，可以更好地对个股股票的涨跌趋势进行预测。在本章的最后，介绍了大语言模型场景下的事理图谱能够在认知推理和可解释方面对大语言模型有补充和提升作用。

事理图谱的研究方兴未艾，作为一个新兴方向，还有很多需要完善和改进的地方。从应用角度来看，近年来，科大讯飞与哈尔滨工业大学共同构建了面向对话的事理图谱及司法领域事理图谱，用于类案推荐等应用。腾讯与哈尔滨工业大学共同构建了王者荣耀事理图谱，用于王者荣耀精彩时刻推荐等应用。哈尔滨工业大学自主研发的金融领域事理图谱也被应用在华为云、招商银行等实际场景中。未来，在数字经济、数字政务、军事智能等方面，事理图谱还将发挥更大的作用。

参 考 文 献

[1] SAP M, RASHKIN H, CHEN D, et al. Social IQa: Commonsense Reasoning about Social Interactions[C]//Proceedings of the 2019 Conference on Empirical Methods in Natural Language Processing and the 9th International Joint Conference on Natural Language Processing, 2019: 4463-4473.

[2] MOSTAFAZADEH N, KALYANPUR A, MOON L, et al. GLUCOSE: GeneraLized and COntextualized Story Explanations[C]//Proceedings of the 2020 Conference on Empirical Methods in Natural Language Processing, 2020: 4569-4586.

[3] HUANG L, LE BRAS R, BHAGAVATULA C, et al. Cosmos QA: Machine Reading Comprehension with Contextual Commonsense Reasoning[C]//Proceedings of the 2019 Conference on Empirical Methods in Natural Language Processing and the 9th International Joint Conference on Natural Language Processing, 2019: 2391-2401.

[4] NING Q, WU H, HAN R, et al. TORQUE: A Reading Comprehension Dataset of Temporal Ordering Questions[C]//Proceedings of the 2020 Conference on Empirical Methods in Natural Language Processing, 2020: 1158-1172.

[5] CHANG T Y, LIU Y, GOPALAKRISHNAN K, et al. Incorporating Commonsense Knowledge Graph in Pretrained Models for Social Commonsense Tasks[C]//Proceedings of Deep Learning Inside Out (DeeLIO): The First Workshop on Knowledge Extraction and Integration for Deep Learning Architectures, 2020: 74-79.

[6] YU C, ZHANG H, SONG Y, et al. CoCoLM: Complex Commonsense Enhanced Language Model with Discourse Relations[C]//Findings of the Association for Computational Linguistics: ACL 2022, 2022: 1175-1187.

[7] MITRA A, BANERJEE P, PAL K K, et al. How Additional Knowledge can Improve Natural Language Commonsense Question Answering?[J]. arXiv preprint arXiv:1909.08855, 2019.

[8] MA K, FRANCIS J, LU Q, et al. Towards Generalizable Neuro-Symbolic Systems for Commonsense Question Answering[C]//Proceedings of the First Workshop on Commonsense Inference in Natural Language Processing, 2019: 22-32.

[9] BOSSELUT A, RASHKIN H, SAP M, et al. COMET: Commonsense Transformers for Automatic Knowledge Graph Construction[C]//Proceedings of the 57th Annual Meeting of the Association for Computational Linguistics, 2019: 4762-4779.

[10] BOSSELUT A, LE BRAS R, CHOI Y. Dynamic neuro-symbolic knowledge graph construction for zero-shot commonsense question answering[C]//Proceedings of the AAAI conference on Artificial Intelligence, 2021, 35(6): 4923-4931.

[11] SHANG L, LU Z, LI H. Neural Responding Machine for Short-Text Conversation[C]//Proceedings of the 53rd Annual Meeting of the Association for Computational Linguistics and the 7th International Joint Conference on Natural Language Processing, 2015: 1577-1586.

[12] ZHOU H, YOUNG T, HUANG M, et al. Commonsense knowledge aware conversation generation with graph attention[C]//Proceedings of the 27th International Joint Conference on Artificial Intelligence, 2018: 4623-4629.

[13] XU J, LEI Z, WANG H, et al. Enhancing dialog coherence with event graph grounded content planning[C]//Proceedings of the Twenty-Ninth International Conference on International Joint Conferences on Artificial Intelligence, 2021: 3941-3947.

[14] LI Z, DING X, LIU T. Constructing narrative event evolutionary graph for script event prediction[C]//Proceedings of the 27th International Joint Conference on Artificial Intelligence, 2018: 4201-4207.

[15] LI J, MONROE W, RITTER A, et al. Deep Reinforcement Learning for Dialogue Generation[C]//Proceedings of the 2016 Conference on Empirical Methods in Natural Language Processing, 2016: 1192-1202.

[16] MAJUMDER B P, JHAMTANI H, BERG-KIRKPATRICK T, et al. Like hiking? You probably enjoy nature: Persona-grounded Dialog with Commonsense Expansions[C]//Proceedings of the 2020 Conference on Empirical Methods in Natural Language Processing, 2020: 9194-9206.

[17] ZHANG S, DINAN E, URBANEK J, et al. Personalizing Dialogue Agents: I have a dog, do you have pets too?[C]//Proceedings of the 56th Annual Meeting of the Association for Computational Linguistics, 2018: 2204-2213.

[18] WOLF T, SANH V, CHAUMOND J, et al. Transfertransfo: A transfer learning approach for neural network based conversational agents[J]. arXiv preprint arXiv:1901.08149, 2019.

[19] LIAN R, XIE M, WANG F, et al. Learning to Select Knowledge for Response Generation in Dialog Systems[C]//IJCAI International Joint Conference on Artificial Intelligence, 2019: 5081.

[20] 石乾坤. 基于事理图谱的消费意图识别及预测关键技术研究[D]. 哈尔滨: 哈尔滨工业大学, 2020.

[21] XIONG K, DING X, DU L, et al. Heterogeneous graph knowledge enhanced stock market prediction[J]. AI Open, Elsevier, 2021, 2: 168-174.

[22] KANDPAL N, DENG H, ROBERTS A, et al. Large language models struggle to learn long-tail knowledge[C]//International Conference on Machine Learning. PMLR, 2023: 15696-15707.

[23] DAVIS L W. The effect of driving restrictions on air quality in Mexico City[J]. Journal of Political Economy, 2008, 116(1): 38-81.